U0363096

意式经典料理轻松做

厨房里的美味“煮意”

[日]川上文代 著 方宓 译

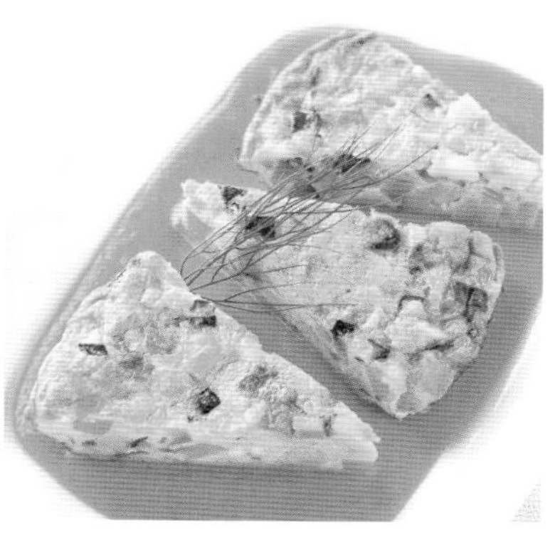

華中科技大學出版社
http://www.hustp.com
中国·武汉

前言

如果对一个人提起意大利料理，浮现在其脑海中的大概是用橄榄油、番茄等食材烹制出的意大利面或比萨。事实上，这类菜肴大多始创于意大利南部，而意大利北部的居民主要烹制口味较重的食物，原料多为大米或乳制品。意大利国土狭长，各地区的气候、地形各异，因此食材品种丰富多样，便于制作出形式多变的菜肴。

本书介绍了大量意大利料理，包括开胃菜（前菜）及头盘——前者有薄切生肉、西西里烩茄子，后者则包括意大利面、烩饭。还有用牛肚或小牛肉做成的主菜，以及提拉米苏、意式奶油布丁等甜品。

书中所列的菜谱中标注了烹制要点和注意事项，并尽可能细致地拍下烹制过程，目的是通过图文结合的讲解，帮助您顺利做出口味正宗的意大利菜肴。

以我们熟悉的“意大利面”为例，其种类远比名称复杂，因此本书例举了意大利面的多个种类，并介绍了手工制面的方法。

将意大利料理与法国料理相比较，虽然它们带有各自的地方特色，但二者都质朴得如同“妈妈做的家常菜”。在您尝试制作手工意大利面或比萨的面团时会发现，制作过程也许略费心力，却可收获饱含温情的美味。

此次本书的再版发行，因开本的扩大而更便于阅读。不同的食材赋予同一菜系不同的味道，而火候与调味则造就出不同的成品。尤其对烩饭与意大利面的烹饪而言，时机、火候的掌握是很重要的。希望您在本书的启发下多加尝试，并开发出引以为豪的拿手菜。

目录

第1章
意大利料理的基础知识

第2章

前菜

目录

第3章

意大利面

第4章

汤、比萨、烩饭

第5章

主菜

第6章
甜品

本书使用说明

- 书中的“EXV橄榄油”是指Extra Virgin Olive Oil，即特级初榨橄榄油。
- 烹煮干燥长意面、短意面的时间，请参考包装袋上标注的时间。本书所例举的，仅限手工意大利面的烹煮时间。
- 烹煮意大利面时所添加的盐、水，烹煮食材时所添加的水，以及预处理时所使用的调料，一般都不在本书的材料列表中，需要您另行准备。
- 不同品牌的烤箱和微波炉，其性能也各不相同，请您根据实际情况来调整时间和温度。
- 油炸食材所使用的油类，建议您选择沙拉油或纯橄榄油。
- 本书材料表中的计量换算规则为：1杯=200毫升、1大勺=15毫升、1小勺=5毫升。
- 本书菜谱中的烹调时间仅供参考，请您根据食材的情况、当地的气候适当调整。
- 本书菜谱中的高汤、小牛汤、鸡汤做法，请参考第16—19页，蒜油、辣椒油、炒杂蔬、番茄酱汁、罗勒酱做法请参考第20、21页。您也可以购买成品来使用。
- 本书菜谱中量杯的分量仅供参考，您可以根据食材的情况来调整。文中标注的㊫是制作料理的要点，㊟是注意事项，㊨是准备工作。
- 本书材料中使用的鸡蛋，每个大小在55～60克。

参与本书制作的人员

摄影　永山弘子
设计　中村TAMAWO
插图　古贺重范
编辑/制作　baboon株式会社

第 1 章

意大利料理的基础知识

美食天堂——意大利

您了解意大利料理吗?

意大利料理是非常流行的外来菜系，其中的意大利面和比萨几乎无人不爱。意大利国土南北狭长，是盛产各种食材的绝佳之地，其魅力不可尽述。可是您真的了解过意大利料理的本色吗?

所谓意大利料理，其实是各地区菜系的集大成者

意大利国土状如长靴，四周环绕着五大海洋，北部毗邻阿尔卑斯山脉，亚平宁山脉贯穿南北，肥沃的土地遍布全国。意大利地形狭长，气候差异很大，更能满足多种多样食材的种植需要。意大利共和国之前，各地已形成城市共和国的格局，因此每个地区都有着独特的文化和生活习惯，各自使用当地特产的食材烹制美食。

意大利北部和南部的差异尤为显著。北部从阿尔卑斯山至波河一带，平原辽阔，土地肥沃，人们以大米、乳制品、肉类食材烹制口味厚重的食物；而四季温暖的南部地区，人们则喜欢用番茄、茄子等蔬菜，以及地中海沿岸丰富的海产品制作口味相对简单的食物。

虽然不同地区的菜色都带着各自的特点，但所有意大利料理的共同特点是质朴和不做作。这是因为意大利料理都是从一片土地传承到另一片土地，是从寻常家庭走出来的乡土菜肴。法国料理重视酱汁和摆盘，是对外观十分用心的菜系；而无论时代如何变迁，意大利料理则永远保持着“妈妈做的家常菜的味道”。

地方色彩浓厚的意大利料理

本节从各地的特色料理中，选取了具有代表性的品种

标注●的为意大利各省首府

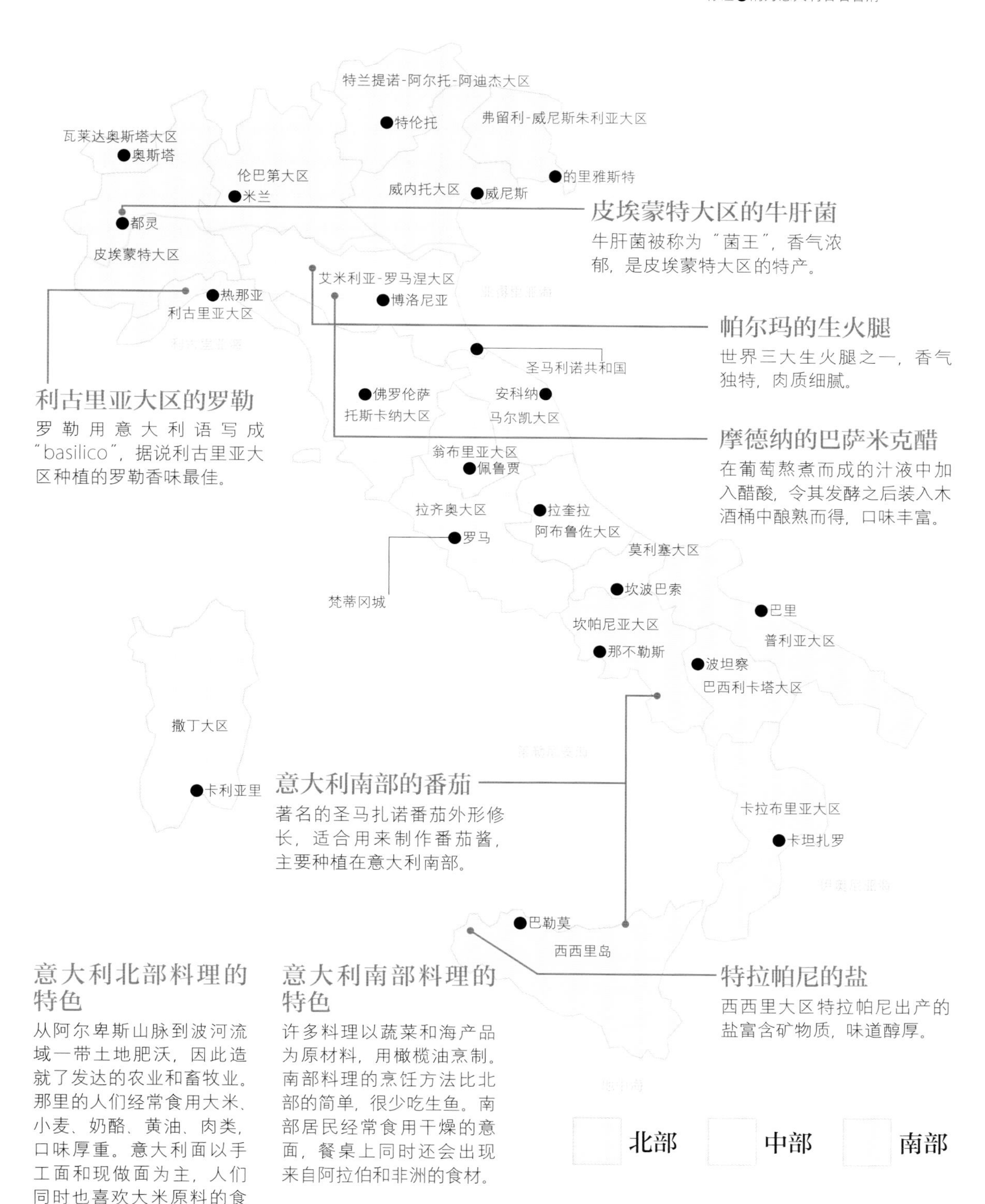

皮埃蒙特大区的牛肝菌

牛肝菌被称为“菌王”，香气浓郁，是皮埃蒙特大区的特产。

帕尔玛的生火腿

世界三大生火腿之一，香气独特，肉质细腻。

利古里亚大区的罗勒

罗勒用意大利语写成“basilico”，据说利古里亚大区种植的罗勒香味最佳。

摩德纳的巴萨米克醋

在葡萄熬煮而成的汁液中加入醋酸，令其发酵之后装入木酒桶中酿熟而得，口味丰富。

意大利南部的番茄

著名的圣马扎诺番茄外形修长，适合用来制作番茄酱，主要种植在意大利南部。

特拉帕尼的盐

西西里大区特拉帕尼出产的盐富含矿物质，味道醇厚。

意大利北部料理的特色

从阿尔卑斯山脉到波河流域一带土地肥沃，因此造就了发达的农业和畜牧业。那里的人们经常食用大米、小麦、奶酪、黄油、肉类，口味厚重。意大利面以手工面和现做面为主，人们同时也喜欢大米原料的食物，比如意大利烩饭。

意大利南部料理的特色

许多料理以蔬菜和海产品为原材料，用橄榄油烹制。南部料理的烹饪方法比北部的简单，很少吃生鱼。南部居民经常食用干燥的意面，餐桌上同时还会出现来自阿拉伯和非洲的食材。

意大利食材总汇

国土狭长的意大利，各地的气候、地形各异，因此食材品种丰富多样，而正是这些食材造就了意大利料理。本节精选了其中具有代表性的部分，为您一一介绍。

调味料/盐

只用油橄榄的果实榨取的橄榄油，在意大利料理中的地位可谓独一无二。与红酒一样需经酿熟而制成的巴萨米克醋，以及比日本盐所含矿物质更加丰富的盐，都是构成意大利料理基础的重要食材。

橄榄油

普利亚大区是意大利出产橄榄油最多的地区，此地的橄榄油带有水果香味，颜色金黄。除此之外，卡拉布里亚大区、托斯卡纳大区、西西里大区的橄榄油产量也很大。

白/红葡萄酒醋（以下称“白/红酒醋”）

葡萄酒醋是在葡萄酒中加入醋酸发酵而成的。白酒醋口感层次丰富，与酸味浓郁的海鲜料理或腌泡菜是绝佳搭档。红酒醋略苦、后味足，适用于各种料理。

巴萨米克醋

巴萨米克醋是艾米利亚-罗马涅大区的摩德纳地区，雷焦艾米利亚省地区的特产，用来做酱汁和调味汁的佐料，或直接浇在水果上食用。

盐

被五大海洋环抱的意大利，出产的盐富含矿物质，尤其在西西里大区的特拉帕尼，拥有超过2000年的制盐历史。

肉类/水产加工食品

意式培根、意式腊肠等肉类加工品，在意大利语中被称为“salumi”，各地都有传统的做法。水产加工食品则是以鳀鱼和鳕鱼干为代表。为了激发出食品的风味，将这些加工食品切成细长条是绝不可少的一道工序。

意式培根

将五花肉用盐、香料腌制而成。常放在意大利面或汤品中增加口感。

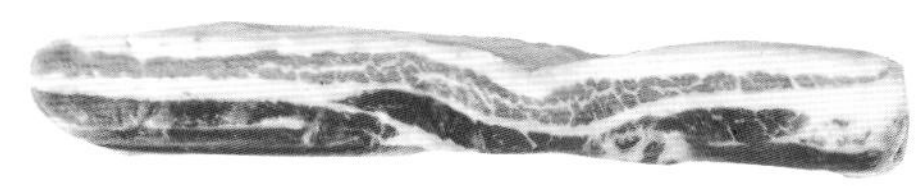

生火腿

猪腿肉不经火烤，而是利用盐腌制、风干，制成生火腿，是一种很有代表性的肉类加工品。艾米利亚-罗马涅大区的帕尔马至今仍在使用传统方法制作生火腿。

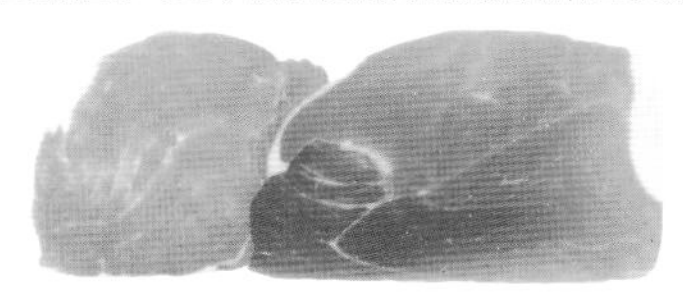

意式腊肠

这是一种意式的香肠，取用猪背油，加入猪肉末中搅拌均匀，经过发酵、风干而得。意大利各地制作的食品，其中较为知名的有托斯卡纳大区出产的托斯卡纳腊肠。

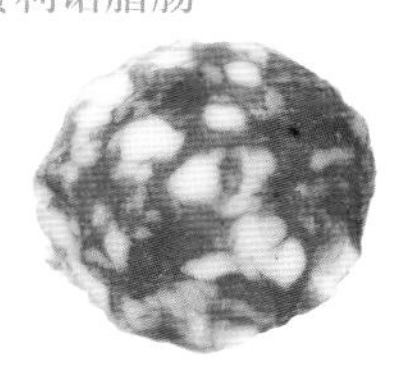

费利诺腊肠

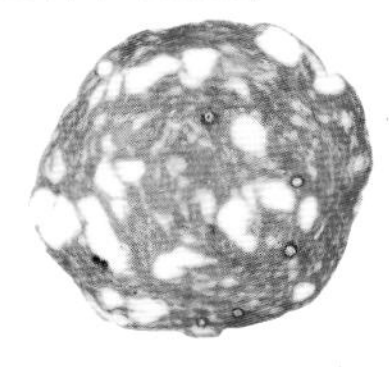

托斯卡纳腊肠

鳀鱼干

将鳀鱼的头部和内脏去除后，用盐腌或橄榄油浸泡而成。有剔除鱼皮和鱼脊骨做成片状，也有搅成酱后，再浸入橄榄油中。

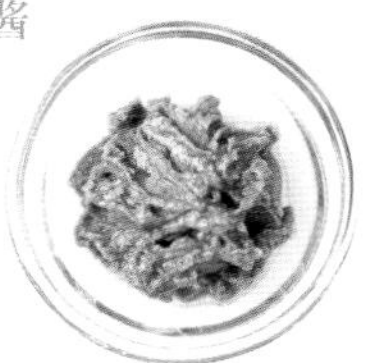

鱼酱

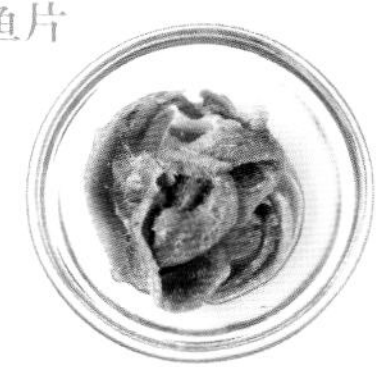

鱼片

鳕鱼干

将银鳕鱼的头部和内脏去除后风干鱼身，就制成了鳕鱼干。而剖开鱼肚，用盐腌制后风干，制成的则是咸鳕鱼。

意大利面

从广义上来讲，"pasta"指各种由面粉、水揉成的面食，"Pasta Alimentare"则是意大利面的统称，分成干燥意面和新鲜意面两种。而干燥面又包括长意面和短意面。

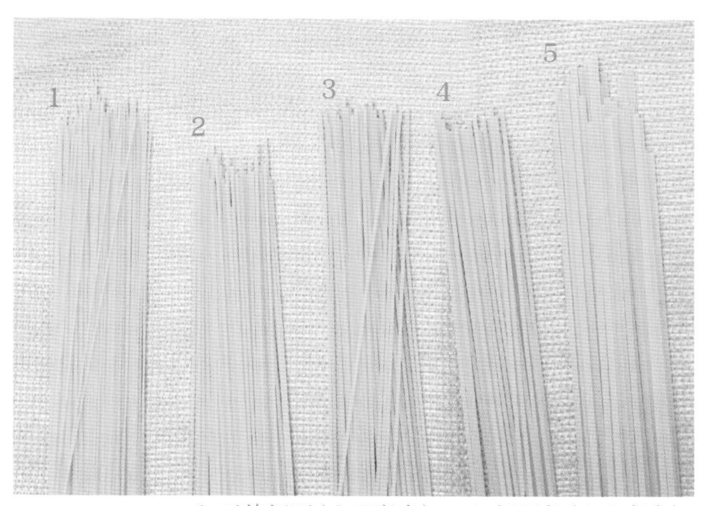

1. 天使细面（0.9毫米）
2. 极细面条（1.4毫米）
3. 特细面条（1.6毫米）
4. 细面条（1.9毫米）
5. 中细面

长意面

以粗粒硬质小麦粉为原料，加入水和盐揉成的条状面食称为长意面，多为南部意大利人食用。长度和形状各异，既有直径0.9毫米左右的极细面条，也有直径2.5毫米的粗面条。使用高身锅煮出的长意面风味更佳。

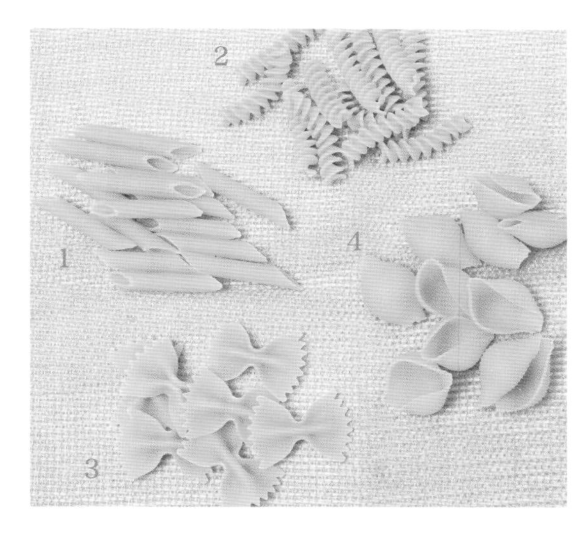

短意面

短意面有许多模仿贝壳或笔管的形状，包括通心粉、尖管通心面等。形状小的还用来放在汤面上作为装饰。短意面可以用浅身锅煮，可以保持面身弹牙有嚼头。在意大利，人们较多食用的是短意面。

1. 尖管通心面（钢笔尖形）
2. 螺旋面（螺旋形）
3. 蝴蝶面（蝴蝶形状）
4. 贝壳面（贝壳形状）

扁平面/现做面/鸡蛋面

这些面是意大利北部的人们经常食用的面条，以面粉、鸡蛋、盐等做成，口感比干燥意大利面更耐嚼。可以在其中加入鸡蛋，用其包馅，或使用菠菜、番茄为其上色，口感与外观一样令人赏心悦目。

1. 千层面（扁面）
2. 意式土豆面疙瘩
3. 意大利宽面（宽约8毫米）
4. 意大利面饺（包馅）
5. 宽面（宽约3毫米）

奶酪

世界上的奶酪超过8000种，其中约有500种是在意大利制造的。在意大利，人们会直接食用奶酪，但更多的则是将奶酪用于制作料理或点心。相比鲜奶酪、蓝纹奶酪，人们更偏爱硬质奶酪。

帕玛森干酪

这是一种享誉世界的奶酪，从奶牛的饲养，到味道、香味的控制，以及发酵的过程都进行严格的管理。即便在意大利，也只有摩德纳、博洛尼亚等5个城市获准生产该奶酪。

马斯卡普尼奶酪

乳脂含量超过70%，是一种口味浓重的新鲜奶酪，在意大利全国各地终年制作。因其带有新鲜奶油的风味，常被用于制作提拉米苏或其他甜品。

里科塔奶酪

在制作奶酪的过程中，会产生副产品乳清。将乳清加热到90℃左右，提取出浮在表面的物质即里科塔奶酪。里科塔（Ricotta）在意大利语中的意思是“再煮制（recook）”，在意大利南部大量制造。

塔莱焦奶酪

这是意大利稀有的水洗式奶酪。奶酪的原料之一是牛奶，奶酪内部柔软且略带甘甜，但在熟成期间需用盐水清洗表面，因此奶酪具有独特的味道。

卡斯特马诺奶酪

在皮埃蒙特大区的3个地区生产，主原料是牛奶，还混合了山羊奶、羊奶。因产量受限，一般在条件不佳的高山地带制造，是一种昂贵的奶酪。

马苏里拉奶酪

这是一种鲜奶酪，将水牛或奶牛产的奶在热水中炼成之后，切成一定的大小。因其味道很淡，通常会加盐、胡椒或橄榄油来食用。

水牛奶制成

奶牛奶制成

格拉娜·帕达诺奶酪

制作方法和形状与帕玛森干酪非常相似，但格拉娜·帕达诺奶酪的熟成时间较短，最少需要9个月。其主要产地在意大利北部的波河流域平原。

古贡佐拉奶酪

伦巴第大区古贡佐拉村自9世纪就开始制作的一种蓝纹奶酪，有辣味和甜味之分。

佩科里诺奶酪

用羊奶制成的奶酪统称佩科里诺奶酪，如需区分，可在其后缀上产地名称。比如，罗马出产的奶酪，就将其称为“佩科里诺-罗马诺奶酪”。其特点是放入口中时，舌尖可尝到独特、厚重的咸味。

芳提娜奶酪

原产于瑞士与法国交界处的瓦莱达奥斯塔大区的奶牛，用其所产的牛奶做成的芳提娜奶酪，口感弹牙，口味甘甜。经加热融化之后，可散发出独特的香气。

大米/谷物

意大利虽地处欧洲，却也是个食用大米的国家，但并非将大米作为主食，而是将其用于煮汤，做成沙拉，或当作一种蔬菜来使用。还有押麦（压扁的大麦）、裸麦、玉米粉等也常用于制作美食。

意大利米

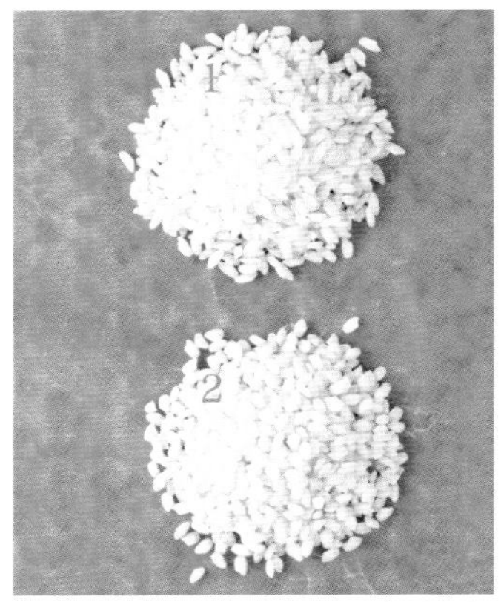

1.卡纳罗利米

形状细长的大颗粒米，黏性差，耐煮，适合用来做意大利烩饭。

2.纳诺米

圆形颗粒，除了做烩饭之外，还可以用作蔬菜或意大利面的替代品。

谷物

小麦粉

在意大利，按照小麦研磨精度的高低，可将面粉分为00号、0号、1号、2号、全麦粉。右图所示为00号面粉。

粗粒小麦粉

这是意大利面的原料，在小麦粉中属于颗粒坚硬，粉质粗粝，研磨难度较大的一种。

玉米粉

用玉米研磨而成，是玉米糕的原料，有黄色和白色两种。

蔬菜

富于季节变化的意大利，全国各地栽种着品种各异的蔬菜，使用蔬菜做出的乡土料理亦种类繁多。市场上每天都摆着五颜六色，品种丰富的蔬菜。

洋蓟

洋蓟是菊科植物，在日本被称为朝鲜蓟。其味涩，花蕾内的花苞，花蕾外的花瓣都可以食用。

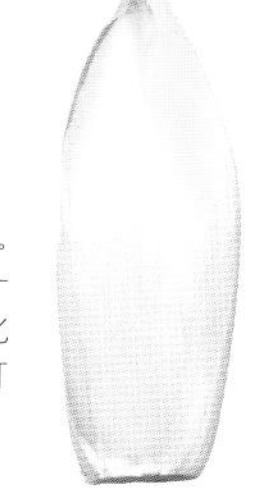

玉兰菜

英语写成“chicory”。在玉兰菜之上覆盖一层布，将其进行软化培植所得到的芽球可用于生食。

番茄

意大利南部栽种的圣马扎诺番茄，甜酸平衡度极佳，加热后风味更好。

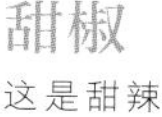

小胡瓜

葫芦科南瓜属植物，包括黄色小胡瓜和带花小胡瓜。

甜椒

这是甜辣椒的一种。与青椒相比，甜椒的水分更多，肉质更厚，可以生食。

茴香

芹亚科多年生草本植物，香气清爽，微甜，是烧鱼或炖菜时的常用配料。

苦菊

英语写成“endivia”，口感略苦，常用于制作沙拉。

菌类

意大利的代表性菌类是牛肝菌和松露。松露被誉为世界三大珍馐之一，在意大利的主要产地是翁布里亚大区，分为鲜牛肝菌和干牛肝菌。而在日本，市场上主要出售的是干牛肝菌。

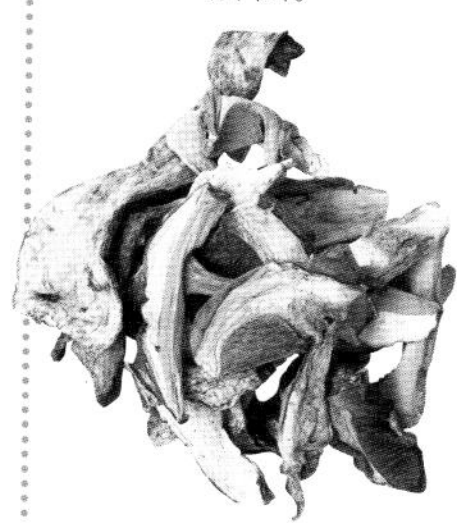

干牛肝菌

艾米利亚-罗马涅大区出产的干牛肝菌十分有名。其香气比鲜牛肝菌更浓郁，连泡发的水都可以用来做菜，经常用于做汤、烩饭和意大利面。

蘑菇

蘑菇在意大利是很受欢迎的食材，个头小而厚实，适用于烹制各种料理。

黑松露

松露有黑白两种，白色松露十分稀有。它既没有菌盖，也没有菌柄，表面粗糙。可将其切成薄片，或剁碎后入菜。

其他加工食品

意大利料理中用到的食材还有很多，比如常用的番茄加工品，还有意大利家庭常备的橄榄、刺山柑，以及香草、豆类等。

番茄加工品

在意大利，人们会利用鲜番茄做成各种加工食品。比如将番茄去皮，与番茄汁一起装进罐中，做成番茄罐头。或者将番茄在太阳下晒干，经干燥处理成番茄干。

油浸番茄

碎番茄罐头

整番茄罐头

橄榄

被人们端上餐桌的橄榄，主要有绿色和黑色两种。有带核的、化核的，也有填塞了红甜椒鳀鱼的，品种很多。

绿橄榄

刺山柑

这是将刺山柑树上的花蕾用油浸或醋腌而成的加工食品。可以直接吃，或用来做意大利面的酱汁。

醋腌

盐腌

罗勒酱

将罗勒叶与橄榄油、松子混合，或用食物料理机打成酱。

料理之本

如何熬制各种高汤

高汤是汤菜和炖菜的基底。除此之外，若要让各种酱料在料理中入味，或为去除食材的异味而加以预煮，高汤都是其中必不可少的材料。冷冻的肉汤、调味高汤、鸡汤、小牛肉汤可保鲜1～2个月，冷冻的鱼汤则可保鲜2～3周。常备这些汤汁，可应对不时之需。

肉汤

Brodo

意大利语写成“brodo”，是一种用途很广的高汤。利用肉汤可以令牛肉、鸡肉的厚重口味与蔬菜和香料的香味达到和谐。

材料（1升汤汁）

牛小腿肉……300克　鸡架……4只（400克）
水……3升　洋葱……3/4个（150克）
胡萝卜……2/3根（100克）
芹菜……1/2根（50克）　大蒜……1瓣
番茄……120克（1/2个）　丁香……1颗
白胡椒粒……3颗　百里香……1根
月桂叶……1片　白葡萄酒……100毫升

※托盘中的材料不包括水

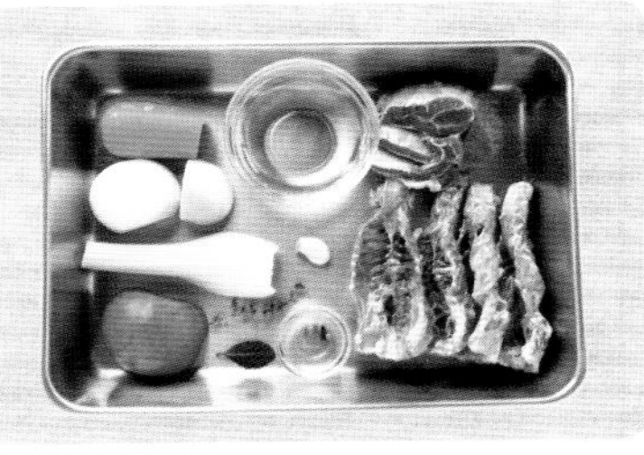

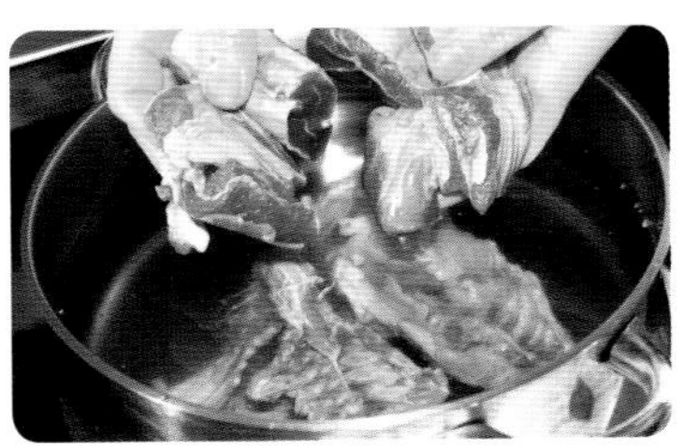

1 牛小腿肉去脂，与鸡架一起放入水中。

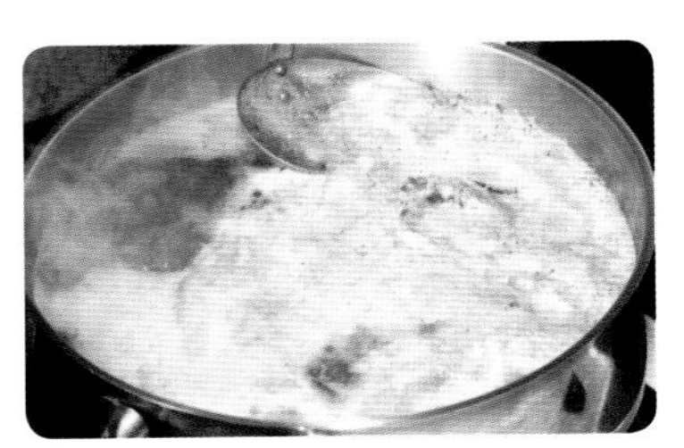

2 开大火，沸腾之后转小火，用汤勺将锅中不断涌出的浮沫舀去。

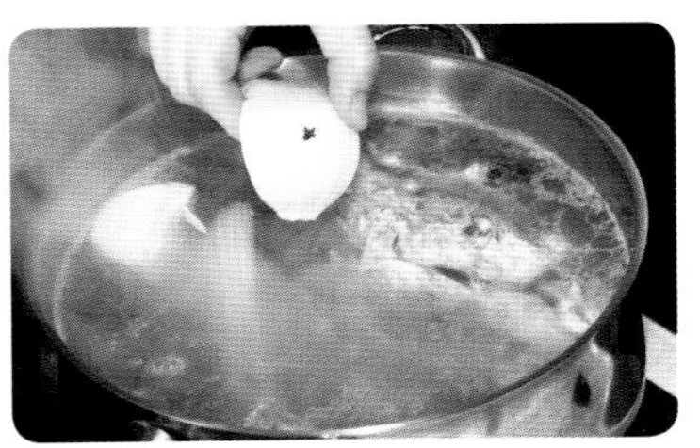

3 将洋葱切半，插入丁香。胡萝卜切一半。与芹菜一起放入锅中。

4 番茄去蒂，大蒜去芽，切一半，与白胡椒、百里香、月桂叶、白葡萄酒一起入锅，小火煮4个小时。

5 在滤勺上铺一层厨房纸巾，用汤勺舀起汤汁倒于其上，最后端起汤锅，倒净剩余汤汁。

要点

过滤时应让汤汁中澄净的汁液流下，避免混入浑浊的沉淀物。

鱼汤

Fumetto di pesce

白肉鱼的美味浓缩在清淡的鱼汤之中。
熬煮鱼汤的要点在于，短时间熬制，
煮出味道之后，趁其香味正浓时立即滤出清汤。

材料（1升汤汁） ※托盘中的材料不包括水

比目鱼……1千克　洋葱……1/3个（60克）　红葱头……1/5个（20克）　芹菜……1/3根（30克）　蘑菇……2个（16克）　白葡萄酒……100毫升　水……1升　白胡椒粒……3颗　百里香……1根　月桂叶……1片

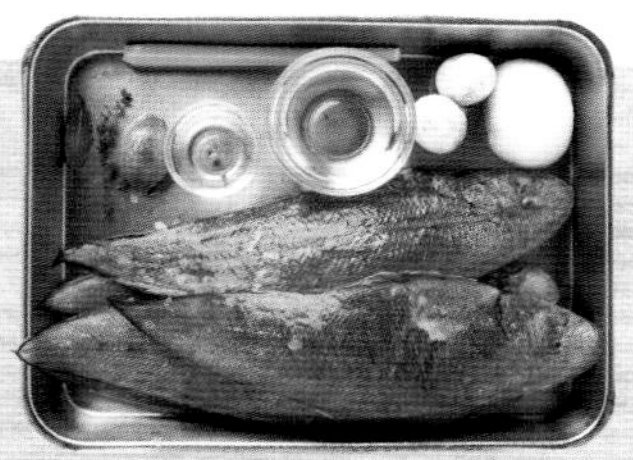

1 从比目鱼的鱼头位置开始，将两面的鱼皮剥去，切除鱼头和鱼鳃。将内脏剔除，用自来水洗净，斩成大块。

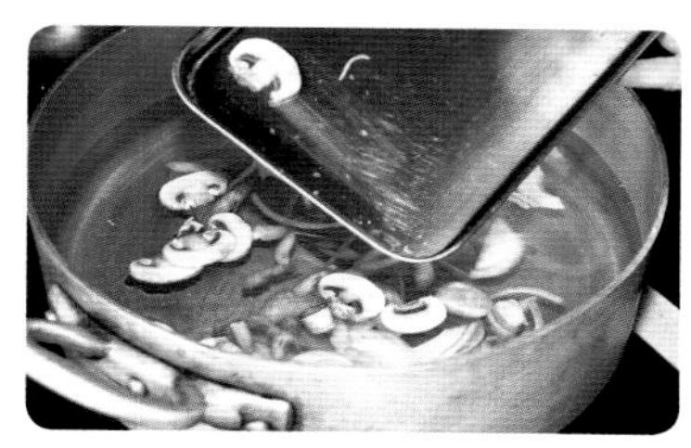

3 洋葱、红葱头、蘑菇、芹菜切成薄片，与水和白葡萄酒一起倒入锅中。

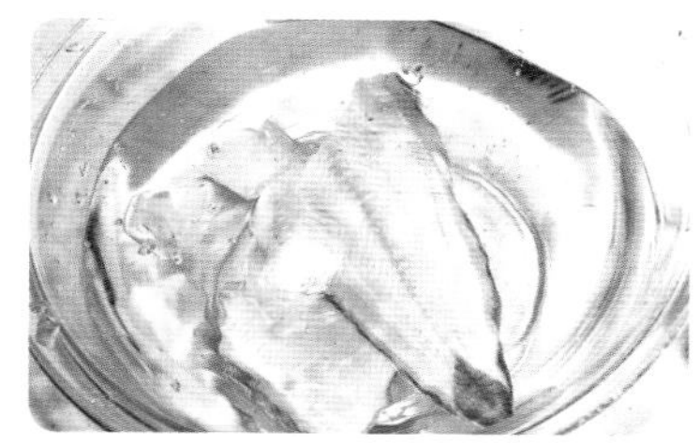

2 装一盆冰水，将比目鱼块浸泡5分钟以彻底去除血和腥味。

4 将步骤2中的比目鱼从冰水中捞出，放入步骤3的锅中，加入白胡椒粒、百里香、月桂叶，开大火熬煮。

5 用汤勺将水面的浮沫舀去，继续煮制约20分钟后，在滤勺上铺一层厨房纸巾，用汤勺舀起汤汁倒于其上，滤出清汤。

要点

火力太大会导致整锅汤汁浑浊，因此最好保持轻微沸腾的状态。

调味高汤

Court-bouillon

调味高汤是以洋葱或胡萝卜等自带香味的蔬菜为主食材熬制出的清爽汤汁，主要在预煮腥味较重的动物内脏或海鲜时使用。

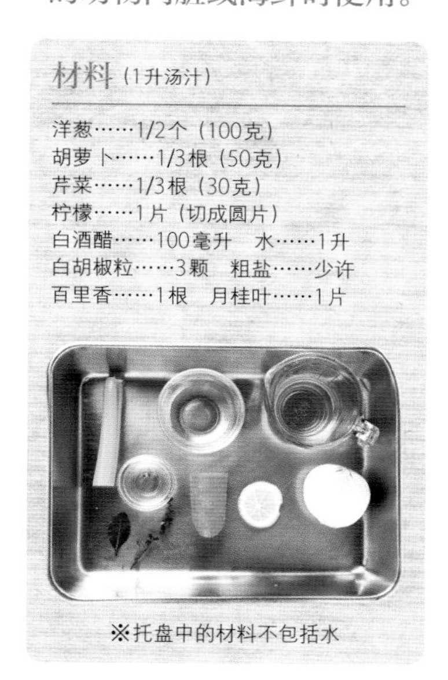

材料（1升汤汁）

洋葱……1/2个（100克）
胡萝卜……1/3根（50克）
芹菜……1/3根（30克）
柠檬……1片（切成圆片）
白酒醋……100毫升　水……1升
白胡椒粒……3颗　粗盐……少许
百里香……1根　月桂叶……1片

※托盘中的材料不包括水

1 洋葱、胡萝卜、芹菜切薄片，所有材料入锅煮约20分钟，其间不时将浮沫舀去。

2 在滤勺上铺一层厨房纸巾，用汤勺舀起汤汁倒于其上，最后端起汤锅，倒净剩余汤汁。

小牛肉汤

Sugo di carne

这是意大利版的“fond de veau”（法语：小牛肉汤）。
小牛肉或小牛的小腿骨经烹煮后，会析出大量浮沫和浓郁香气。
小牛肉需经火烤后入锅烹制。

材料（1升汤汁）

小牛小腿肉……300克
小牛小腿骨……1千克
洋葱……3/4个（150克）
胡萝卜……1/3根（50克）
芹菜……1/5根（20克）
红葱头……1/5个（20克）
大蒜……1瓣
番茄……120克（1/2个）
番茄酱……20克　水……4升
白胡椒粒……3颗　百里香……1根
月桂叶……1片　色拉油……适量

※托盘中的材料不包括水

1 洋葱、胡萝卜、红葱头、芹菜切大块，胡萝卜再带皮对半竖切。

烤盘表面刷油，将蔬菜与牛小腿骨置于其上，将所有食材放入预热220℃的烤箱，烤至褐色。

2 不时翻动烤盘上的牛小腿骨，令其每个面都烤出均匀的褐色。

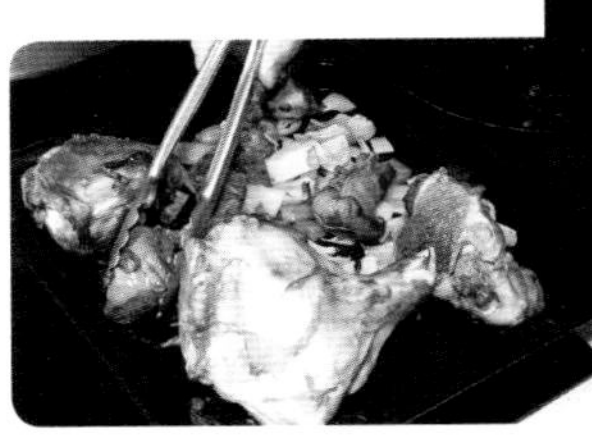

3 将小牛的小腿肉切成边长5厘米的肉块，在煎锅中加热色拉油，将肉块表面煎出褐色。

4 待步骤2的所有食材均烤出淡褐色之后，抹上番茄酱继续烤制。将水和小牛小腿骨、肉一同放入高身锅，开大火。沸腾之后转小火，用汤勺将浮沫舀去。

5 待浮沫舀净之后，将步骤2的各种蔬菜、白胡椒粒、对半竖切成块的番茄、百里香、月桂叶放入锅中，煮约6～7小时。

6 汤面一旦出现浮沫，便用汤勺舀去。在滤勺上铺一层厨房纸巾，用汤勺舀起汤汁倒于其上，最后端起汤锅，倒净剩余汤汁。

鸡汤

Brodo di carne

用鸡架熬制汤汁，做法简单，味道却上佳。而且鸡汤中没有令人不快的味道，可说是与所有食物都能搭配的“万能汤汁”，常用于烹制意大利料理。

1 在深汤锅中加水，放入鸡架。

材料（1升汤汁）

鸡架……4只（400克） 鸡腿肉……250克（中等1根） 水……2升 洋葱……100克（1/2个） 丁香……1颗 胡萝卜……3/4根（120克） 芹菜……1/2根（50克） 月桂叶……1片

※托盘中的材料不包括水

2 开大火，待浮沫漂起在汤面上，用汤勺舀去。

3 将丁香插入洋葱，胡萝卜竖切4等份，与芹菜、月桂叶、鸡腿肉一起入锅煮约4个小时。汤面上的浮沫用汤勺舀去。

要点

将丁香插在洋葱身上的目的，是当汤中丁香味道太浓时，可将其从洋葱上拔去。

4 在滤勺上铺一层厨房纸巾，用汤勺舀起汤汁倒于其上，最后端起汤锅，倒净剩余汤汁。

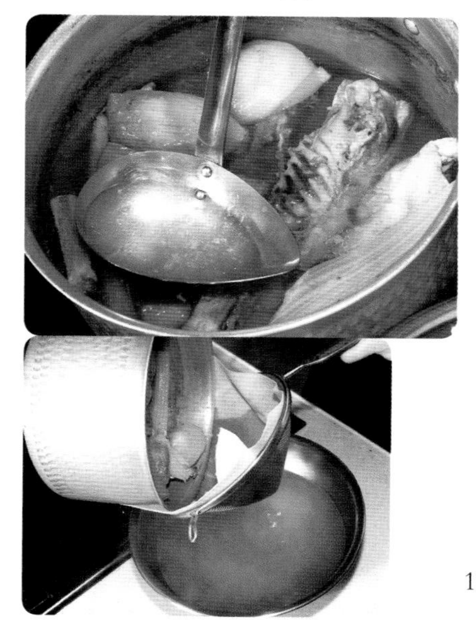

市售的汤料

只需投入锅中，便可成就一锅高汤

如果您觉得自制高汤太麻烦，也可购买现成的汤料。虽然在口味与味道上与自制高汤有所差别，但因其可随时取用，自有便利之处。市售汤料有颗粒状、液状、块状之分。

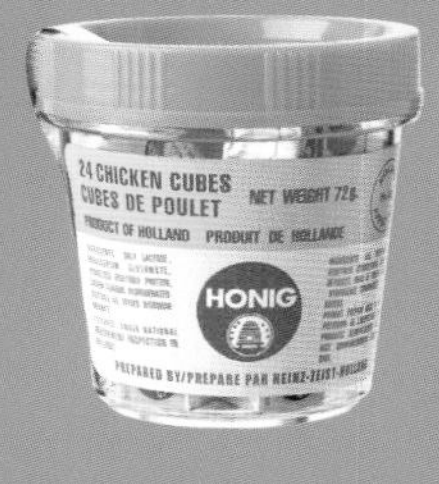

（左图）加工成立方体状的鸡汤料
（右图）加工成颗粒状的意大利鱼汤

令意大利料理瞬间变身的

九大神器单品

本节所列的单品，虽成分简单，制作轻松，却可谓意大利料理中不可或缺的神器。其中，大蒜油与番茄酱汁还是本书中频繁出场的材料。若在此基础之上加以发挥，或许还能发掘更多新口味。

蒜油

用途

与意大利面、烩饭，调味汁一样，蒜油也是意大利料理中不可或缺的一员。做法非常简单，只需将大蒜浸泡于橄榄油中即可。

材料（约120毫升）

橄榄油……1/2勺
大蒜……5瓣（20克）

制作方法

大蒜切末，与橄榄油一起装入密封罐中。冷藏可保存2～3周。

辣椒油

用途

为料理添加辣味。将红辣椒浸泡在橄榄油中，静置一天，风味更佳。

材料（约180毫升）

橄榄油……120毫升
红辣椒……20～30根

制作方法

在密封罐中装入橄榄油，浸泡红辣椒。冷藏约2～3个月可食用。低温、避光可保存1～2个月。

混合香草

用途

混合各种干燥的香草，撒在意面酱或比萨上食用，用途极广。

材料（约15毫升）

牛至、鼠尾草、迷迭香、马郁兰、百里香……各1大勺（全部为干燥香草）

制作方法

混合上述所有材料，装入密封罐中常温可保存约1年。

意式培根

用途

将五花肉用盐腌制而成。经过熏烤，可做成意面肉酱，也可夹在三明治中或撒在汤面之上食用。

材料（约500毫升）

五花肉……500克　盐……10克
黑胡椒……适量　混合香草……适量

制作方法

❶用叉子或铁杆子在五花肉上戳出无数小孔。❷撒上黑胡椒、盐、混合香草，用双手反复揉搓五花肉，使其入味。❸将肉置于一个带网架的托盘中，静置冷藏1周即可。冷藏可保存约1～2周，冷冻则可保存约1～2个月。

炒杂蔬

用途

将洋葱、胡萝卜、芹菜切末，炒制而成。可作为肉酱或炖菜的配料。

材料（约200克）

洋葱……2个（400克）
胡萝卜……1/2根（75克）
芹菜……1/2根（40克）
蒜油……2大勺
黄油……1小勺

先用大火炒，待上色之后，改翻炒。

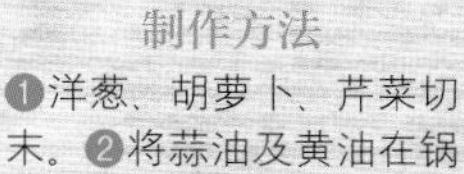

制作方法

❶洋葱、胡萝卜、芹菜切末。❷将蒜油及黄油在锅中加热，所有材料下锅炒至褐色。❸如冷冻保存，使用前须再次下锅翻炒。冷藏可保存约1周，冷冻则可保存约1～2个月。

翻炒约15分钟，炒至上图中的状态后，倒入托盘中。充分冷却后保存起来。

番茄酱汁

用途

番茄酱汁之于意大利，恰如味噌之于日本。对意大利面，意大利烩饭、汤而言，番茄酱汁都是必需的调味品。

材料（约600克）

水煮番茄……800克
洋葱……1/4个（50克）
蒜油、盐、胡椒……各适量

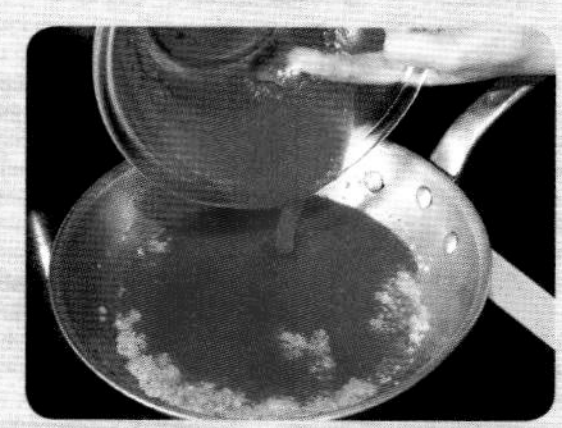

制作方法

❶将蒜油在锅中加热，洋葱切末倒入锅中，翻炒直至变色。❷番茄捣成泥，倒入锅中，撒入盐、胡椒，煮至原来的2/3。如味道不够，可再加一些盐以调味。冷藏可保存约4～5天，冷冻则可保存1～2个月。

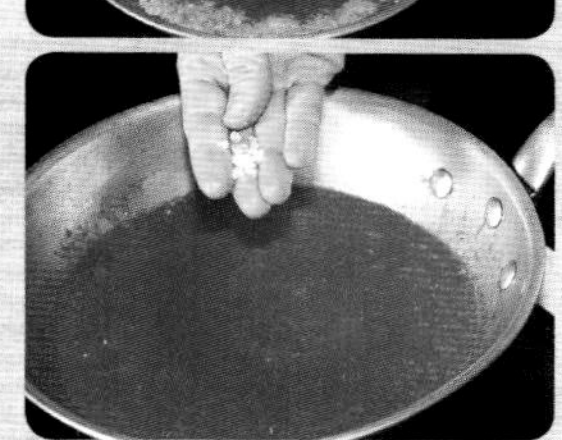

将水煮过的番茄捣烂备用。如不够入味，可在最后再次加入盐以调味。

烤番茄

用途

使用小番茄做成的烤番茄，浓缩了番茄原有的甜酸口味，在意大利面里加上烤番茄，可令其风味锦上添花。

材料（40个）

小番茄……20个　盐……适量

制作方法

❶小番茄去蒂，从中间切开。❷切口朝上，摆放在烤盘上，全部撒上盐。❸在预热到100℃的烤盘上，烤制30分钟。冷却后再在烤炉中烤30分钟。重复步骤3。❹将烤制完成的番茄在通风处静置约一天，使其完全风干。使用前先投入温水中浸泡15分钟，待其恢复原状。

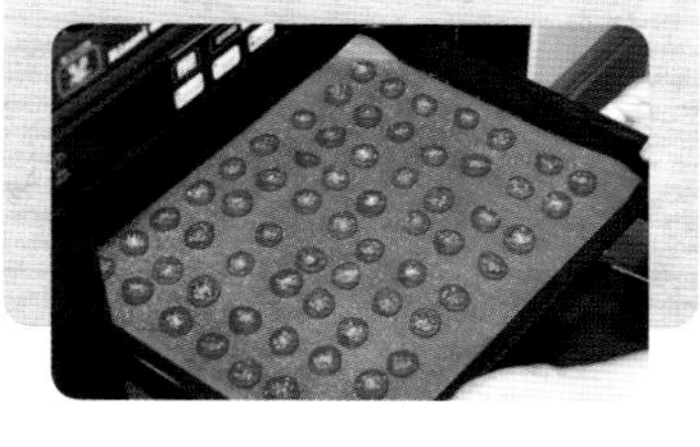

罗勒酱

用途

由新鲜罗勒叶与松子搅拌而成的罗勒酱，用途极广。

材料（约160克）

罗勒叶……30克
大蒜……1/2瓣（5克）
松子……20克
帕玛森干酪（磨碎）……20克
EXV橄榄油……80毫升

制作方法

❶除EXV橄榄油之外，将其他所有材料都放入陶钵中捣碎。❷在此过程中，缓缓滴入橄榄油，与钵中材料充分搅拌。冷藏可保存2～3周。

食物料理机可令操作更加简单。

格莱莫拉塔酱

用途

这是一种意大利特色调料，可用于去除料理中的腥膻气味，或为料理增加不同风味。建议在香气散尽之前尽快使用。

材料（约12克）

柠檬皮……1/4个
迷迭香……1/2根
大蒜……1瓣（4克）

制作方法

❶所有材料切末
❷撒在料理上食用

在需要去除料理中的腥膻气味，或为料理添加不同风味时使用。

美味料理的决定性因素

如何烹制意大利面及准备食材

着手烹制料理之前，是否准备了充分的食材，是否做好了食材的预处理，决定着料理最终呈现的效果。因此，食材的准备和预处理是非常重要的工序。对大量选用蔬菜为食材的意大利料理而言，预处理是绝不可少的。本节将介绍烹制意大利面的基本方法，并从准备食材的方法中挑选数种具有代表性的实例加以说明。

如何烹制意大利面

烹制方法是意大利面的灵魂。以下将分别举例介绍如何烹制长意面与短意面。

1 根据意大利面的长度来选锅

长意面使用高身锅

条状的长意面，使用锅身较长的面锅。

短意面使用平底锅

口阔身浅的平底锅最适合烹煮短意面，可便于其在锅中翻飞。

2 锅中装满水，沸腾之后加盐

烹煮100克意大利面，需要准备超过1升清水及10克盐。锅中加盐之后，舀起开水，用舌尖轻舔，以可尝出咸味为宜。建议选择粗盐，以获得更佳风味。

3 意大利面入锅

用双手将长意面向相反方向轻拧，在面锅上方放开手，令长意面在锅边散开呈扇形。当面身逐渐软化，沉入锅底时，开始搅动面条。比意面包装袋上所示的烹煮时间提前1分钟将面捞起，沥干水分。

开水烫番茄剥皮法

用开水烫番茄，将其外皮剥去的方法，有助于保留番茄的营养成分，无损其美味，也更便于作为配菜使用。

❶将番茄去蒂，整个没入沸水之中。当番茄蒂周围的皮卷曲之后将其捞出。

要点

在开水中汆烫的时间不宜太长，否则热水穿透番茄，外皮脱落，变得淡而无味。

❷立刻没入冰水之中，使其迅速冷却。

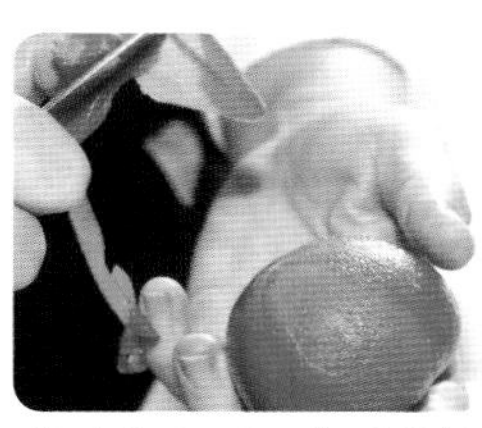

❸冷却之后，将番茄擦净，用菜刀从外皮卷曲处开始剥皮。

处理蘑菇

用毛刷将附着在蘑菇表面的泥土和灰尘扫去。

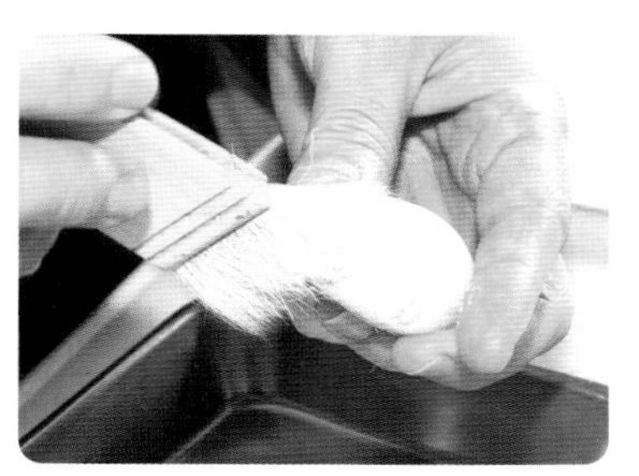

最好选择柔软的毛刷。蘑菇用水洗过之后容易变色，味道变淡。

芦笋削皮

用刮皮刀将芦笋的外皮刮去，注意不可过于用力，以免刮得太深。

连着外皮的结节部分用菜刀切下，外皮用刮皮刀薄薄地刮去一层。

干牛肝菌

干货中经常混杂着泥土、灰尘，因此使用之前应用水清洗干净。

要点

清洗之后浸入水中泡发一段时间，滤出上部的泡发水备用。

用水泡发约30分钟。如果泡发不充分，会留着粗硬的菌柄。

汆烫菠菜

重点是在汆烫之前，将菠菜根切开，但不要切断。

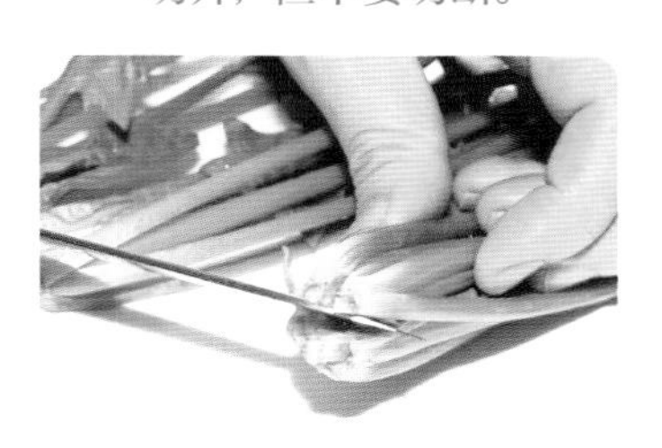

将菠菜根变黑的部位切去，在菜梗处切十字刀。

在清水中洗净菠菜中的泥土之后，将茎朝下放入沸水中。

甜豆去蒂

甜豆在下锅之前，必须去蒂和筋。

将甜豆的蒂折下，连同筋一起去除。注意甜豆两侧的筋都必须去除。

去除茄子的涩味

一般来讲，茄子只需浸泡在水中即可去除涩味，
但抹上盐去除涩味的效果更好。

❶将茄子放进托盘，撒上大量盐。

❷将切成块状的茄子在托盘中翻动，均匀地沾上盐。

❸静置约30分钟即可析出涩味，用水洗净，沥干。

打发蛋白霜

用打蛋器充分打发蛋白，直至拉出的蛋白尖头能挺立住为止。

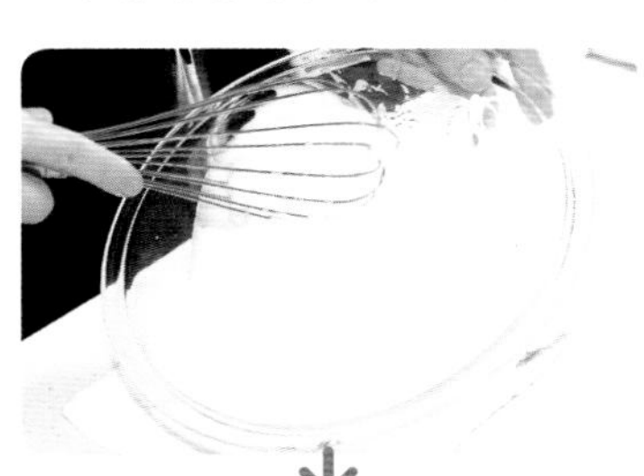

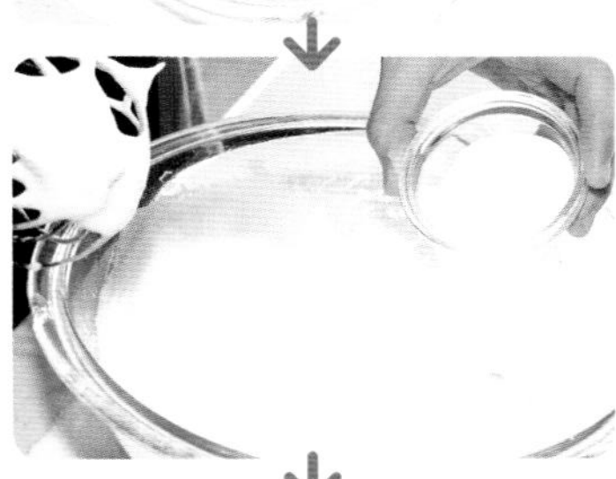

将盆略倾斜，加入少量砂糖进行打发。当蛋白尖能够立起时，分2～3次加入砂糖，继续打发，直至蛋白尖能够挺立住。

处理辣椒

先取出辣椒籽，如需切圆片，建议将辣椒泡入水中再切。

用手指掰掉辣椒蒂，也可以用剪刀剪去。

去蒂后，将辣椒头朝下，用手指叩击辣椒，倒出辣椒籽。如需切圆片，可先将其泡入水中软化。

大蒜去芽

大蒜芽会影响口感，因此使用前需去芽。

用刀在大蒜头上切去一小段。

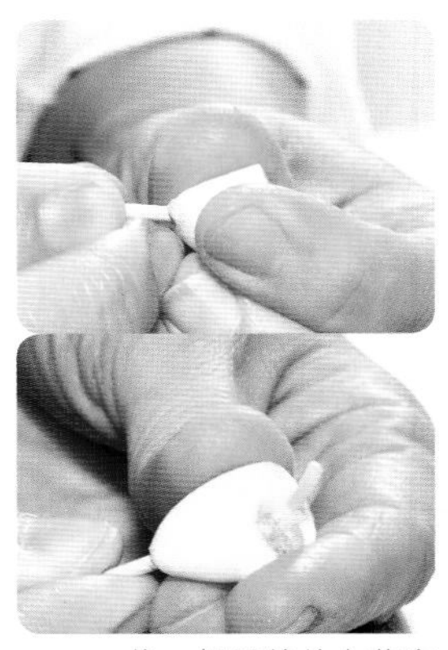

将一根牙签从大蒜底部插入，即可将芽从头部顶出。

刀法改变料理的味道

基本配菜刀法有讲究

上乘刀法制作出的菜品不仅卖相好看，而且味道更佳。刀顺着食材的纹理切，根据不同的烹饪方式将食材切出各种形状和大小，这些都是烹饪中的要点。

切条

将食材切成两头方形的条状。无论是切丁还是切薄片，都要先切成条。

顺着食材纹理，切成长4～5厘米、宽1厘米的长条。若是圆形蔬菜，可切去两头，以便切成方形。

切丁

将食材切长条之后，进一步切成骰子的形状。

将切成长条的食材再切成边长1厘米的正方体。

切小方片

将食材切成长条后，进一步切成小方片。

切成长条之后调转90°，切成厚1～3毫米的小方块。

切薄片

食材切丝或切末的前一步是切薄片，不同料理对薄片的厚度要求也不同。

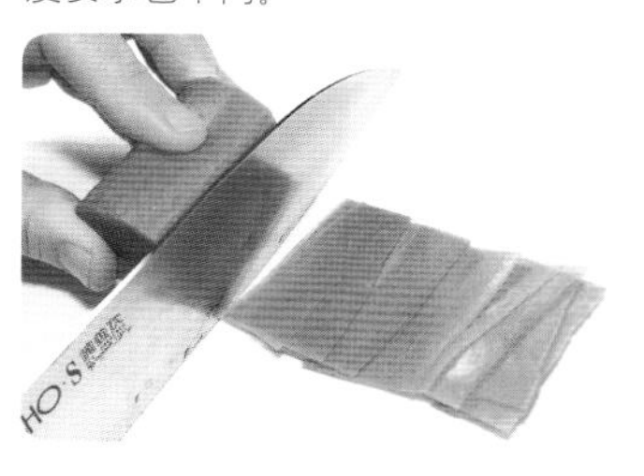

将食材斩成段后去皮，顺着纹理切成薄片。

切丝

顺着食材的纹理，将其切成细丝。

将食材切成若干薄片，叠放在一起，顺着食材纹理切成粗细均匀的细丝。

切末

将切成丝的食材调转90°，切成细末。

炒杂蔬或制作蒜油时，都需要将食材切末。

精确计算调料用量是料理之本

如何计量调味料

当菜品端上餐桌时，一眼就能看出烹调时是否对调味料进行过精确的计量。同样使用小量勺，对液体和固体调味料也应使用不同的方法来计量。

使用量勺计量

（1平勺）

液体

醋等液体调味料是1满勺，油或其他黏稠的液体则以平勺来计量。

固体

量勺舀起砂糖、盐等粉状调味料后，用小刮片将表面刮平，以刮去多余的量。

（1/2平勺）

液体

量勺底部面积较小，调味料应位于量勺2/3的位置上。

固体

先量出1平勺，再在量勺中央划一条分界线，留出一半的量。

1/4平勺

1/4平勺液体调味料，大约在量勺一半深的位置。而计量1/4勺固体调味料时，先量出1/2平勺，再将其减半。

以手计量

盐少许

一般指1/4小匙的量，但也要视料理而定。

1小撮盐

以拇指、食指、中指抓起的量，约0.4克。

适量

“适宜”“适量”是指适合料理需要的量。根据舌头尝的味道决定实际用量。

第 2 章

前菜

专栏

意大利餐厅知多少

看懂意大利餐厅的等级与菜单

意大利餐厅根据排名划分各种等级

通过名称了解意大利餐厅的情况

意大利餐厅以餐厅的排名加以分类。其中排名最高的餐厅（ristorante），提供的套餐基本由5～8种菜单组成（见下图）。而可以喝酒，主要提供单点菜单的简餐厅，则称为“小酒馆（osteria）”或“大众餐厅（trattoria）”。

虽说如此，但与以前相比，如今已不乏可与餐厅比肩的酒馆和饮食店。高级的餐厅也会使用“enoteca”（酒家、酒馆之意）为店名，因此单从店名已很难判断餐厅的等级。而其中还有很多餐厅在名字中缀上“mamma（母亲）”“nonna（祖母）”，或“玛利亚（maria）”“马里奥（mario）”等常用名。

具有代表性的菜单

1. 餐前酒（aperitivo）
   金巴利苏打水、苦艾酒等可以增进食欲，是必备的餐前酒。
2. 前菜（antipasto）
   是正餐中的第一道料理，通常是沙拉、油醋汁、意式烘蛋（第61页）等。
3. 头盘（primo piatto）
   从意大利面、烩饭、汤、比萨中任选一道。
4. 第二道菜（secondo piatto）
   用肉或鱼做成的主菜。
5. 配菜（contrno）
   搭配主菜一同食用。
6. 奶酪（formaggio）
   奶酪经常用于制作料理，也会在餐后单独食用，但并非所有餐厅都会在餐后提供。
7. 甜点（dolce）
   意式奶油布丁或提拉米苏，以及各种以水果为馅的什锦果冻都很有名。
8. 餐后酒（digestivo）
   格拉帕酒和柠檬利口酒等口味厚重的酒，较为适合用作餐后酒。

意大利餐厅等级

餐厅（ristorante）	高级餐厅，菜单以套餐为主，从开胃菜到甜品一应俱全。
小酒馆（oteria）	指小吃店或居酒屋。也有一些是历史悠久的高级餐厅。
大众餐厅（trattoria）	一般的餐厅，以提供地方特色料理，以及家常料理的家族餐厅为多。
小食堂（taverna）	与大众餐厅相同。也有的是简易食堂，提供事先烹制好的食物。
专卖店：比萨店、意大利面店、葡萄酒专卖店等	专卖比萨、意大利面、葡萄酒的店。还有啤酒、鸡尾酒、冰激凌等的专卖店。
酒吧	有吧台，除了酒精饮料，还供应浓缩咖啡、面包等简餐。
咖啡馆	咖啡馆。近年来有不少将酒吧和咖啡馆结合在一起的店。

餐厅名称是迷路者的指路牌

意大利餐厅的名字虽然五花八门，但其中不少含有地名、亲属姓名及路名。意大利的每一条道路都有自己的名字，据说这是为了将其作为餐厅名称时更容易被人记住。

Carpaccio

薄切生白肉鱼

口味清淡的前菜，可以吃出生鱼片的口感

薄切生白肉鱼

材料（2人份）

鲷鱼（其他白肉鱼亦可）……1条（160克）
西柚……1/4个（75克）
盐、胡椒……适量

配菜的材料

黄瓜……1/10根（10克）
芹菜……1/10根（10克）
红甜椒……1/10个（15克）
带核绿橄榄……1个
芝麻菜……1棵

西柚酱汁的材料

西柚汁……1大勺
白酒醋……1大勺
EXV橄榄油……2大勺
盐、胡椒……适量

要点

鱼肉须切得厚薄均匀，在盘子上铺排开

烹调时间
30分钟

01 将鱼放在水槽中，边淋水边去除鱼鳞，如此可防止鳞片飞溅。鱼尾和鱼鳍周围的鱼鳞用刀尖刮去。

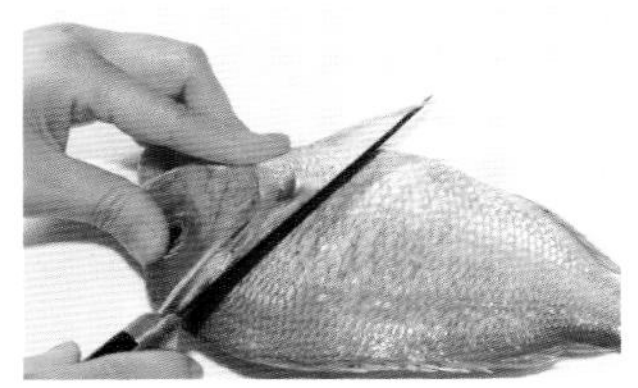

02 擦净鱼身上的水分，左手抓住鱼头，放置在案板上。接着将胸鳍和腹鳍拨向鱼头方向，将菜刀斜切入鳃盖骨。

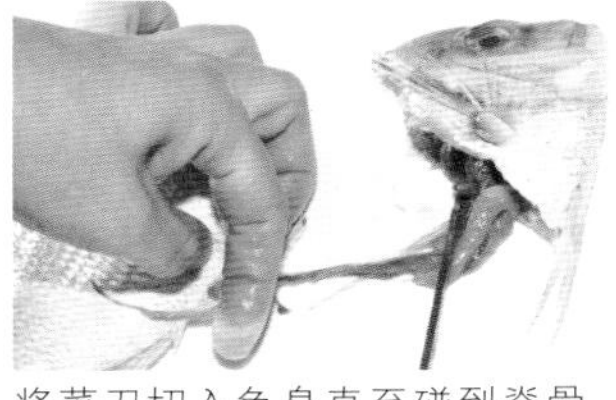

03 将菜刀切入鱼身直至碰到脊骨，翻转鱼身，头部保持向左，用菜刀压下切开。

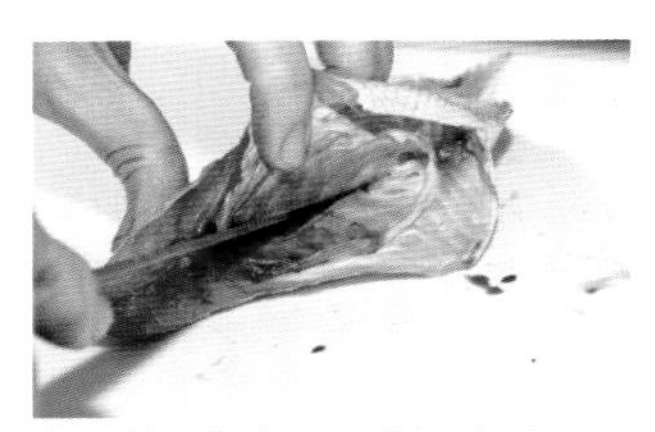

04 菜刀从肛门切入，割至鱼腹，用菜刀将内脏挖出，刮开残余血块的外膜。

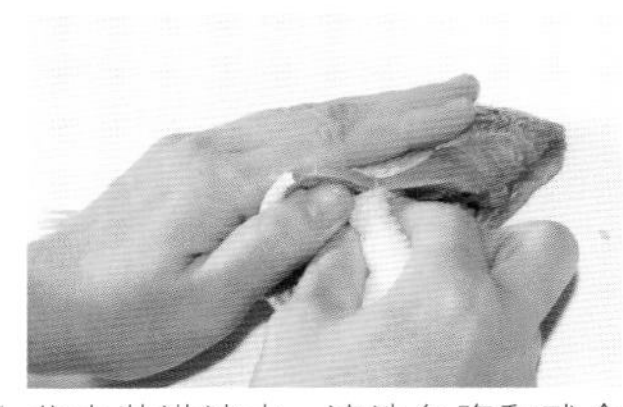

05 盆中装满清水，清洗鱼腹和残余血块，用毛巾擦净。㊟请勿用流水清洗，以免水压破坏鱼肉。

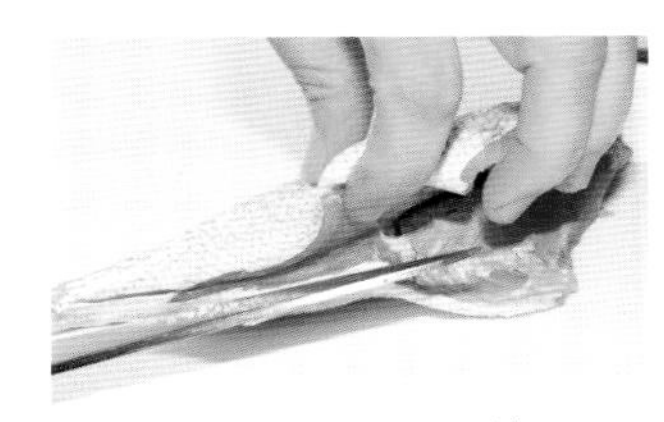

06 将鱼腹转向自己，从鱼鳍之上2毫米处切入。

07 直至菜刀切到脊骨，调转鱼的方向，将背鳍朝向自己。

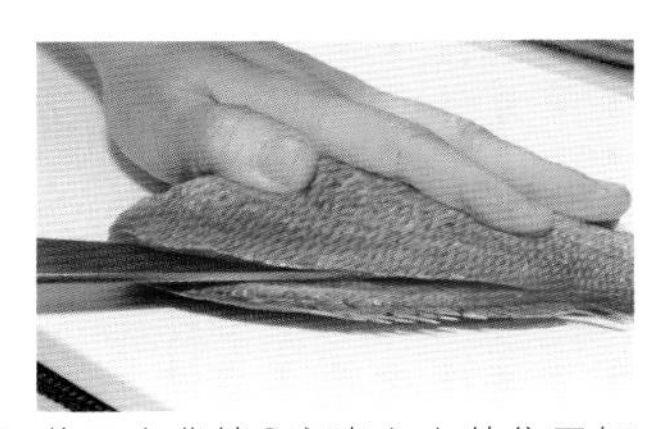

08 菜刀在背鳍2毫米之上的位置切入，沿着鱼骨将整个刀身切入直至碰到脊骨。

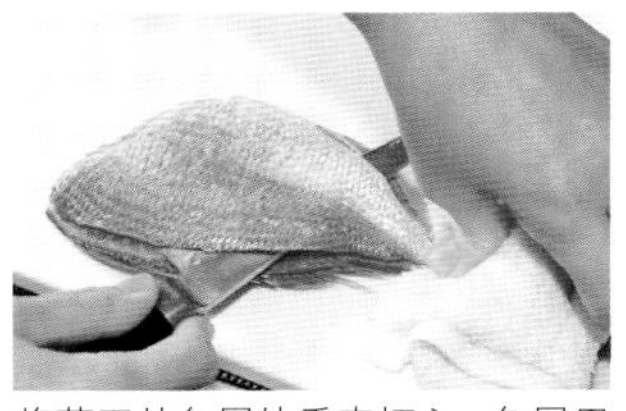

09 将菜刀从鱼尾处垂直切入，鱼尾用毛巾固定住，菜刀沿着脊骨上方滑切而过，直到切开鱼的上半片。

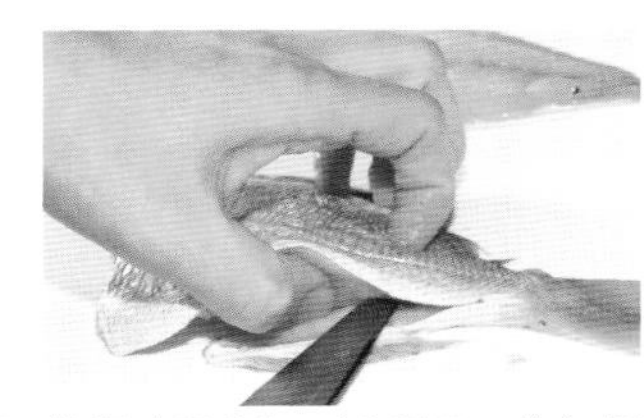

10 按照步骤06～09所示，将鱼尾固定住，用菜刀切开下半片鱼肉。

11 (要)将鱼切成三片，厚度以提起鱼片时可透视鱼骨为最佳。

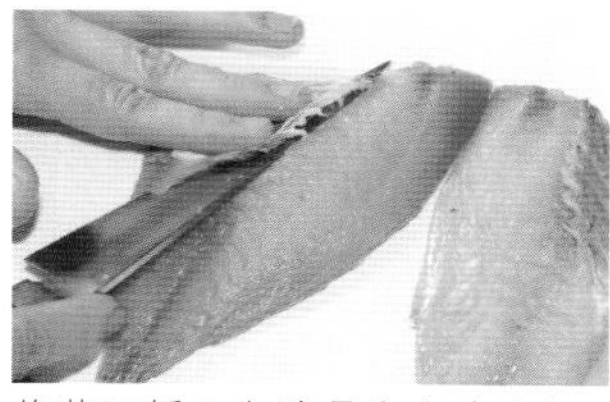

12 将菜刀插入鱼腹骨和鱼身之间，挑起鱼腹骨后，菜刀滑切而过，将鱼腹骨切下。

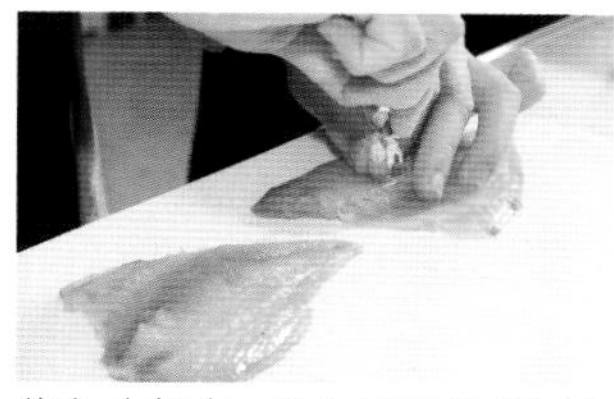

13 将鱼头朝右，以左手中指按压鱼身，挑出其中的小刺。

14 菜刀在鱼身上滑切，将鱼肉片成厚度均匀的薄片。

15 将切好的鱼片摆放在盘中，轻轻撒上盐、胡椒。

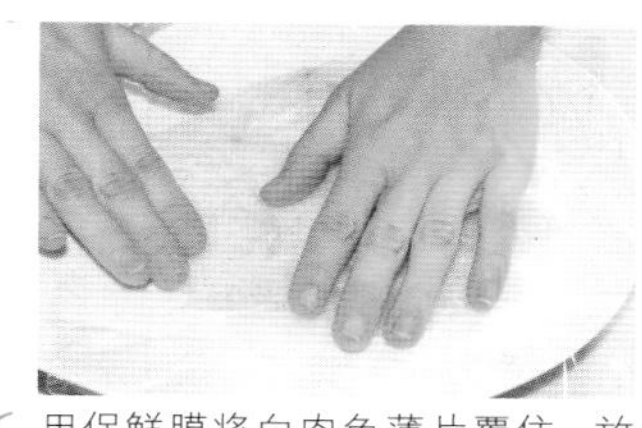

16 用保鲜膜将白肉鱼薄片覆住，放进冰柜冷藏。

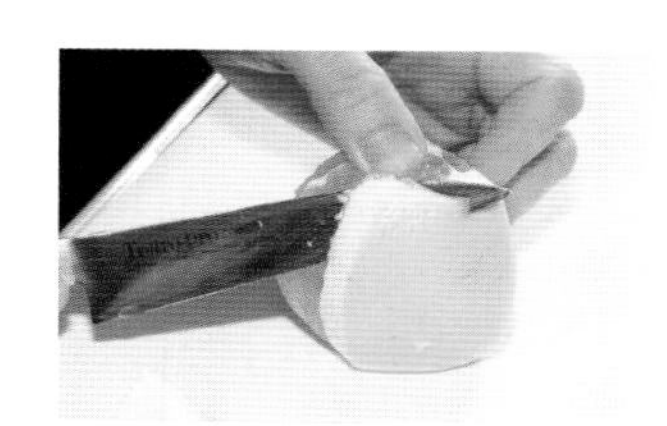

17 制作酱汁。将刀插入西柚皮和果肉之间，削掉果皮和白膜。

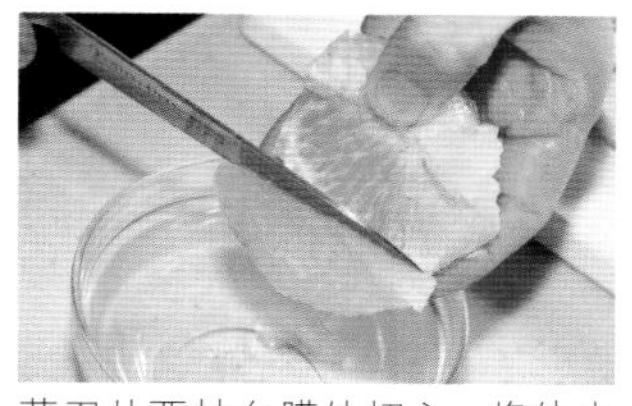

18 菜刀从西柚白膜处切入，将外皮剔去，果肉拨入盆中备用。

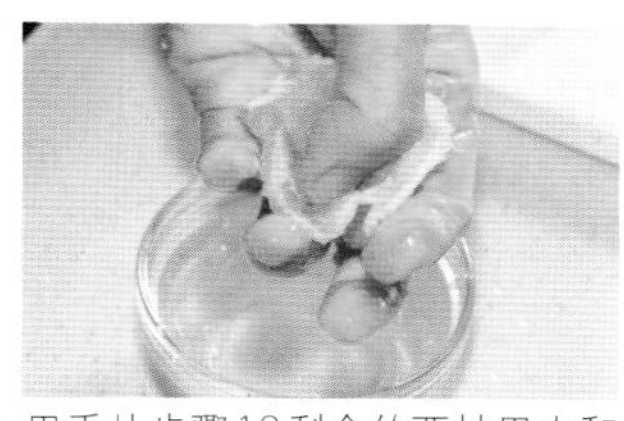

19 用手从步骤18剩余的西柚果肉和芯中挤出果汁。

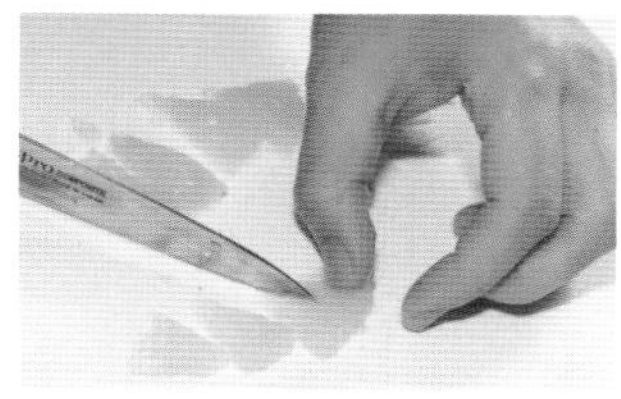

20 将西柚果肉切成1厘米宽。

21 将芝麻菜叶切丝。

22 将黄瓜、芹菜、红甜椒分别切成3毫米的小块；绿橄榄去核，也切成3毫米的小块。

23 将步骤19挤出的果汁与白酒醋、EXV橄榄油、盐及胡椒等放入盆中，再放入步骤22切好的食材，用打蛋器搅拌。

24 将白肉鱼片摆放在盘中，将步骤23做好的酱汁均匀地浇在鱼片上。(要)为了使每片鱼肉味道相同，浇汁务必要均匀。

25 将步骤20的西柚果肉撒在鱼肉上，最后撒上芝麻菜丝。

烹制意大利料理的诀窍与要点①

橄榄油的种类

国际橄榄油协会将橄榄油分为两大类

250毫升
制造/阿尔多伊诺（ARDOINO）
进口/株式会社Foodliner

250毫升
制造/有机尼奥&密立齐亚集团（Alce Nero & Mielizia）
进口/日仏贸易（Nichifutsu Boeki Corporation）

250毫升
制造/百多利公司（Bertolli）
进口/孟德物产（Monte）

特级初榨橄榄油是品级最高的橄榄油

意大利现有500多种橄榄油，根据国际橄榄油协会制定的标准，将其划分为两大类：初榨橄榄油（未经精炼，直接食用）和纯橄榄油（精炼橄榄油与初榨橄榄油混合）。而初榨橄榄油中的特级初榨橄榄油，又因其每100克的酸度低于0.8%而拥有绝佳的香味。与之相反，纯橄榄油以酸度较高的初榨橄榄油与精炼橄榄油混合而成，酸度在1%以下。

为了无损特级初榨橄榄油的风味与香气，一般不将其加热而直接食用。纯橄榄油则主要用于加热烹调。

Carpaccio di manzo

薄切生牛肉

新鲜牛肉与黄芥末酱堪称绝配

薄切生牛肉

材料（2人份）

牛肉（牛里脊或腿肉）……150克

帕玛森干酪……10克

粉红胡椒……1小勺

香叶芹（装饰用）……1根

盐、胡椒……适量

蛋黄酱的材料

蛋黄……1/2个（10克）

黄芥末酱……1大勺

白酒醋……1小勺

EXV橄榄油……50毫升

盐、胡椒……适量

配菜沙拉的材料

玉兰菜……1片（10克）

红菊苣……1/2片（20克）

生菜……1片（20克）

红酒醋……1/2小勺

EXV橄榄油……1小勺

盐、胡椒……适量

要点

应使蛋黄酱充分乳化

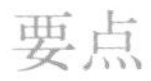

烹调时间 20分钟

01 (准)首先将湿布扭转着卷成麻花，圈成一个圆，注意不可松脱。

02 将盆斜放在麻花状湿布上方并固定。(要)除了制作淋酱之外，该盆也适用于打发鲜奶油和酱汁。

03 制作蛋黄酱。将蛋黄、黄芥末酱放入盆中，滴入少量白酒醋。(要)醋不可过量，否则会使蛋黄酱发生分离。

04 继续放入盐、胡椒，迅速用打蛋器打发。

05 充分拌匀之后，自上而下将EXV橄榄油逐滴滴入盆中。

06 如图所示，搅拌至其尾部能够直立时，倒入剩余的白酒醋。打发过程中如能够尝出酸味，可不必倒入所有白酒醋。

07 将烤盘纸裁成长宽比为3:2的长方形，将纸张沿对角线对折，剪下三角形。

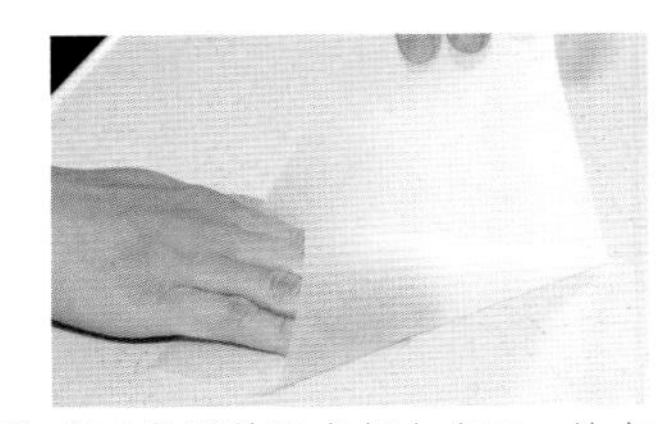

08 将三角形的顶点朝向自己，从右向左卷成圆锥体。

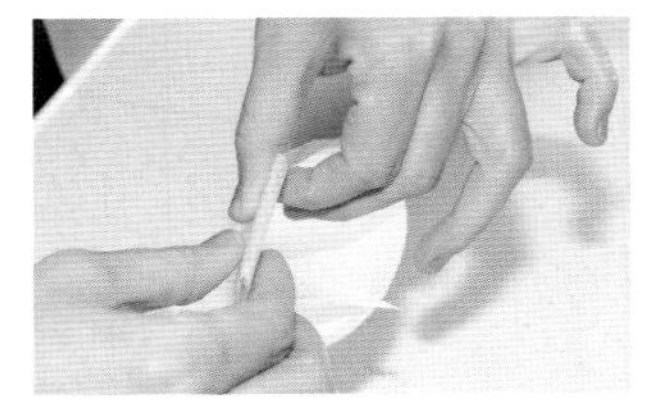

09 卷成圆锥体之后，将顶点向内折，做成一个裱花纸袋。(要)重叠的部分不可散开，前端应形成尖尖的圆锥形。

10 将裱花纸袋立于一个高身玻璃杯中，将步骤06做成的蛋黄酱全部倒入其中。

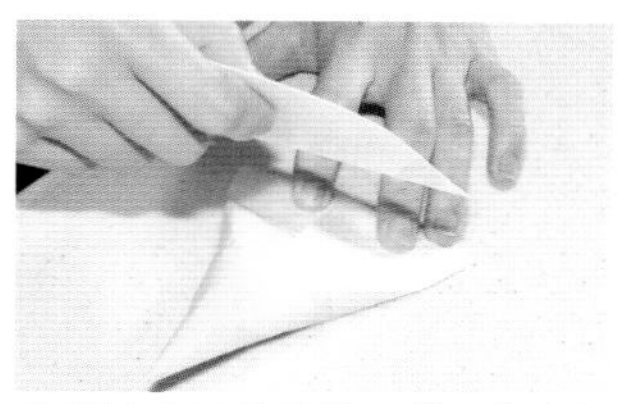

11 用刮片将蛋黄酱往下推，将空气排出。

12 纸袋口向下折好，以防蛋黄酱流出。

13 将牛肉切成厚度均匀的薄片。(要)如不慎切得太厚，可用木槌将其敲薄，使肉质变软。

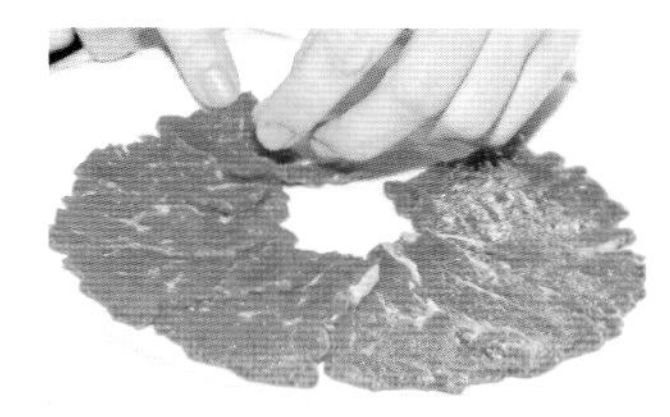

14 将切好的薄牛肉片按照顺时针方向摆放在盘中。

15 用保鲜膜紧贴着牛肉盖住盘子，放入冰柜冷藏。

16 将盐、胡椒均匀撒在牛肉上使之入味。

17 将裱花纸袋的尖部剪开一个小口，将蛋黄酱在牛肉片上挤出弯弯曲曲的轨迹。

18 撒上粉红胡椒，将香叶芹新鲜面朝上，一片片装饰于每片牛肉的表面。

19 制作沙拉。将玉兰菜斜切成宽1厘米的片状。

20 红菊苣切出一口大小的薄片，与生菜一起放入盆中，同玉兰菜一起搅拌。

21 在盆中滴入EXV橄榄油，稍做搅拌后加入盐、胡椒，最后再倒入红酒醋拌匀。

22 将帕玛森干酪均匀撒在肉片上。如没有，也可用奶酪粉替代。食用之前才切削，可令帕玛森干酪风味更佳。

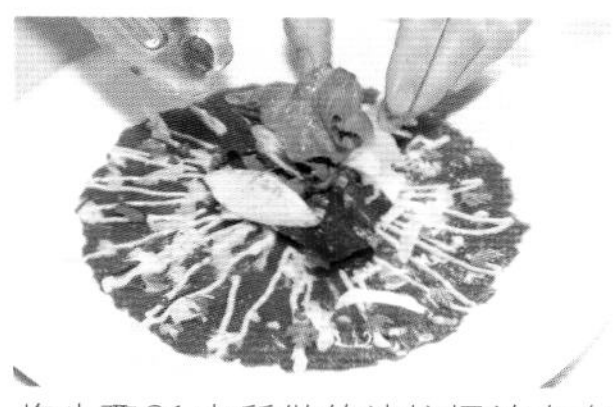

23 将步骤21中所做的沙拉摆放在盘子正中。(要)蔬菜新鲜面朝上摆放，可使摆盘更美观。

错误！

蛋黄酱发生分离！

如果一次性全部倒入EXV橄榄油，会使蛋黄酱发生分离。搅拌至蛋黄酱如线状向下滴落时，可左右晃动打蛋器加以混合。

分次少量加入橄榄油，可令蛋黄与橄榄油相融合。

烹制意大利料理的诀窍与要点❷

如何制作适于搭配所有料理的意式调味汁

3种调味汁赋予料理更多样的变化

意式调味汁

材料　柠檬汁……2大勺、EXV橄榄油……1/2杯、罗勒叶切末……1大勺、番茄……30克、盐、胡椒……适量

制作方法　❶将柠檬汁、盐、胡椒倒入盆中，用打蛋器混合。❷待盐溶化后将EXV橄榄油一点点滴入并搅拌。❸热水氽烫番茄后去皮，去籽，切成5毫米的小块。❹在步骤2中加入番茄块和罗勒叶末并搅拌均匀。

巴萨米克醋汁

材料　巴萨米克醋……2大勺、橄榄油……1/2杯、大蒜（切薄片）……2瓣（20克）、红辣椒……1根、盐、胡椒……适量

制作方法　❶锅中放入橄榄油、大蒜、红辣椒，炒出香味，盛出冷却。❷在盆中放入巴萨米克醋、盐、胡椒，拌匀后放入步骤1的材料。

鳀鱼酱汁

材料　白酒醋……2大勺、鳀鱼片……2片（10克）、EXV橄榄油……1/2杯、欧芹末……1大勺、醋浸刺山柑……1大勺、盐、胡椒……适量

制作方法　❶将鳀鱼片、欧芹、刺山柑切末。❷将白酒醋、鳀鱼、胡椒放入盆中搅拌。❸在盆中边滴入EXV橄榄油边搅拌。❹加入欧芹、刺山柑，用盐、胡椒调味。

利用无所不能的调味汁，令烹调变化出更多样式

以上介绍的3种调味汁，可以令单调的料理瞬间变身正宗意大利料理。它们不仅可以用于鱼、肉菜，还可以用作意大利面的酱汁，请大家务必一试。

首先是以罗勒叶及番茄为原料，配色鲜艳的意式调味汁。除了用来为沙拉调味，也可以用作鱼、肉菜的酱汁。要点在于，EXV橄榄油应逐步、少量滴入料理。

巴萨米克醋汁散发的香味令人无限回味，尤其适合搭配香煎肉类或烧烤的食物。鳀鱼酱搭配油炸的鱼类或贝类，香煎白肉鱼，可瞬间令其风味加倍。无论何种调味汁，只需装入密封罐内，便可在冰柜中冷藏约1周。

Caponata di melanzane

西西里烩茄子

这款做成酸甜口味的茄子，是深具西西里风味的代表性料理

西西里烩茄子

材料（2人份）

矮茄……1根（250克）
洋葱……1/8个（25克）
芹菜……1/10根（10克）
松子……1/2大勺
醋浸刺山柑……1/2大勺
带核绿橄榄……3个
红酒醋……15毫升
白葡萄酒……15毫升
细砂糖……1/2小勺
蒜油……1大勺
欧芹……适量
盐、胡椒……适量
番茄酱汁……100克

要点

放入茄子之后应立即用酱汁将其裹住

烹调时间
50分钟

01 将矮茄切成3厘米的方块。先摘去茄子蒂，竖切成3厘米的茄片。

02 切口向下，竖切成3等份。将矮茄旋转90°，切成3厘米的茄块。

03 将足量的盐均匀撒在茄块表面，放在带网格的托盘上，静置30分钟，去除涩味。

04 片刻之后，茄块表面会产生水汽。如未产生水汽，可再撒少许盐，继续放置10分钟左右。如仍未产生水汽，请操作步骤05。

05 将茄块放入装满水的盆中，洗去涩味和盐分。

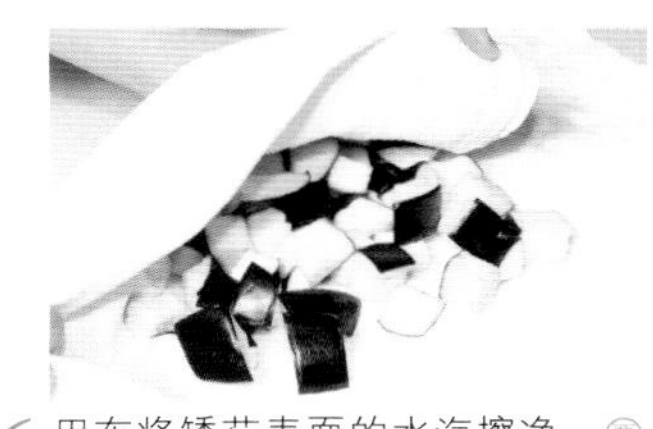

06 用布将矮茄表面的水汽擦净。如未能完全擦净，入油锅时会导致热油四溅。

07 将油在锅中加热至220℃，矮茄下锅炸。待茄块炸至金黄时捞出，沥干。

08 将沥干油分的茄块移入带网格的托盘，使之继续滴油。

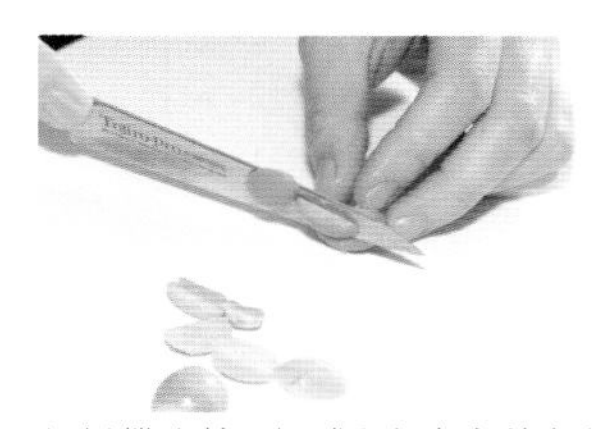

09 绿橄榄去核，切成3毫米宽的条状。

10 将橄榄条旋转90°，切成3毫米的碎粒。

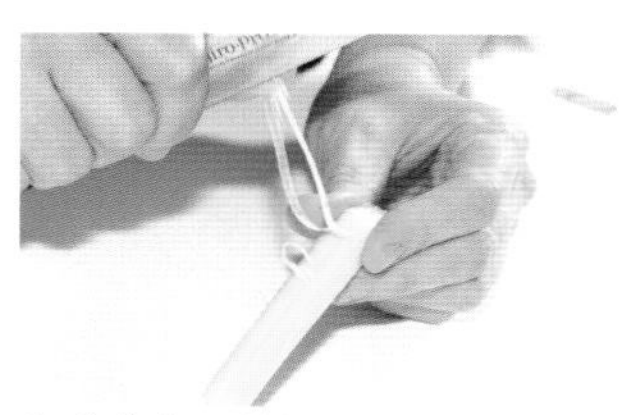

11 将芹菜表面的粗纤维和太青的部分用刀刮去。

12 欧芹竖切成条状，再重叠起来切成细丝。

13 将欧芹丝旋转90°，切成末。

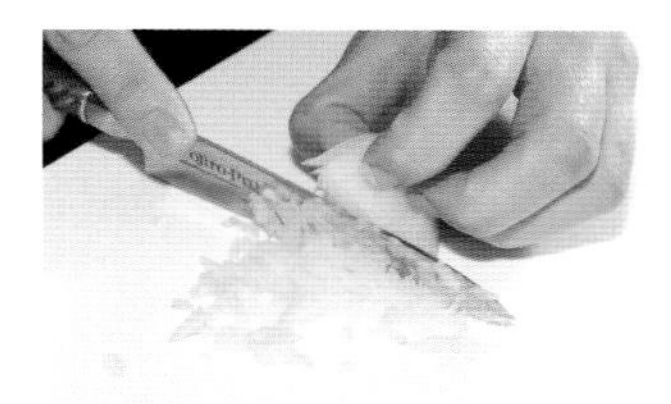

14 沿着洋葱的纹理切入，再从边缘开始切成末。

15 将蒜油倒入锅中，炒至大蒜发出噼啪声后改小火，加入松子。

16 待松子略炒出金黄色后，加入洋葱末、芹菜末，细细翻炒。

17 炒出香味之后，放入绿橄榄末和刺山柑，继续翻炒。

18 加入红酒醋与白葡萄酒。(要)会有扑鼻的香气，因此不要用力吸气。

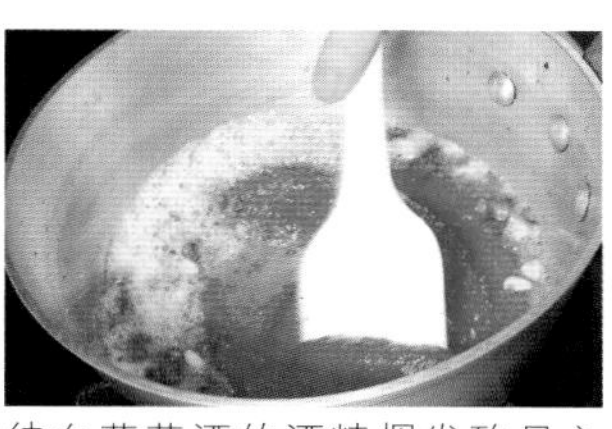

19 待白葡萄酒的酒精挥发殆尽之后，转中火，放入番茄酱汁搅拌。

20 放入盐、胡椒调味。

21 将步骤08炸好的茄块倒入锅中，将番茄酱汁与茄块一起轻轻拌匀。

22 尝尝味道，放入少许细砂糖，煮至入味后关火。

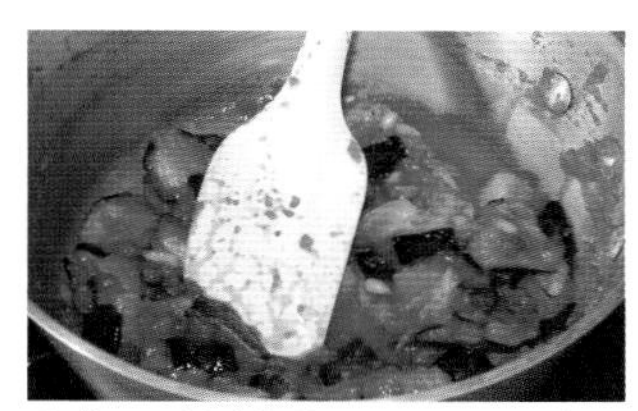

23 (要)静置片刻令其更加入味。盛起后撒上欧芹作为装饰。

错误！

茄子煮得过于软烂！

茄子如果煮过了头，会令油分与茄子分离，无论是外观还是口感都会受影响。另外，茄子煮软之后过度翻炒，也是造成茄子软烂的原因。

茄子如切得太杂乱，会影响料理的外观。务请多加注意。

烹制意大利料理的诀窍与要点③

西西里岛的料理与特色

荟萃多国文化气息的伟大岛屿——西西里岛有什么样的美食文化

西西里岛的主要特产

1. 刺山柑
位于西西里岛西南位置的小岛——潘泰莱里亚岛出产的刺山柑，被誉为意大利最美味的酸豆。

2. 盐
意大利西北部的特拉帕尼，2000年来秉承传统手法制造出的盐含有丰富的矿物质，且口味丰富，在国际上也广受好评。

3. 马沙拉酒
此酒被指定为意大利顶级葡萄酒（D.O.C.G.）。适合在餐后享用，有时也作为料酒使用。

其他
以羊奶为原料，经短期熟成的西西里佩科里诺奶酪，以及红色果肉的血橙等，都是西西里岛上的特产。

西西里岛的代表性料理

西西里烩茄子
以茄子、洋葱等食材烩成的料理。利用刺山柑与砂糖调出的酸甜口味正是西西里风味。

金枪鱼卷
此款海港城市墨西拿的地方料理，是将金枪鱼肉薄薄地摊开，包上各种食材后烘烤而成。

各式甜品
冰激凌蛋糕、意式冰激凌、西西里奶酪卷等西西里风味的甜品，据说是从阿拉伯传来的。

西西里的饮食文化中，糅合了其他民族的文化

在历史上，西西里岛曾数度被占领，这令西西里岛成为多种文化的汇集之地，在意大利国内也属于一个特殊的地区。特别是从阿拉伯传来的柑橘类水果，以及栽种农作物的方法，更是在很大程度上影响了西西里岛的饮食文化。受惠于地中海式的温暖气候，这里盛产番茄、柑橘等蔬果，杏仁、砂糖等食材也应有尽有。西西里岛四面环海，捕鱼业发达，因此其料理的一大特色，便是多以海鲜与蔬菜为食材。

或许是受到阿拉伯及非洲的影响，使用番茄来获得酸甜口味，也是西西里岛料理中值得一说的特点。此外，西西里岛也被称为甜点的发祥地，西西里奶酪卷（第218页）、冰激凌蛋糕（第220页）等甜点，都是从这里走向意大利本土的。

Insalata di mare

海鲜沙拉

沙拉酱汁将海鲜鱼贝类的美味烘托到极致

海鲜沙拉

材料（2人份）

蛤蜊……8个（80克）
蒜油……1大勺
白葡萄酒……60毫升
草虾……4只（160克）
扇贝柱……2个（60克）
水煮章鱼脚……1/3条（60克）
鱿鱼……1片（60克）
花菜……1/6棵（100克）
小胡瓜……1/2条（75克）

沙拉酱的材料

柠檬汁……30毫升
海鲜高汤（以上述材料煮制）……20毫升
EXV橄榄油……50毫升
盐、胡椒……适量

要点

鱿鱼不宜煮得太久，否则肉质会变硬

烹调时间
30分钟

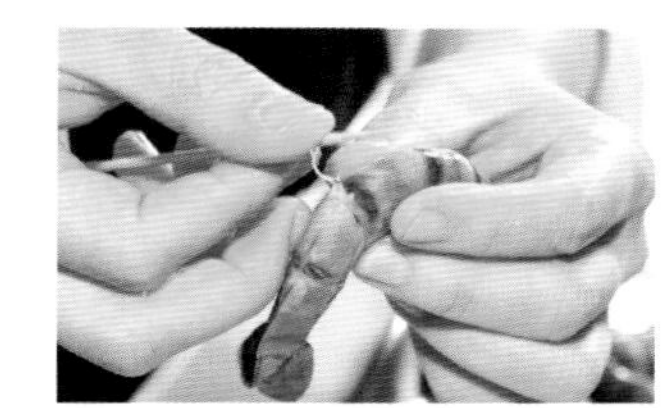

01 用牙签将虾背上的虾线剔除。(要)将牙签从虾的第2、3节之间插入，拇指轻按，慢慢将虾线挑出。

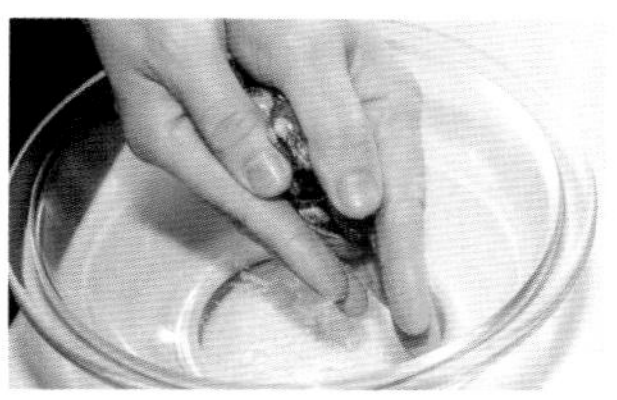

02 将蛤蜊泡在盐水中，令其吐沙。沥干水分之后，用盐揉搓蛤蜊，放入装满水的盆中洗净其表面。

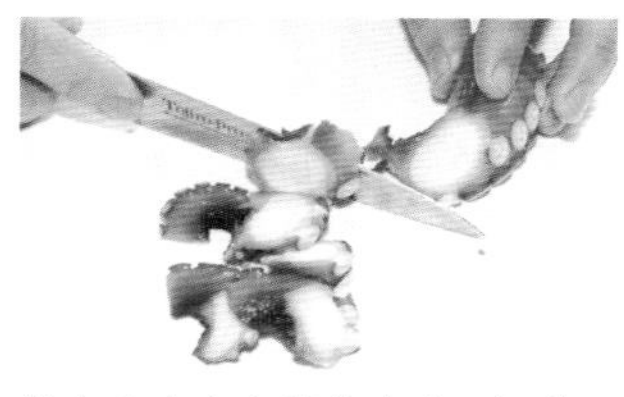

03 剪去水煮章鱼脚的尖头，切成一口大小的厚片。

04 扇贝柱切成4等份，扇贝柱侧面的白色部分用手取下，待炒菜时使用。

05 在鱿鱼片上切花刀，再切成短片状。(要)切花刀是为了更加入味。

06 在花菜的茎部划出十字，再用手掰成小朵。

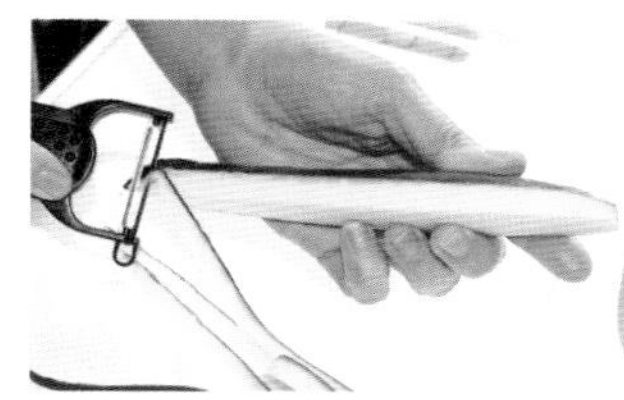

07 小胡瓜去蒂，削去皮，继续用刮刀竖向将瓜瓤削成细丝（以能够隐约看见瓜子为宜）。

08 盆中装满冰水，将刮下的细丝放入，冷却约10分钟。

09 蒜油入锅烧热，将草虾与蛤蜊下锅炒出大蒜香。

10 步骤04从扇贝柱上取下的白色部分也下锅翻炒。(要)扇贝柱侧面白色的部分可产生高汤的美味，因此放入一起翻炒。

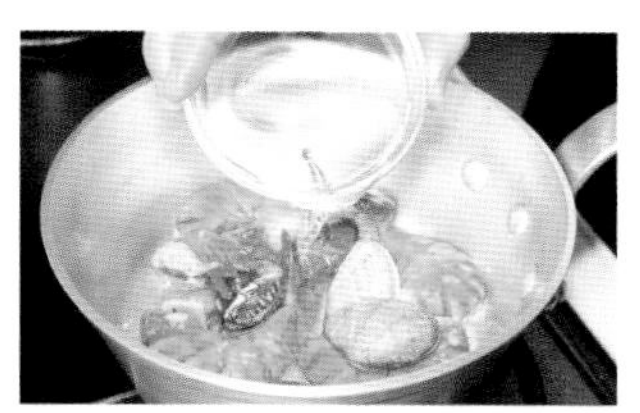

11 待草虾全身变色，散发出香气时，倒入白葡萄酒。

12 倒入白葡萄酒后，立刻盖上锅盖。

13 掀开锅盖，待草虾的身体蜷曲起来，蛤蜊壳打开时，盛出放置于托盘之上。

14 在滤勺上铺一层厨房纸巾，将步骤12煮出的汤汁倒下过滤。将过滤好的汤汁重新倒入锅中加热，放入步骤04、05的材料，继续加热。

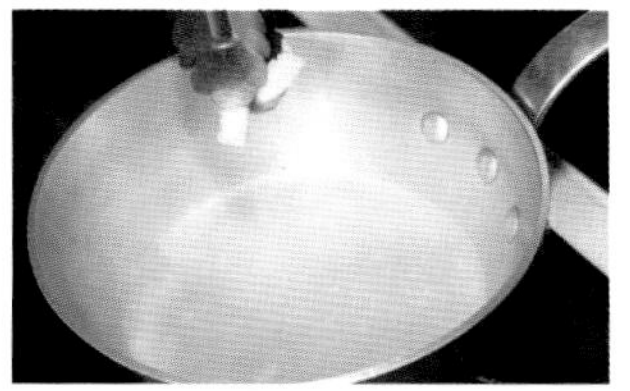

15 将扇贝柱与鱿鱼片取出，放置于托盘之上。当锅中剩下20毫升汤汁时，开大火收汁至汤汁只剩20毫升。

16 将汤汁倒入盆中，放在装有冰水的容器上加以冷却。

17 锅中装水，加热至沸腾。加入粗盐，放入花菜烫煮约3分钟。烫完之后放置于筛网之上冷却。

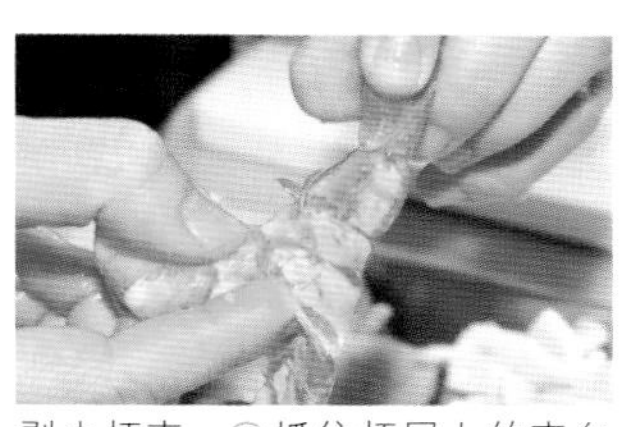

18 剥去虾壳，㊕抓住虾尾上的壳向上拉动，可以顺利剥下。

19 在步骤16做好的汤汁中放入盐、胡椒、柠檬汁，用打蛋器搅拌，直至汤汁像条线般垂直滴落时，一点点滴入EXV橄榄油进行混合。

20 在上一步骤的盆中加入鱼类、贝类及花菜拌匀。

21 将小胡瓜丝从冰水中捞出沥干，放入步骤20的盆中，轻轻地与沙拉汁一起拌匀。

22 将小胡瓜丝铺在盘中，再在其上铺鱼贝类、花菜，最后将盆中剩余的沙拉汁均匀地淋在所有材料上。

错误！

小胡瓜切片形状欠佳

刮小胡瓜时，在隐约可见瓜子时就应停下，如此才可保证刮下的薄片美观。加诸刮皮刀的力道均匀，刮下的薄片才会厚薄均匀。

如果一直刮到瓜子，会导致瓜子四散，影响菜品的外观。

烹制意大利料理的诀窍与要点4

醋中之王——巴萨米克醋

醇厚美味，色泽深褐的巴萨米克醋，奥秘隐藏于其精妙的酿造方法之中

传统的巴萨米克醋

Aceto Balsamico Trdizionale

原料、酿熟年份、酒精度、糖分等参数都必须经过严格的审查。目前，摩德纳、雷焦艾米利亚酿制的巴萨米克醋已获得意大利法定原产地标识（D.O.P.）。

↓（左）SANTERAMO BALSAMIC VINEGAR 1300日元（250毫升）/代理 光丘兴产。（右）ADRIANO GROSOLI ACETO BALSAMICI 市价（500毫升）/代理 孟德物产

←传统 金牌 25年陈醋/售价 34650日元（100毫升）/代理 CIO日本

Q 巴萨米克醋与葡萄酒醋有何区别？

A 原料不同，风味迥异

巴萨米克醋以葡萄为原料，经醋酸发酵而成。而葡萄酒醋则是使用葡萄酒进行醋酸发酵而成。葡萄酒醋又可分为白葡萄酒醋与红葡萄酒醋。

巴萨米克醋

Aceto Balsamico

从装桶直至完成，巴萨米克醋的酿熟桶始终没有更换。酸味强，甜味低，因此要在其中添加焦糖色素，短时间内生产完成。

按照酿熟年份来区分巴萨米克醋

2年～5年

适合用于制作肉类料理的酱汁。因其酿熟年份浅，使用前必须将其煮至原量的一半，使味道浓厚，做出的料理令人回味无穷。

6年～10年

建议将其直接用于制作调味汁或酱汁。可为各种料理调味。

12年以上

仅30毫升就标价1万多日元，价格十分昂贵。可滴数滴在香草冰激凌或水果之上直接享用。

巴萨米克醋的酿熟工艺与葡萄酒不相上下

巴萨米克醋在意大利语中称为“Aceto Balsamico”。其中无任何添加剂的称为传统巴萨米克醋（Aceto Balsamico Trdizienale），即使是最短的酿熟年份也要求超过12年。巴萨米克醋的原料是一种名为特雷比亚诺的白葡萄，将榨取出的葡萄汁用布过滤，煮制过后装入木桶中，加入葡萄酒醋，产生醋酸加以发酵。传统巴萨米克醋经一两年酿熟之后，会根据不同的种类，每年更换木桶，如此往复多次，方能完成制作。

Bruschetta3

3种意式烤面包片

属于开胃点心，不同地区的人们会在面包片上放不同的配菜

番茄奶酪沙拉面包片

鸡肝酱面包片

醋渍甜椒面包片

鸡肝酱面包片

材料（2人份）

鸡肝……150克
洋葱……1/3个（60克）
月桂叶……1片
鳀鱼片……1片（5克）
白葡萄酒……30毫升
蜂蜜……1小勺
鸡汤（参考第19页）……60毫升
法式硬面包片……8片
蒜油……1大勺
黄油……10克
核桃……2瓣
百里香……1根
盐、胡椒……适量

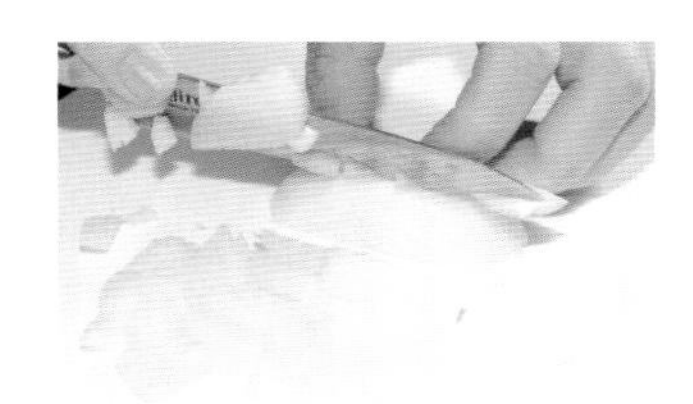

01 将洋葱切成1厘米见方的小块。

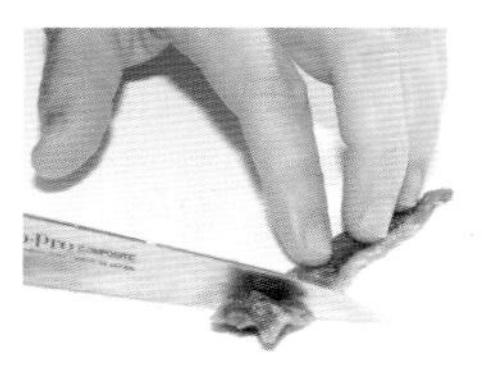

02 将鳀鱼干切成1厘米宽。

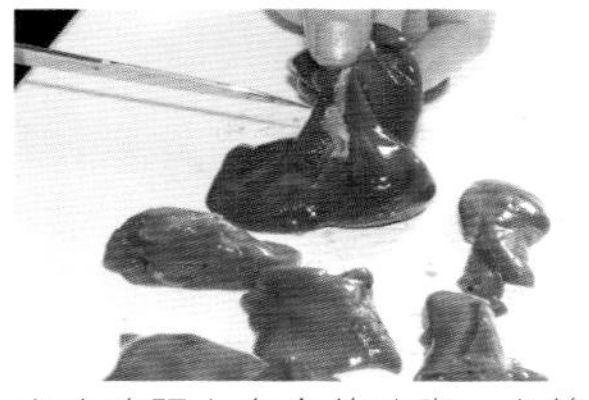

03 去除鸡肝上多余的油脂、血管，切除变色的部位，沿着纹理切成2～3厘米大小。

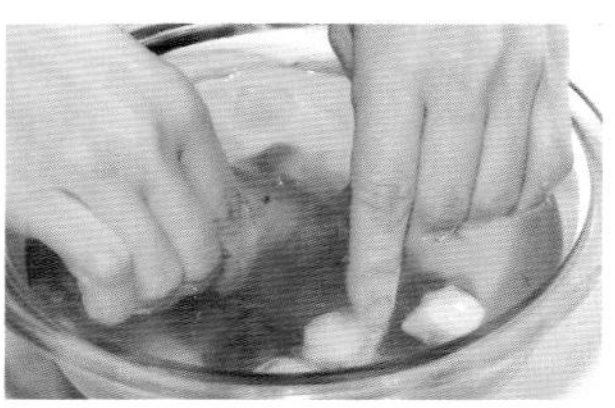

04 在盆中盛满冰水，放入鸡肝。切口处浮现出的血管，将其按压出来去除。

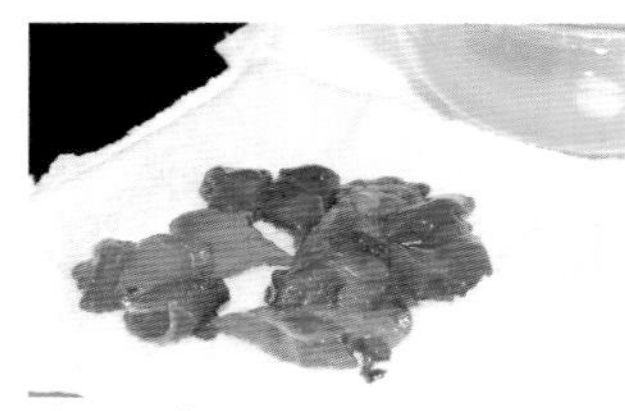

05 铺上一块毛巾，将鸡肝从冰水中取出放于其上，将其表面的水分完全擦干。

06 将鸡肝移入托盘中，撒上盐、胡椒，用手指轻抓使之入味。

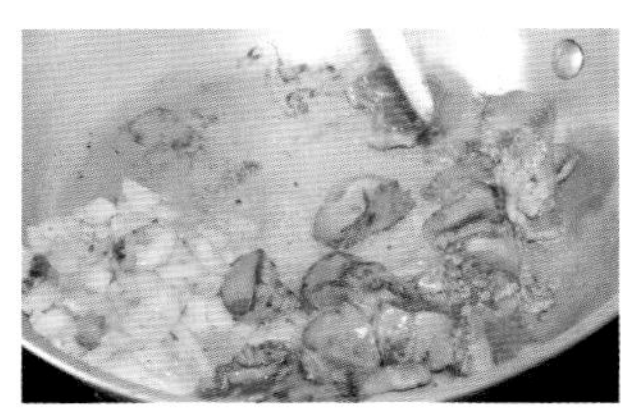

07 将黄油、蒜油放入平底锅，开中火加热后，放入洋葱和鳀鱼片翻炒。然后将洋葱拨到锅边，开大火翻炒鸡肝。

08 将鸡肝炒至变色，倒入白葡萄酒，待酒精挥发。接着放入鸡汤、蜂蜜、月桂叶，将锅中所有材料搅拌均匀。

09 水分收干之后，取出月桂叶。用食物料理机将食材打成泥，中途加入盐、胡椒调味。

10 将打成泥状的食材倒入盆中，放在装有冰水的容器中冷却。硬面包片烤香，涂上蒜油，将上述食材抹在面包片上，并用核桃、百里香装饰。

要点

鸡肝洗净之后
应充分沥干

烹调时间
40分钟

醋渍甜椒面包片

材料（2人份）

黄甜椒、红甜椒……各1个（150克）
意大利香芹……1根
EXV橄榄油……1大勺
白酒醋……1/2大勺
糖醋渍藠头……1个
法式硬面包片……8片
蒜油……1大勺
盐、胡椒……适量

要点

甜椒烤过之后会有甜味

烹调时间
40分钟

01 烤鱼架预热，放上甜椒，烤至表面变得焦黑。

02 盆中盛满冰水，将烤好的甜椒浸入其中急速冷却。

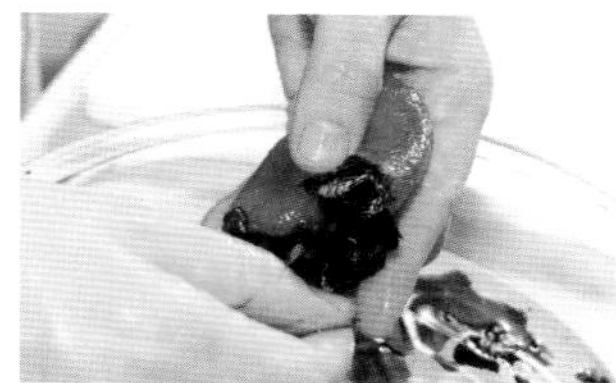

03 迅速用手剥去甜椒皮。

04 用菜刀去除甜椒蒂和籽。㊟将藠头和意大利香芹切末。

05 甜椒切丝，在盆中放入甜椒丝、藠头、意大利香芹、白酒醋。

06 盆中继续放入EXV橄榄油，放入盐、胡椒调味。硬面包片烤香，涂上蒜油，将上述食材抹在面包片上。

更多菜谱

番茄奶酪沙拉面包片

材料（2人份）

小番茄……4个（50克）
马苏里拉奶酪……1/2个（50克）
罗勒叶……2片
法式硬面包片……8片
EXV橄榄油……1小勺
盐、胡椒……适量

制作方法

❶将小番茄切成5毫米宽的番茄片。马苏里拉奶酪切成5毫米厚，1片切成4等份，用厨房纸巾吸干水分。罗勒叶切碎备用。
❷将蒜油抹在面包片上烤制。
❸将小番茄和马苏里拉奶酪交替叠放在烤好的面包片上。
❹再在其上撒上罗勒叶，淋上EXV橄榄油，撒上盐、胡椒。

托盘上铺上厨房纸巾，并排摆上小番茄、马苏里拉奶酪。

烤制前在面包片上抹蒜油，可防止面包变软。

烹制意大利料理的诀窍与要点⑤

派对上的重头戏！丰富多样的意式烤面包片

一种简单的前菜，通过变换摆放在点心上的食材，获得更多乐趣

里科塔奶酪与半干燥无花果烤面包片

材料（8片份）

里科塔奶酪……50克
半干燥无花果……1个
生火腿……1片（8克）
EXV橄榄油、莳萝（装饰用）……各适量
黑胡椒……少许
法式硬面包片……8片

制作方法

❶将半干燥无花果切成薄片。❷在硬面包片上码放生火腿、里科塔奶酪、无花果，滴上EXV橄榄油，最后撒上黑胡椒，用莳萝加以点缀。

黑橄榄烤面包片

材料（8片份）

蒜油……2大勺、鳀鱼片……2片（10克）、洋葱……1/7个（30克）、去核黑橄榄……60克、醋浸刺山柑……15克、白葡萄酒……20毫升、EXV橄榄油……50毫升、盐、胡椒、意大利香芹、粉红胡椒……各适量、法式硬面包片……8片

制作方法

❶将鳀鱼片、洋葱、黑橄榄切末。❷锅中放入蒜油加热至散发出香气，放入洋葱炒出甜味。❸将鳀鱼片、黑橄榄末、刺山柑一起轻轻翻炒。加入白葡萄酒，加热至其酒精挥发。❹加入EXV橄榄油，放入盐、胡椒调味。将所有材料码在烤面包片上，用粉红胡椒及意大利香芹点缀。

迷迭香鸡肉烤面包片

材料（8片份）

鸡腿肉……100克（1/2片）、蒜油……1大勺、橄榄油……1/2大勺、迷迭香……1/4根、香烤核桃（切粗粒）……4个、柠檬汁、EXV橄榄油……各少许、盐、胡椒、迷迭香……各适量、法式烤面包片……8片

制作方法

❶将鸡腿肉裹上盐、胡椒、蒜油、迷迭香。❷橄榄油在平底锅中加热，放入鸡腿肉片，煎至鸡皮略上色。烤箱预热至180℃，放入煎过的鸡腿肉，烤制约10分钟。❸将鸡腿肉撕开，与柠檬汁、EXV橄榄油、核桃、盐、胡椒一起搅拌均匀，码在烤面包片上，用迷迭香点缀。

注意避免法式硬面包片发潮

意式烤面包片是一道操作简单的料理，只需在烤得香酥的面包片上码上做好的各类食材，即可快速上桌。因此，这在意大利是非常受欢迎的前菜，只要对其配菜进行不同的组合，便可用于各种场合。简单的做法是，将蒜油刷在法式烤面包片上，码上去除了水分的奶酪、生火腿之类的配菜。

选择烤面包片时，应选择硬且不含过多砂糖和黄油、加工简单的法式硬面包或法式乡村面包等。在码放食材之前，面包片的表面一定要刷一层蒜油、黄油或其他油脂再进行烤制，以防食材中的水分渗透进面包片。

另外，食用前再码放食材，会使口味更佳。

Arancini di riso

香炸拉丝饭团

这是风行于意大利南部地区的前菜，口感极佳

香炸拉丝饭团

材料（约12个份）

大米……1/2杯（75克）
鸡汤……400毫升
帕玛森干酪、黄油……各10克
马苏里拉奶酪……40克
肉酱汁（参考第129页）……150克
蒜油……1大勺
意大利香芹……2根
百里香……1根
迷迭香……1根
盐、胡椒……适量

炸粉的材料

面粉、蛋液……各1/2杯、面包粉……2杯

01 锅中放入蒜油，开中火加热，至散发出香味时，倒入大米，炒至透明。㊟大米不用清洗，直接使用。

02 将热鸡汤倒入锅中至完全淹没米粒，煮约18分钟。㊟如汤汁减少，应继续加入鸡汤，保持汤汁充盈的状态。

03 炸饭团所用的饭粒，夹生状态（饭粒中间留有白色芯）是最合适的软硬度。

04 在锅中加入肉酱汁加以搅拌。

05 接着再放入黄油、盐、胡椒，继续搅拌。

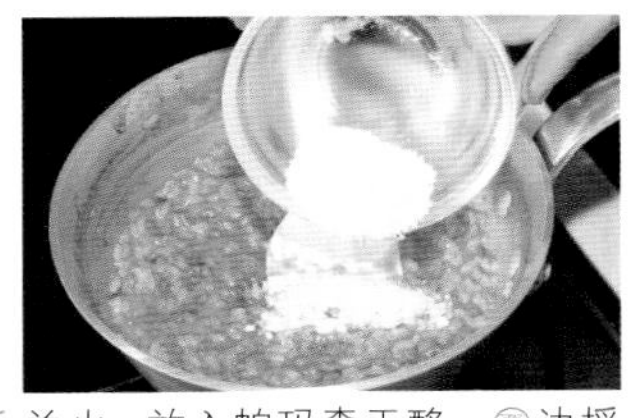

06 关火，放入帕玛森干酪。㊟边摇动炒锅边搅拌，有助汤汁变得浓稠，加强手捏饭团的紧实度。

07 将烩饭倒入托盘，用刮片整平、压实。

08 将保鲜膜紧密地覆盖在烩饭表面，整个托盘浸入冰水中加以冷却。㊟如在烩饭上方叠放装满冰水的托盘，更可加快冷却的速度。

09 将面包粉过筛，筛出更细的颗粒。㊟将马苏里拉奶酪切成5毫米的小块。

10 在盆中倒入蛋液、盐、胡椒、水，色拉油。㊟加水和色拉油有助于挂糊。

要点

烩饭的软硬度是关键

烹调时间 60分钟

11 将上一步骤中的蛋液用滤勺滤掉渣滓，令蛋液更易垂直流下。(准)将面粉、步骤10的蛋液、面包粉分别移入托盘。

12 从完全冷却的烩饭上取下保鲜膜，用刮片将其切成12等份。

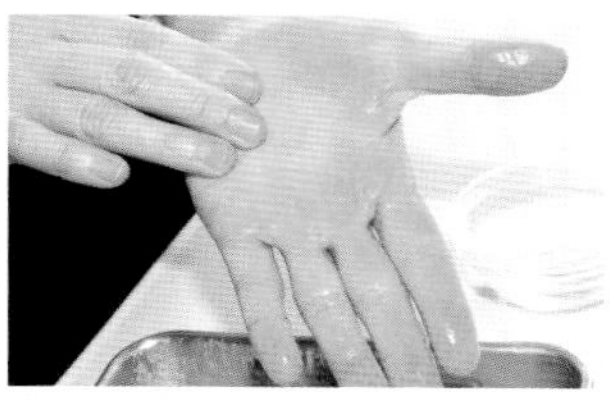

13 在手掌抹上一层薄薄的色拉油。(要)目的是为了避免米饭粘在手上，也便于将饭团捏成圆形。

14 取第1块烩饭难度较大，因此可以先用刮片同时取下两块后，再分出其中一块，放在手掌上。

15 在这块烩饭的中央，放置一些此前切成5毫米的奶酪块。

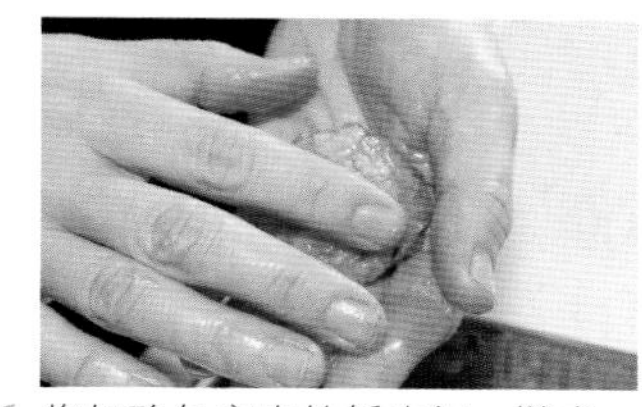

16 将奶酪包裹在烩饭中间，搓成一个丸子。(要)奶酪必须在饭团中央。

17 托盘内撒上面粉，将搓好的饭团在面粉中滚动，使其表面粘上一层薄薄的面粉。(要)这样做是为便于粘蛋液。

18 再依次裹上蛋液和面包粉，然后摆放在托盘上。全部12个饭团都照此顺序操作。

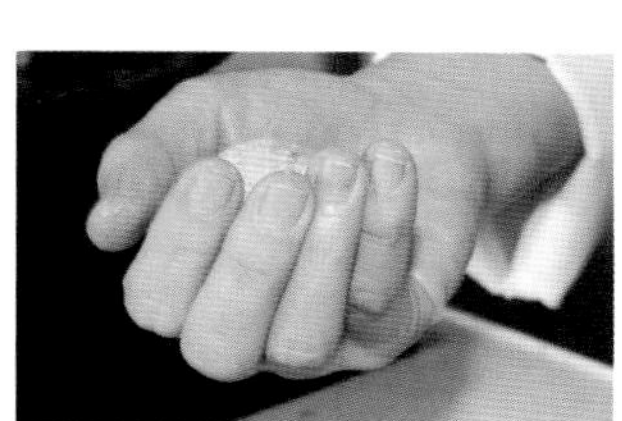

19 下锅炸之前，再用手掌将饭团搓圆，确保面包粉裹住整个饭团。

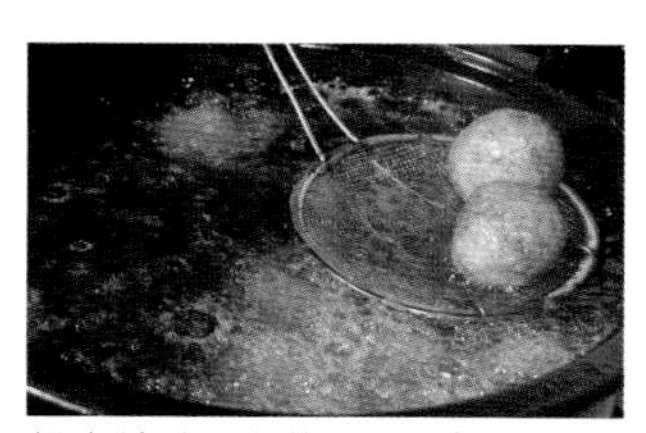

20 锅中放油，加热至180℃后放入饭团。(要)将饭团放在捞勺上，在油锅中滚动炸制，可使表面着色均匀。

21 待表面炸至金黄色，饭团内部也炸热之后捞起。托盘上放烤架，将炸饭团放置其上，将油沥干。

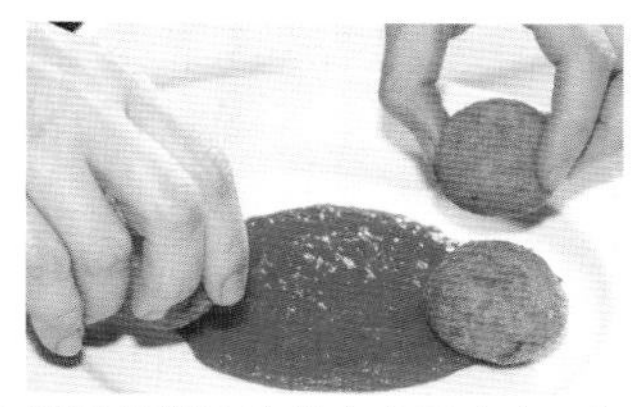

22 用番茄酱汁涂抹在盘子中央，将炸饭团围着番茄酱汁摆出一个圆形。最后在中央点缀上意大利香芹、迷迭香和百里香。

错误！

饭团露馅了

这道料理的关键是烩饭粒的软硬度。饭粒太软，不易搓成圆形；饭粒太硬，炸制时容易开裂，口感也不好。另外，如果面粉裹得太厚，会导致蛋液、面包粉难以黏着，造成油炸时表皮裂开露馅。

用抹了蛋液的手掌触摸面粉，指尖会沾上面粉。

如果奶酪没有很好地裹在饭团的中央，奶酪也会在油炸时流出。

烹制意大利料理的诀窍与要点❻

香炸拉丝饭团的不同做法令烹调充满乐趣

尽情享受一口吞下一个香炸拉丝饭团的乐趣

菠菜联手培根炸出的拉丝饭团

材料

大米……1杯（150克）、菠菜（切1厘米宽）……1/5把（40克）、培根（切3毫米小块）……20克、肉汤……3杯、马苏里拉奶酪（切5毫米小块）……1/2个（50克）、帕玛森干酪（磨碎）……10克、面包粉……2杯、面粉、蛋液……各1/2杯、橄榄油……1大勺、黄油……10克、盐、胡椒……适量

制作方法

❶锅中放橄榄油加热，炒香培根。❷加入大米翻炒，倒入肉汤，煮约18分钟，直至看不见米粒内的白芯。如汤汁不够，应随时添加。❸加入菠菜、帕玛森干酪、黄油、胡椒加以搅拌。❹移入托盘内待其冷却，分成10等份，将马苏里拉奶酪裹入中央，搓成圆形。依序粘上面粉、蛋液、面包粉，放入180℃的油锅中炸制。

墨鱼炸拉丝饭团

材料

大米……1杯（150克）、墨鱼酱汁……2克、墨鱼（切5毫米小块）、番茄酱汁……1/4杯、马苏里拉奶酪（切5毫米小块）……40克、白葡萄酒……2大勺、肉汤……3杯、欧芹末……1小勺、面包粉……2杯、面粉、蛋液……各1/2杯、橄榄油……2大勺、盐、胡椒……适量

制作方法

❶锅中放入橄榄油加热，翻炒大米。米粒炒热之后放入墨鱼继续翻炒，倒入白葡萄酒。❷加入墨鱼酱、番茄酱，倒入肉汤，淹没米粒，煮约18分钟。如肉汤不够，应随时补充。❸加入盐、胡椒、欧芹后盛出，放置在托盘上自然冷却。❹将托盘中的材料10等份，在每一份的中央裹入马苏里拉奶酪，包起搓成圆形。依序裹上上面粉、蛋液、面包粉，放入180℃的油锅中炸制。

香炸拉丝饭团的独特创意，竟来源于电话听筒?!

香炸拉丝饭团是一种诞生在意大利中部罗马等地的料理，在米饭中包馅炸制而成。拉丝饭团在意大利语中写成“Supplì al Telefono”，可直译为“吃惊的电话”。之所以取这个名字，是因为切开拉丝饭团时，包裹在其中的马苏里拉奶酪便会被拉出一道长长的细丝，形似电话线的缘故。它的另外一个名字——“arancino”（小橙子）更容易理解，因为炸得金黄的拉丝饭团真的像一个个迷你的橙子。

炸得金黄酥脆的拉丝饭团改变了米饭的风味，让食客品出了完全不同的口感。除了以上为您介绍的几种做法之外，您不妨发挥自己的创意，尝试做出口味翻新的拉丝饭团，相信一定会乐在其中。

Ragù di polpo

酱烧章鱼脚

恰到好处的烹煮，赋予章鱼脚软嫩的口感

酱烧章鱼脚

材料（2人份）

生章鱼脚……1根（300克）
红辣椒……1/2根
蒜油……2大勺
白葡萄酒……80毫升
水煮番茄……100克
鸡汤……150毫升
月桂叶……1片
意大利香芹、盐、胡椒……各适量

炒杂蔬酱的材料

洋葱……1/2个（100克）
胡萝卜……1/5根（30克）
芹菜……1/5根（20克）

01 去除芹菜表面的粗纤维，切碎。

02 洋葱切碎。

03 胡萝卜先切成宽1～2毫米的细丝，再旋转90°后切碎。

04 锅中放入蒜油，加热至散发蒜香味。放入洋葱末翻炒。

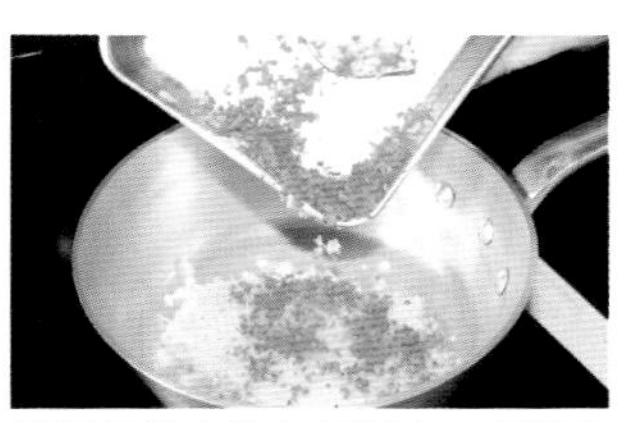

05 继续往锅中放入胡萝卜、芹菜末翻炒。

06 将锅中食材炒出金黄色，直至散发出甜味。㊙如使用事先准备好的炒杂蔬酱，可节省不少工夫。

07 红辣椒去蒂、去籽，放入锅中。

08 将生章鱼脚装入塑料袋中，放在砧板上用擀面杖敲打。㊙将其敲打至失去弹性，可令其成品口感软嫩。

09 将生章鱼脚直接放入步骤07的锅中翻炒。㊙如果切块后再炒，会使之萎缩变形，影响外观。

10 倒入白葡萄酒，煮至酒精挥发。

要点

章鱼脚应充分捶打

烹调时间 210分钟

11 将水煮番茄放入锅中。

12 倒入鸡汤。

13 将月桂叶折出折痕，放入锅中。(要)这样做是为了使其散发更多香气。

14 撒入盐、胡椒调味。(要)盐不可放得太多，否则煮好后味道会变苦。

15 盖上锅盖，转小火煮约2个小时。如果使用高压锅，则只需煮20分钟。

16 用勺子将汤汁表面的浮沫舀去。

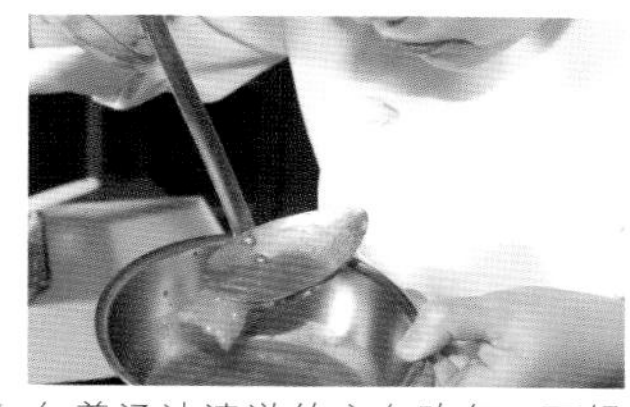

17 向着汤汁清澈的方向吹气，可轻易除去浮沫。

18 用一根竹签插入章鱼脚，以此来确认火候。如果竹签可以轻易穿透章鱼脚，说明已经煮好。

19 将煮好的章鱼脚捞出，放置于砧板之上，切成一口大小。

20 从锅中的酱汁中，捞出月桂叶和辣椒。

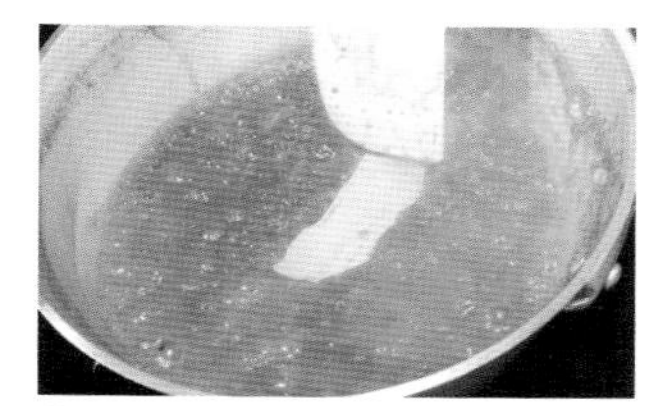

21 收干汤汁。(要)如果连章鱼脚一起继续煮，会导致其过于软烂。

22 将切成块的章鱼脚放回锅中，轻轻与剩余酱汁搅拌。盛出装盘，撒上香芹末加以点缀。

错误！

章鱼脚变硬影响口感

下锅之前，最好将章鱼脚装进塑料袋中仔细敲打，直至其吸盘吸附于袋壁之上。为了获得好的口感，辛苦敲打还是不可少的。

活章鱼经过敲打，最终的口感也会变得软嫩。

烹制意大利料理的诀窍与要点⑦

意大利料理的名称究竟传达着什么信息

意大利料理的历史和故事都隐藏在其名称之中

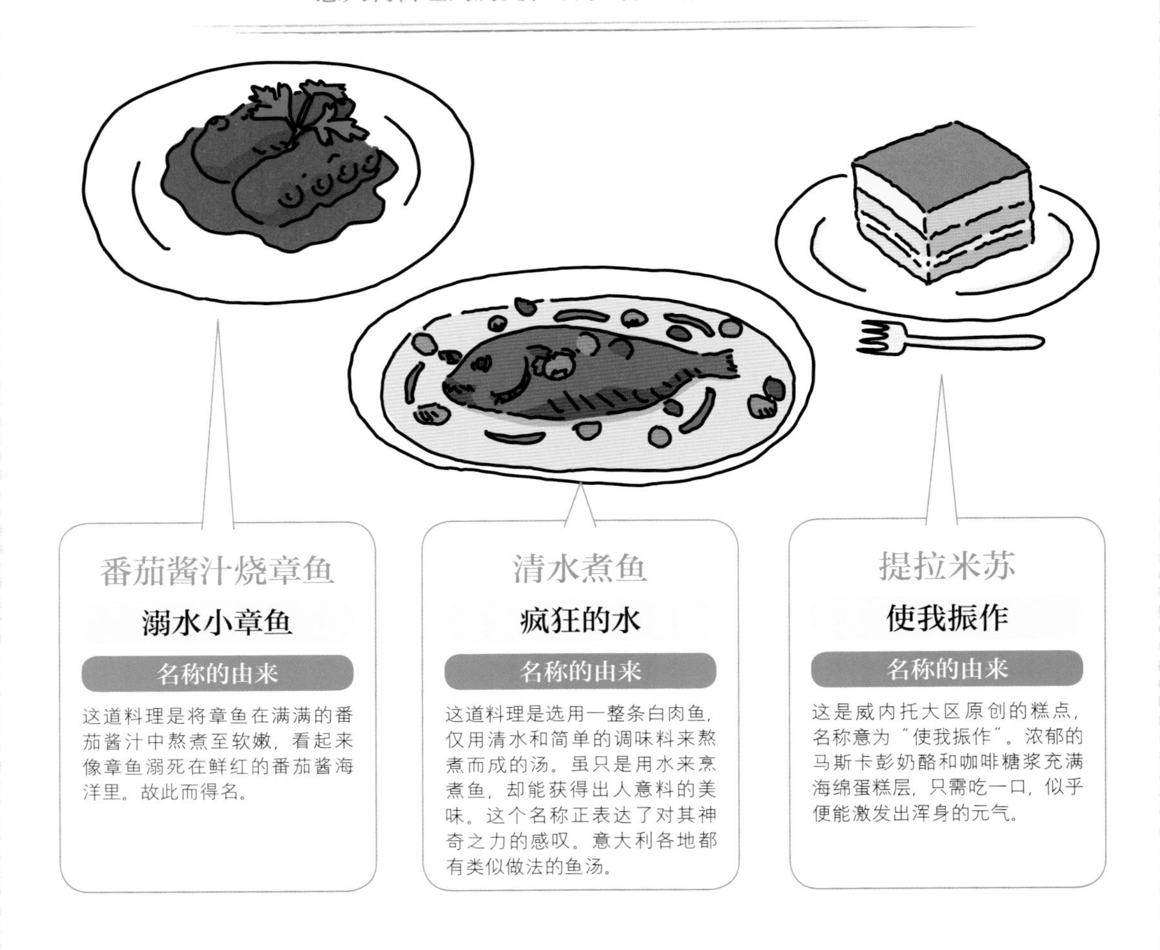

从陌生到瞬间成为故交，这才是料理名称真正的内涵

大部分意大利料理的名称中，蕴含着食材和烹制方法。比如用海鲜材料制作的沙拉，在意大利语中叫作“insalata di mare”，“insalata”意为沙拉，“mare”指鱼贝类，因此直译过来就是海鲜沙拉。如果料理名称前缀“alla・产地”，则代表“～风味”。

而像甜品“英式甜羹”（第216页），为何用“羹”来命名一款并没有汤的甜品，也颇令人玩味。虽然我们并不清楚确切的原因，但从满满的糖浆似要从海绵蛋糕中滴落这一想象中，也似乎可以了解一二。

除了以上所举的例子之外，意大利还有不少餐厅在料理名称中加入幽默和趣味的元素，如有兴趣，您也不妨去了解一番。

Insalata di cereali

杂粮沙拉

米饭沙拉与杂粮、豆类的荟萃

杂粮沙拉

材料（2人份）

白米……1/5杯（30克）
十五谷米……1/5杯（30克）
水煮什锦豆……80克
芹菜……1/3根（30克）
红甜椒……1/5个（30克）
黄瓜……1/3根（30克）
EXV橄榄油……2大勺
柠檬汁……2大勺
玉兰菜……4～5片
番茄（小）……1个
芝麻菜……1～2棵
盐、胡椒……适量

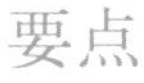

要点

请注意，米煮过头会产生黏性

烹调时间
40分钟

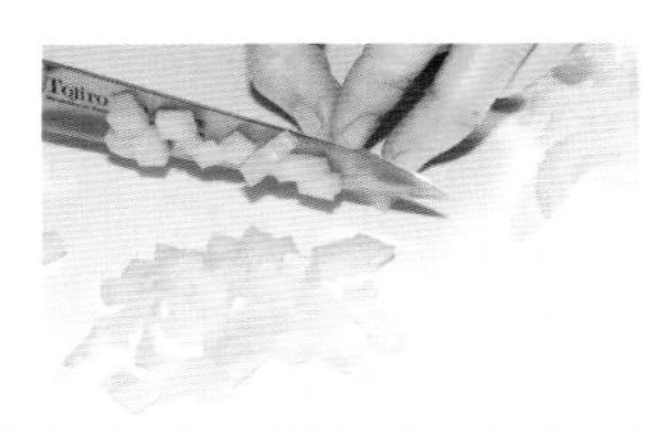

01 剔除芹菜上的粗纤维，切成5毫米见方的小块。

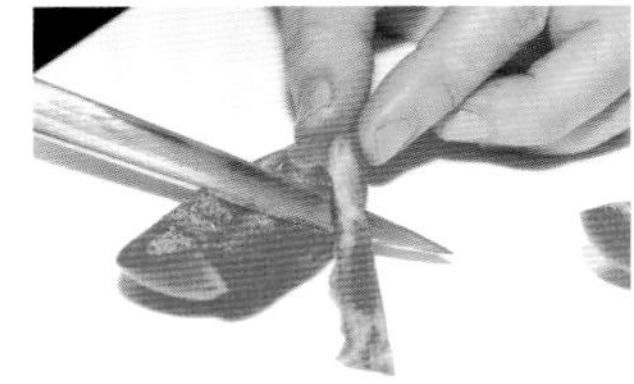

02 去除红甜椒籽及白色部分。

03 将红甜椒切成5毫米见方的小块。

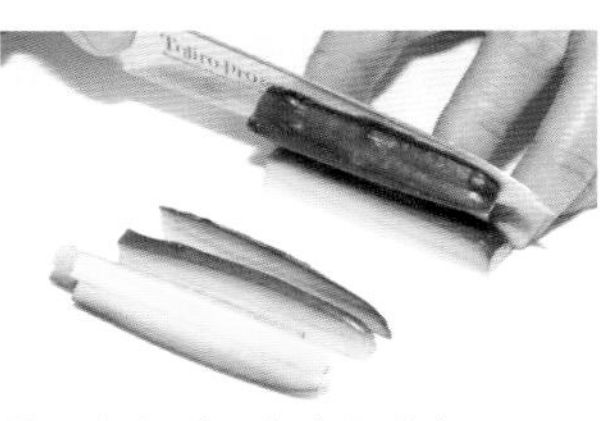

04 黄瓜竖切成5毫米厚的板形，平放在砧板上切成5毫米的长条。

05 再将黄瓜条旋转90°，切成5毫米的小块。

06 (要)芹菜、甜椒、黄瓜全部切成整齐的蔬菜丁。

07 锅中装满清水并烧开。十五谷米无须清洗，直接放入水中。(要)不需调小火力，保持沸腾状态，否则十五谷米会粘锅。

08 往锅里加入白米，煮约18分钟。适时添水，以保证锅中的水量。

09 煮的过程中不时用刮勺轻轻搅拌。(要)可以通过试吃来判断米粒的生熟程度。米中的硬芯消失时便煮好了。

10 煮好之后，用漏勺捞出，摊平，以便冷却。

11 用厨房纸巾将米粒中的水分充分吸干。

12 将十五谷米和白米倒入盆中，将步骤06准备好的蔬菜丁也全部倒入盆中。

13 在盆中倒入柠檬汁、EXV橄榄油。

14 继续放入盐、胡椒，用刮勺充分拌匀。

15 再放入什锦水煮豆。

16 ㊜用刮勺搅拌时，应从盆底翻搅上来。不可过于用力，以免捣碎了米粒和豆类，影响美观。

17 切去玉兰菜的蒂和变色的叶片，番茄去籽，切成5毫米厚的环状。

18 将番茄片铺在盘中，轻轻撒上盐，再铺上玉兰菜。

19 用汤匙舀起步骤16搅拌好的米粒沙拉，码放在玉兰菜上，再放上芝麻菜，完成制作。

20 各种盛盘方式。在番茄片之上放一个圆形模具，将米粒沙拉倒入其中。将水芹菜环绕在番茄片周围加以点缀。

21 慢慢向上取走模具，完成菜品。

错误！

米饭沙拉变得黏糊糊

煮大米和意大利面等谷物时，如果水量不够，不能保持沸腾状态，大米会产生黏性。如果煮好之后没有彻底沥干水分，与沙拉酱搅拌时会变得黏糊糊的。

如果煮大米的水太少，大米中的淀粉溶出，导致大米永远无法煮透。

吸干水分时，切忌将厨房纸巾用力压住漏勺中的大米，否则会将饭粒压烂。

烹制意大利料理的诀窍与要点⑧

烹制意大利料理的重要炊具

在熟悉过制作料理的工序之后，让我们来看看炊具

好炊具令烹调意大利料理的过程其乐无穷

制作意大利料理，基本上不需要特殊的炊具。平底锅，煮意大利面用的高身锅、浅锅、夹子、刮勺、盆、筛网等器具，几乎可以用于烹调所有料理。当我们掌握了它们的用法之后，就可试着研究各种锅的材质了。

意大利人经常使用的铝制平底锅，叫作"padella"，是制作酱汁和意大利面的主要炊具。

另有一种双层面锅专用于烹制意大利面，只需提起内锅，即可将面条与水分离。有了双层面锅，就不必将装面条的漏勺浸入水槽中，也不必倒掉煮面的水。对于讲究速度的意大利面的烹制来说，是一件值得拥有的炊具。

照片提供：池商

Frittata

意式烘蛋

这是一道意大利家庭料理，即便放凉后食用，口感也毫不逊色

意式烘蛋

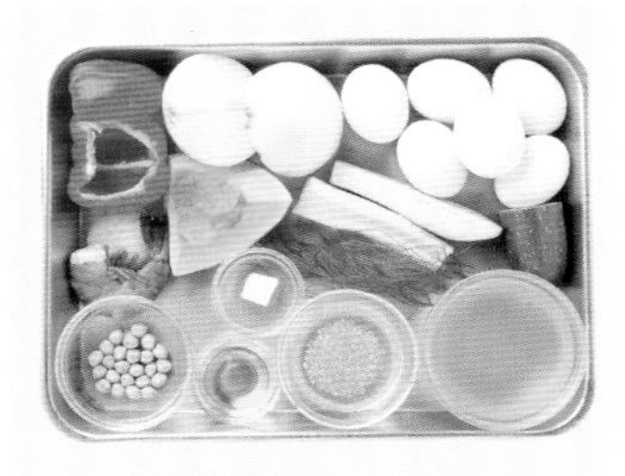

材料（一个直径24厘米的平底锅的分量）

鸡蛋……6个（360克）
洋葱……1/2个（100克）
南瓜……1/12个（100克）
小胡瓜……1/3根（50克）
鹰嘴豆……15克
茄子……1/3根（30克）
芹菜……1/3根（30克）
干贝……1个（30克）
斑节虾……1只（30克）
蒜油……2大勺
黄油……10克
橄榄油……2大勺
莳萝……1根
盐、胡椒……适量

酱汁的材料

蒜油……1大勺
红甜椒……1个（150克）
洋葱……1/2个（100克）
鸡汤……200毫升
盐、胡椒……适量

要点

使用烤箱可以烤制得十分松软

烹调时间
70分钟

※鹰嘴豆需另外泡发。

01 ㊟鹰嘴豆在水中浸泡一晚。将鹰嘴豆和浸泡的水一起放入锅中煮约40分钟。

02 煮好之后用漏勺捞起，沥干水分。

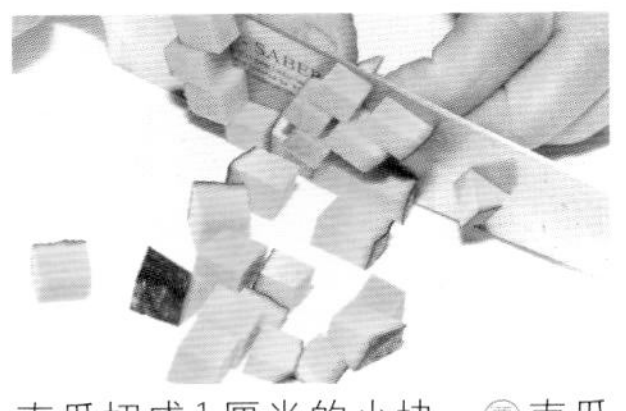

03 南瓜切成1厘米的小块。(要)南瓜很硬，因此可以使用菜刀的刀尖来切。

04 放入耐热容器，包上保鲜膜，放入600瓦的微波炉，加热约5分钟。

05 去除虾的虾线，剥去虾壳，连同尾部的虾肉一起取出，切成1厘米的小块。

06 除去干贝侧面白色的部分，切成1厘米见方的小块。

07 小胡瓜、茄子、芹菜、洋葱同样切成1厘米见方的小块。

08 将用来做酱汁的材料——红甜椒和洋葱也切成1厘米见方的小块。

09 在平底锅中倒入一半的蒜油加热。用来做烘蛋的洋葱和芹菜下锅，放盐翻炒。

10 继续放入茄子和小胡瓜翻炒，接着放入虾块、干贝翻炒。(要)恰到好处的翻炒，可析出蔬菜中的甜味。

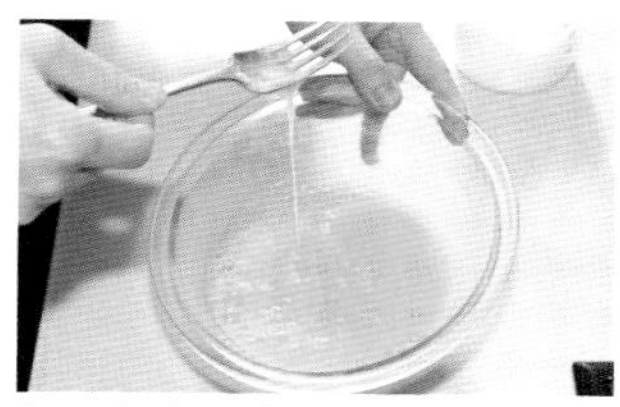

11 打一个鸡蛋到盆中，撒入盐、胡椒，用叉子搅拌。

12 将步骤04的南瓜倒入装有蛋液的盆中。

13 在上一步骤的盆中放入鹰嘴豆。

14 将步骤10平底锅中的材料放入步骤13的盆中，用刮勺加以混合。撒上盐、胡椒以调味。

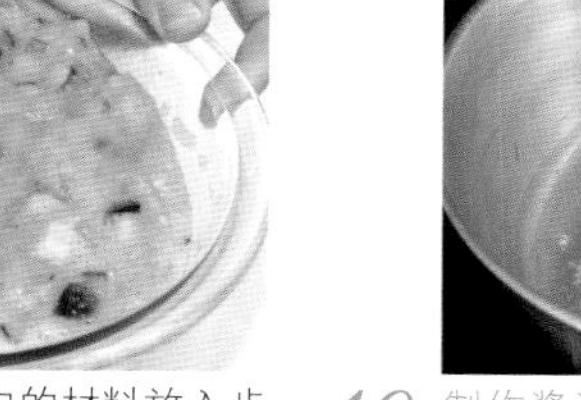

15 在平底锅中加入橄榄油和黄油，倒入上一步骤调好味的蛋液。

16 注意不可让边缘的蛋液凝固，用刮勺将锅中所有材料拌匀至半熟。盖上锅盖，转小火煮2～3分钟。

17 如直接以明火烹调。将半熟的蛋饼翻面，继续煮2～3分钟。

18 如用烤箱烤制。在步骤16完成后，将半熟的蛋饼放入预热170℃的烤箱，不加盖烤制约10分钟。

19 制作酱汁。将剩余的蒜油倒入锅中，加热至散发出大蒜香。

20 将步骤08的洋葱倒入步骤19的锅中，放盐仔细翻炒。

21 继续在锅中放入红甜椒翻炒。待蔬菜散发出甜香之后，加入肉汤、盐、胡椒。转中火，继续煮约15分钟。

22 稍微放凉之后，将步骤21的所有材料放入食物料理机搅拌。

23 搅拌至鲜艳的橙色（如图）后，将步骤18烤好的蛋饼切开，淋上酱汁，用莳萝点缀。

错误！

打蛋时将蛋壳混入蛋液

将鸡蛋在盆边或桌角敲开蛋壳时，容易将蛋壳也混入蛋液中。为避免于此，建议在平面上轻敲蛋身，在出现裂纹的位置上打开鸡蛋。

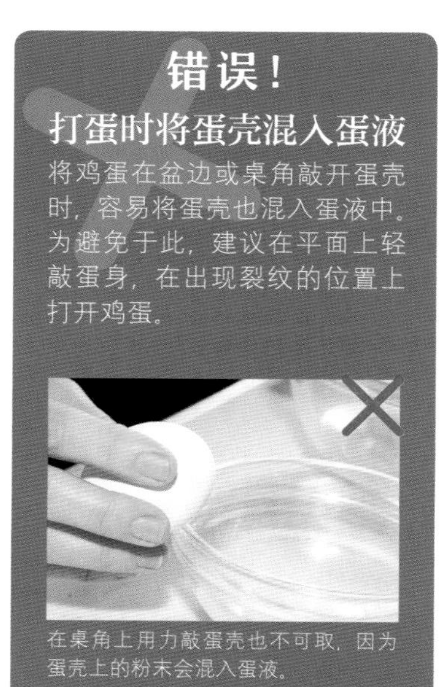

在桌角上用力敲蛋壳也不可取，因为蛋壳上的粉末会混入蛋液。

烹制意大利料理的诀窍与要点⑨

利用简单的酱汁轻松做出意大利料理

厨房常备酱汁，随时轻松享用意大利料理！

番茄鳀鱼酱

材料

蒜油……1大勺、红辣椒……1/2根、鳀鱼片……1片（5克）、带核黑橄榄……20克、醋浸刺山柑……10克、白葡萄酒……15毫升、水煮番茄……150克、肉汤……100毫升、盐……适量

制作方法

❶开小火热锅，放入蒜油、红辣椒，炒出香味后放入鳀鱼、黑橄榄、刺山柑翻炒。❷倒入白葡萄酒，令酒精受热挥发。加入水煮番茄、清汤、盐，煮制10分钟。

用途

可用作所有意大利面的酱汁。可以在酱汁中加入各种材料，也可以浇在烤鱼上食用。

蔬菜酱

材料

蒜油……1大勺、洋葱……1/4个（50克）、红/黄甜椒……各1/4个（40克）、茄子……1/2根（35克）、小胡瓜……1/4根（37克）、白葡萄酒……200毫升、肉汤……100毫升、玉米淀粉……适量、盐、胡椒……适量

制作方法

❶将所有蔬菜切成2厘米见方的蔬菜丁。❷开小火将锅中的蒜油加热至散发出香气，加入蔬菜丁翻炒。❸倒入白葡萄酒，待酒精挥发之后，加入肉汤、盐、胡椒继续煮。❹将玉米淀粉用水化开，倒入锅中加以勾芡。

用途

可用作意大利面、肉、鱼等主菜的酱汁，或直接用来做下酒小菜。

白酱

材料

面粉……40克、黄油……40克、牛奶……2杯、盐、胡椒、肉豆蔻粉……各适量

制作方法

❶将黄油放入锅中加热融化，面粉过筛后也倒入锅中，用小火翻炒，直至看不出粉状为止。❷关火，倒入所有冷牛奶，搅拌均匀。❸开中火，用打蛋器均匀搅拌。❸加入盐、胡椒、肉豆蔻粉加以调味。

用途

可用来搭配意式宽面条和焗烤类的料理。黄油和面粉翻炒之后保存在密封罐里，只需倒入牛奶即可随时享用。

从意大利面到炖菜，意式酱汁几乎是所有料理的好搭档

最有代表性的意大利酱汁，当属番茄酱汁了。除意大利面之外，番茄酱汁还大量运用于炖菜、肉、鱼等，几乎覆盖了所有的意大利料理。因此建议您不妨在厨房里备上一些，以便随时取用。

白酱在意大利语中称为“Salsa Besciamela”，是利用烤箱制作的料理，是意式宽面条或焗烤类食品等不可或缺的调味料。在家制作白酱，可以选用低筋面粉和黄油炒制成黄油炒面，使用前只需调入温牛奶将其化开，即可获得一份简单、美味的酱汁。

酱汁如需冷藏，应先装入密封罐中，再放进冰柜。而如需冷冻，请使用塑料袋封存。

其他的酱汁还包括肉酱、罗勒酱、意式蔬菜热蘸酱等，都可以做好了备用。

Parmigiana di melanzane

意式奶酪焗茄饼

这道料理仿佛是由番茄、茄子、奶酪共同演绎的一曲三重奏

意式奶酪焗茄饼

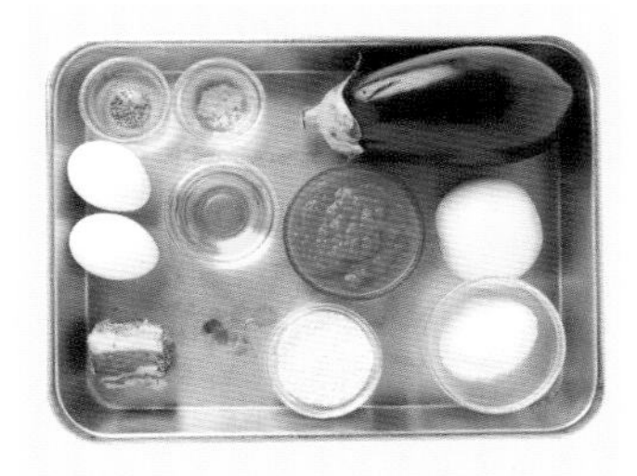

材料（2人份）

矮茄……1根（250克）
洋葱……1/2个（100克）
意式培根……50克
番茄酱汁……100克
马苏里拉奶酪……1块（100克）
帕玛森干酪（磨碎）……20克
鸡蛋……2个（120克）
蒜油……1/2大勺
橄榄油……1大勺
鲜牛至……1根
盐、胡椒、牛至干……各适量

01 茄子去蒂，竖切成8毫米厚的茄片。

02 撒上盐，用手抹遍所有茄子，以利于析出涩味。

03 将网架斜放于托盘之上，将茄子摆放在网架上，沥出涩味。

04 待完全沥出涩味之后，将茄子浸入装满清水的盆中洗净，用布擦干。

05 意式培根和洋葱切薄片，㊟从培根上散落的香料若撒在肉片上烤制，将更添美味。

06 如果觉得意式培根太咸，可以将其放入装满水的盆中浸泡约5分钟后再捞出使用。

07 将意式培根上的水分擦干。

08 在平底锅中加热蒜油，放入意式培根，炒至金黄色。

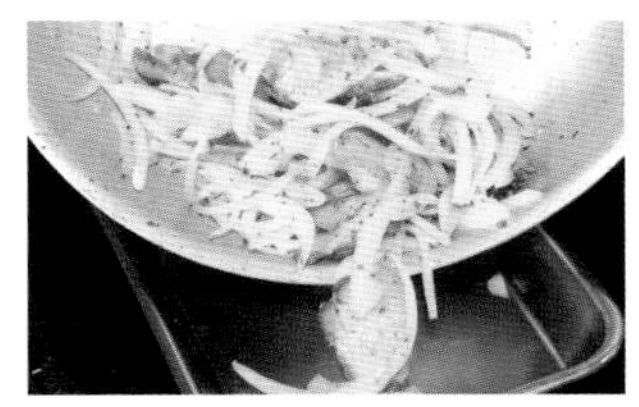

09 将洋葱片放入锅中继续翻炒，然后将其移入托盘中。

10 另取一个平底锅，开大火加热橄榄油，将茄片表面煎出金黄色。

要点

茄子的涩味务必清除干净

烹调时间
50分钟

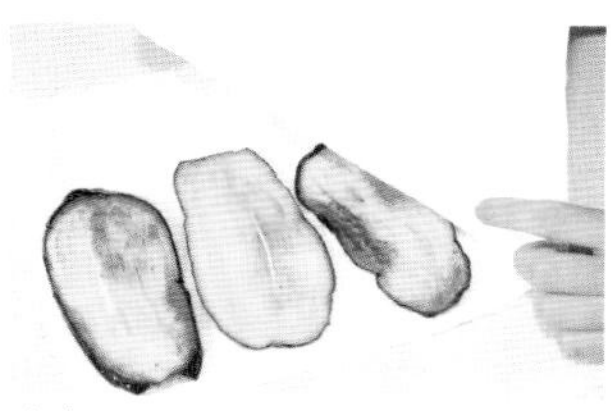

11 将表面金黄的茄片平放于厨房纸巾之上，用另一张纸巾盖住，轻压，挤出茄片内多余的油分。

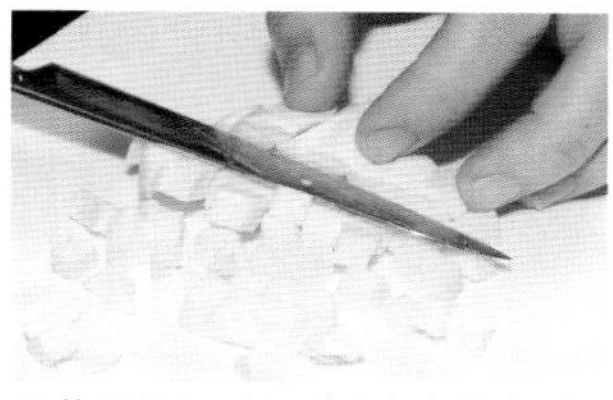

12 马苏里拉奶酪切成5毫米的小块。

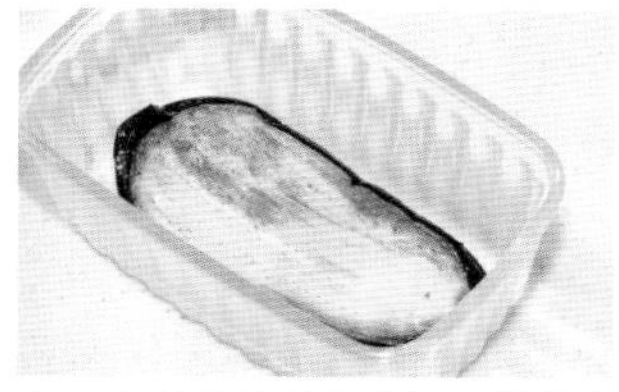

13 取一个高身的耐热容器，将茄片铺放在其中。

14 在表面淋一层番茄酱汁，用汤匙背推平，覆盖整个茄片。

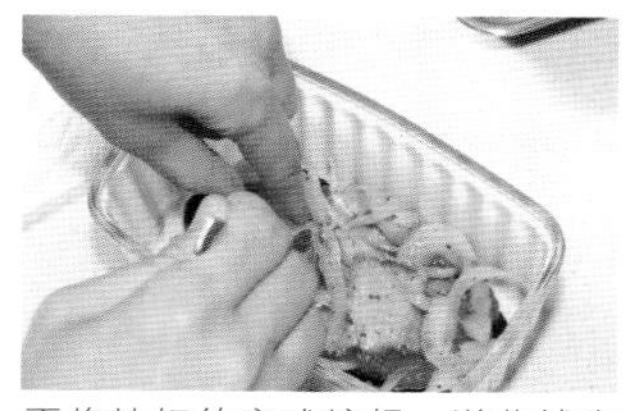

15 再将炒好的意式培根、洋葱铺在番茄酱汁之上。

16 撒上马苏里拉奶酪、牛至末。牛至香味浓烈，不可过多使用。

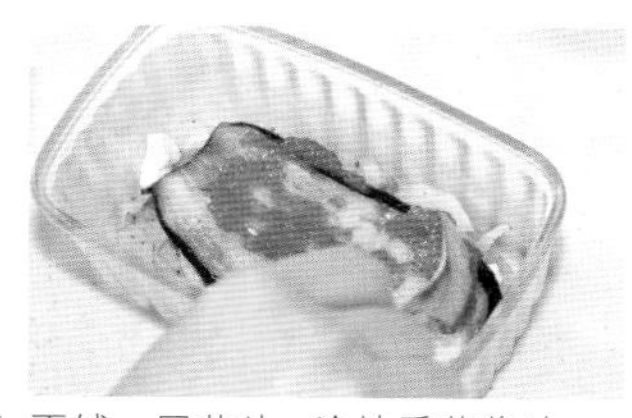

17 再铺一层茄片，涂抹番茄酱汁。

18 撒上马苏里拉奶酪、牛至。按照步骤13～16的顺序，将容器装到八分满。

19 最后再叠放上茄片。打一个鸡蛋在盆中，撒上盐、胡椒，将其淋在步骤18的容器中。

20 用叉子拨动容器中的食材，使蛋液均匀地流进所有食材中。

21 撒上马苏里拉奶酪，再将帕玛森干酪均匀地撒在表面。

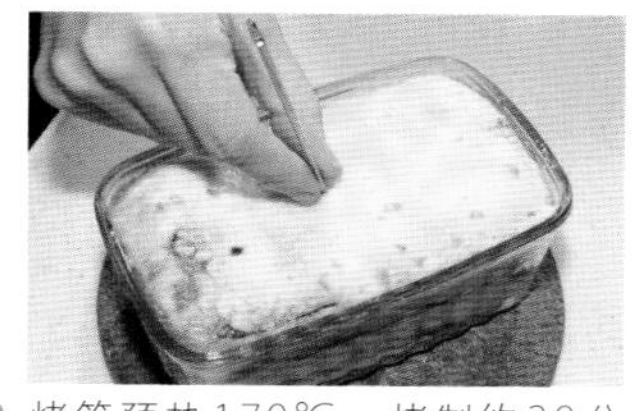

22 烤箱预热170℃，烤制约30分钟。将金属叉插入其中，再用手指触摸，如感觉中间的食材也已加热，即可从烤箱中取出。

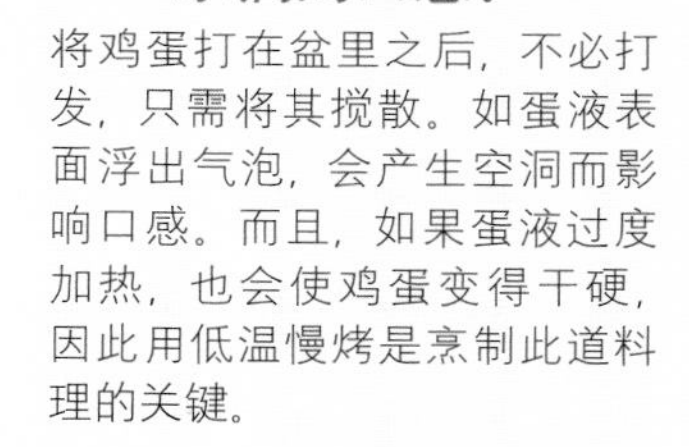

要点

如何才能做出水润的口感?

将鸡蛋打在盆里之后，不必打发，只需将其搅散。如蛋液表面浮出气泡，会产生空洞而影响口感。而且，如果蛋液过度加热，也会使鸡蛋变得干硬，因此用低温慢烤是烹制此道料理的关键。

鸡蛋不必打发，而应迅速打散。

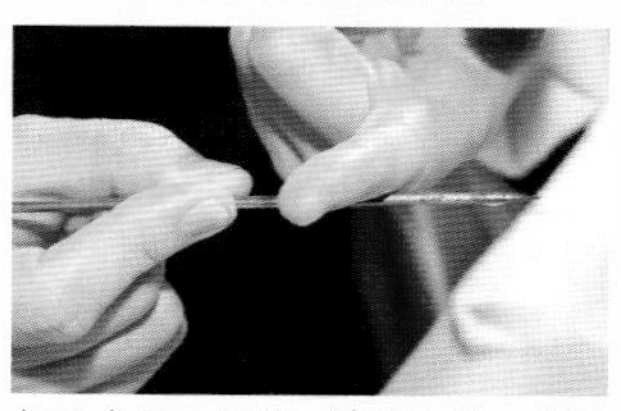

如果金属叉不热，请再次放入预热170℃的烤箱中重新烤制。

烹制意大利料理的诀窍与要点⑩

意大利料理中的常规军——奶酪的前世今生

除了直接食用，奶酪还大量用作料理的配料

硬质&半硬质奶酪

1. 帕玛森干酪
号称硬质奶酪之王，拥有800多年的历史。受到D.O.P.最严格的质量管控。

2. 格拉娜·帕达诺奶酪
与帕玛森干酪一样都是以牛奶为原料，熟成期超过9个月。口感比帕玛森干酪温和，价格也更低。

3. 卡斯特马诺奶酪
其原料多为牛奶，也有使用山羊奶制成的。熟成时间很长，因其产地受限于山区，价格相当昂贵。

4. 佩科里诺奶酪
这是以羊奶为原料的奶酪的统称，其中又以“罗马诺干酪”最为出名，盐分和酸味是它的标签。

5. 佩科里诺·托斯卡诺奶酪
指托斯卡诺产的奶酪，左图5所示的奶酪，熟成期超过了6个月。

6. 芳提娜奶酪
牛奶制成，醇厚甘甜如坚果，清爽的香味赋予其过人的魅力。中间为半硬质奶酪。

新鲜奶酪

1. 马斯卡普尼奶酪
是著名的提拉米苏中所用的新鲜奶酪，未经熟成，乳脂含量超过70%，风味浓醇是其魅力所在。

2. 里科塔奶酪
利用奶酪制作过程中分离的乳清加热而成。常用作点心或意大利面的馅料。

3. 马苏里拉奶酪
由水牛奶制成，D.O.P.仅认证坎帕尼亚大区和拉齐奥大区所产的马苏里拉奶酪。

4. 贝尔培斯奶酪
以牛奶为原料的奶酪，使用范围非常广。可以涂抹在面包或饼干上食用。

蓝纹奶酪

1. 古冈左拉奶酪（辣味）
获得D.O.P.认证，是世界三大蓝纹奶酪之一。熟成时间为2～3个月。

2. 古冈左拉奶酪（甜味）
与辣味的古冈左拉奶酪相比，甜味的盐分和蓝纹都较少，味道也更柔和。

意大利南北狭长的国土，赋予奶酪独特的个性

意大利与奶酪的渊源，可以追溯到公元前100年。率先开始制作奶酪的是伊特鲁立亚人，随着罗马帝国的繁荣而兴盛起来的奶酪制造业，经过漫长岁月的变迁，在意大利全国各地已经形成了当地特有的奶酪。

意大利国土南北狭长，较大的气候差异造就了风味多样的奶酪。气候寒冷的北方多以牛奶制造口味厚重的奶酪，北方人民经常食用需长时间熟成的硬质奶酪。而南方的奶酪则取材自水牛奶或羊奶，以新鲜奶酪为主。

意大利奶酪的原产地、制造方法、熟成等都在欧盟制定的D.O.P.（原产地保护认证）的严格管控之下，受到法律的保护。我们绝对找不到英国生产的古冈左拉奶酪，因为这些受保护的奶酪绝没有与之名称相同的产品。

2种香草面包粉香烤料理

喷香面包粉与海鲜料理的绝妙搭配

香草面包粉
烤沙丁鱼

香草面包粉
烤蛤蜊

2种香草面包粉香烤料理

材料（2人份）

带壳蛤蜊……6个（180克）
沙丁鱼……4条（400克）
橙子……1/2个（100克）
番茄酱汁……100克
白葡萄酒、鸡汤……各40毫升
盐、胡椒……适量

香草面包粉的材料

蒜油……1大勺
面包粉……4大勺
洋葱……1/10个（20克）
帕玛森干酪（磨碎）……10克
百里香（干）、牛至（干）……各1小撮
新鲜欧芹……1大根
盐、胡椒……适量

要点

需掌握清理沙丁鱼的方法

烹调时间 50分

01 刮净沙丁鱼鳞，抓住胸鳍，将鱼头和鱼身切成两段。

02 在鱼腹5毫米之上的位置，从肛门笔直切下，取出内脏。

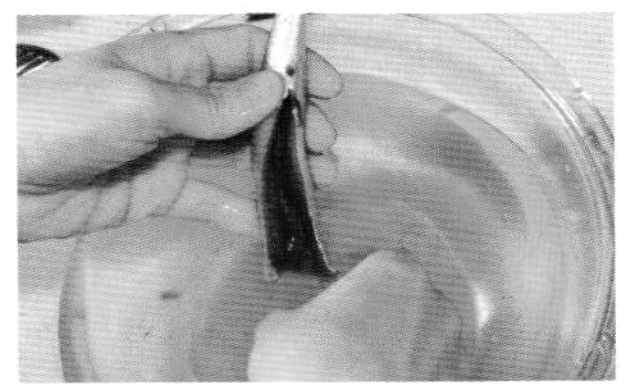

03 盆中装满清水，将鱼的内脏洗净。㊟沙丁鱼身柔软，如在水龙头下清洗，容易破坏鱼身的完整。

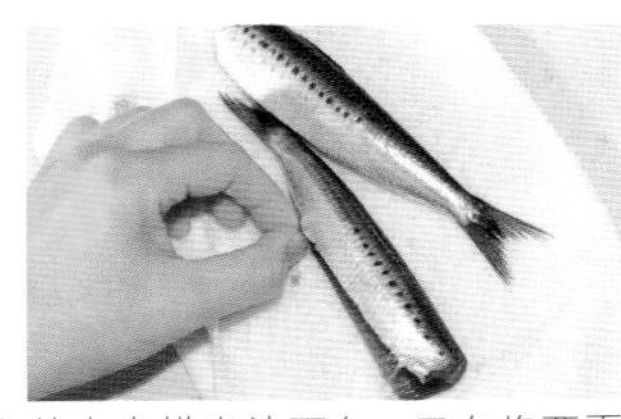

04 从水中捞出沙丁鱼，用布将两面都擦干。

05 将鱼放在砧板上，食指从鱼腹的切口处伸入，沿着脊骨，用指尖按压，将鱼骨与鱼肉分离。注意，鱼肉不可粘在鱼骨上。

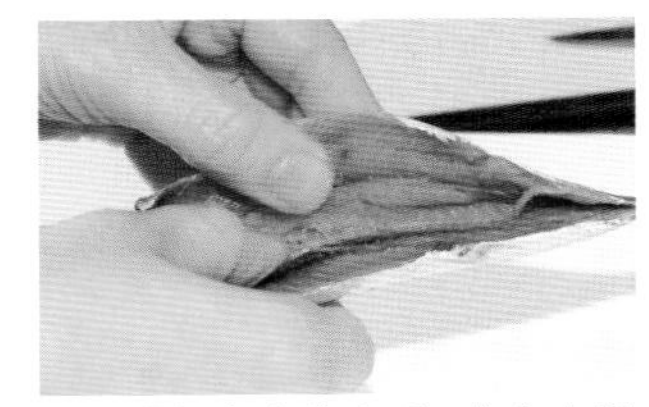

06 当鱼骨与鱼肉分离后，将鱼肉翻开摊平。

07 用手指将脊骨从尾部折断，从鱼身上除去。

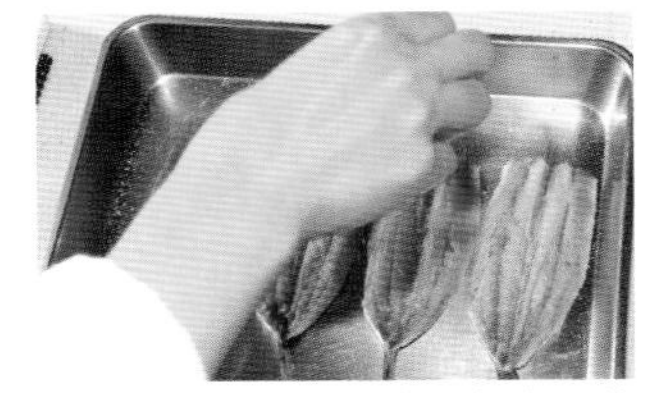

08 按照步骤01～07的顺序处理其他3条沙丁鱼。完成后，摆放于托盘上，撒上盐、胡椒。

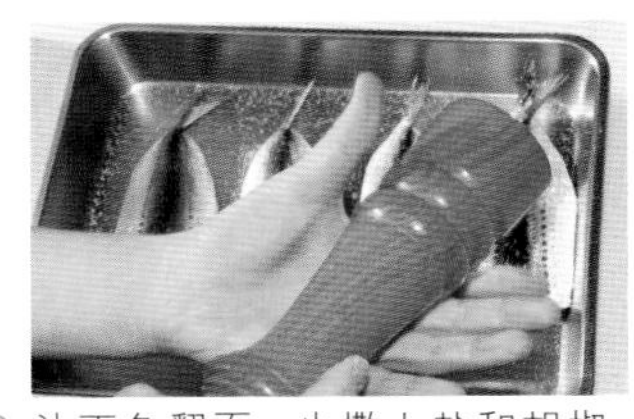

09 沙丁鱼翻面，也撒上盐和胡椒。㊟从较高的位置撒盐和胡椒，有助均匀入味。

10 蛤蜊吐完沙，将其外壳清洗干净（参考第42页步骤02）。锅中倒入白葡萄酒和鸡汤，放入蛤蜊加热，盖上锅盖。

11 按照蛤蜊壳打开的顺序，将其盛入托盘。如还有未打开的蛤蜊，盖上锅盖继续加热。㊮如水量减少，请加水补充。

12 将单边蛤蜊壳拆下。㊮利用蛤蜊壳将蛤蜊肉取下更便于食用。

13 将橙子切成3毫米的薄片。准备一个较大的耐热容器，将橙片摆放其中。

14 制作香草面包粉。将欧芹切末。

15 洋葱切末。

16 在一个大盆中放入面包粉、磨碎的帕玛森干酪、百里香、牛至干、欧芹末、洋葱末，蒜油。

17 撒上盐和胡椒。

18 用刮片混合搅拌。㊮直至搅拌均匀为止。

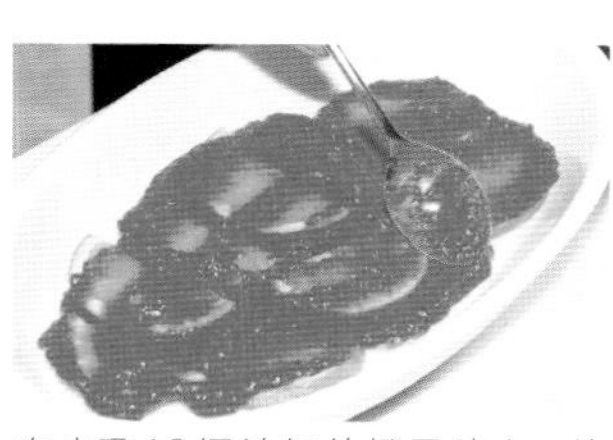

19 在步骤13摆放好的橙子片上，均匀地抹一层番茄酱。

20 将沙丁鱼的水分擦干，鱼皮朝上并排摆放。

21 将步骤18的香草面包粉均匀撒在所有沙丁鱼皮的表面，将烤箱预热至240℃，放入烤制7～8分钟。

22 蛤蜊的表面也撒上香草面包粉，放入预热到250℃的烤箱，烤制4～5分钟，烤至表面金黄。

错误！

从沙丁鱼身上流出鱼血

清洗沙丁鱼时，应将带残血的部分去除，再仔细清洗。如果这一步做得不到位，烤制阶段就会流出鱼血。

诀窍是将厨房纸巾卷在手指上，将带残血的部分刮去。

烹制意大利料理的诀窍与要点⑪

意大利料理中绝不可少的香草

哪怕略加一点儿，也是烹制意大利料理的点睛之笔

是罗勒酱的原料之一。鲜罗勒的香气比干罗勒的更浓郁，也更新鲜。

做煎火腿卷这道料理一定少不得放鼠尾草，它带着苦味和涩味，有着类似艾草的独特风味。

迷迭香

叶片很尖，香气如药草般独特、强烈。在烹调中起着去腥、提香的作用。

牛至

干牛至的香味更加浓郁，与番茄是一对好搭档，也常用作比萨的香料。

百里香

其特点是香气甘甜清爽。加热后香气也不易挥发，因此是制作炖菜或烘焙料理的重要香料。

意大利香芹

日本国内常见的香芹较小，而意大利国内种植的香芹叶片更大，带有清凉的香气。

烹制意大利料理必备的食材——香料

香料存在的意义，是展现意大利料理的魅力。香草所具有的香气沉稳、清爽，除了用来去除肉、鱼料理中的腥味，以及揉进意大利生面团之外，还常用来装盘点缀。因此，好的意大利料理绝少不了香料。

其中，罗勒叶和意大利香芹既可以用来装点盘中的食物，也可以用来制作意大利面、烩饭、主菜，几乎所有的意大利料理都需要新鲜罗勒叶和香芹的参与。二者也都可经过干燥处理后再使用。

在超市或百货商场中，也可以见到各种各样的香草。建议您在家中常备，以方便随时烹制料理。

3道烤箱烘烤料理

色泽金黄，口感合宜，令人食欲大开

奶酪烤生火腿

材料（2人份）

生火腿……4片（32克）
芦笋……4根（80克）
杏鲍菇……1根（50克）
红菊苣……1/4棵（50克）
马苏里拉奶酪……1块（100克）
巴萨米克醋……1大勺
EXV橄榄油……1大勺

要点

所有材料必须整理好形状之后再切

烹调时间
30分

01 将芦笋的茎部对齐切下，用刮刀薄薄地刮掉一层外皮，较硬的部分用手指折断。

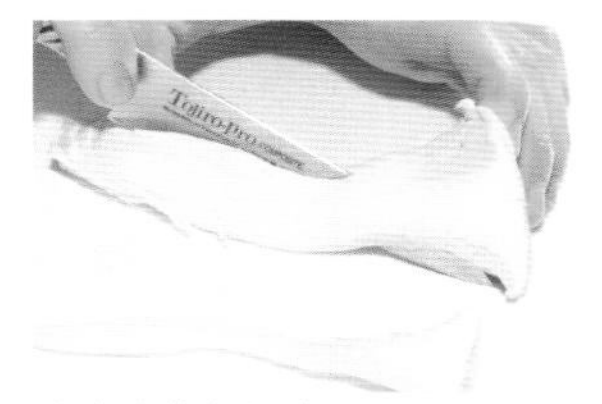

02 将杏鲍菇竖切成4等份。

03 红菊苣切成4等份的半圆形。

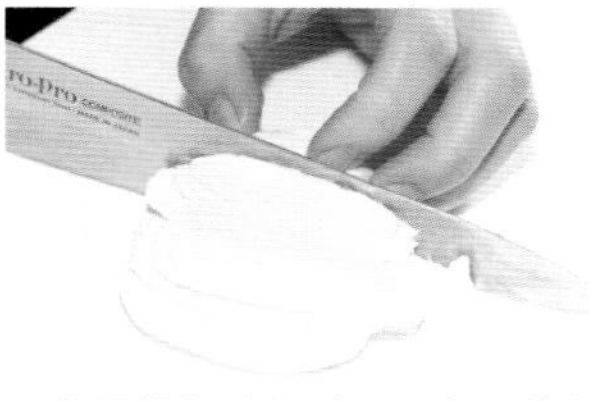

04 马苏里拉奶酪切成1厘米厚的奶酪片。

05 在平底锅中加热橄榄油，用来轻轻煎红菊苣的表面，待变色后将其移到托盘上。

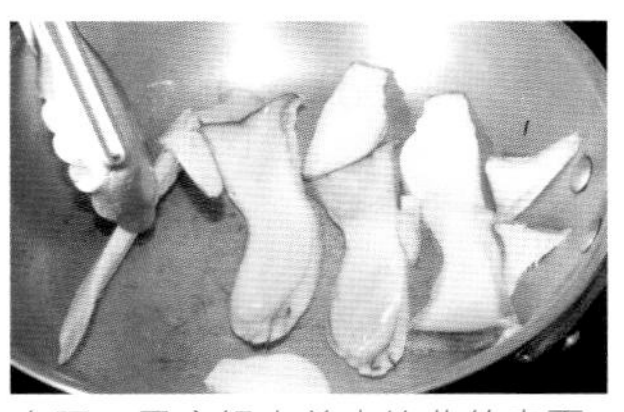

06 在同一平底锅中煎杏鲍菇的表面，待变色后移到托盘上。煎的过程中，如橄榄油不够应随时添加。

07 在平底锅中放入芦笋，用锅铲轻压，待其表面煎至变色后移到托盘中。

08 在耐热容器中放2根芦笋，将红菊苣和杏鲍菇叠放其上，剩余的芦笋码放在表面，最后撒上马苏里拉奶酪。

09 烤箱预热到200℃，将芦笋等放在其中烤至奶酪融化（参考上图照片）。

10 烤好后，在表面铺4片生火腿片，再淋上巴萨米克醋、EXV橄榄油。

烤小胡瓜

材料（2人份）

小胡瓜……1条（150克）
牛肉末……100克
洋葱……1/5个（40克）
番茄酱汁……100克
帕玛森干酪……15克
面包粉……10克
蒜油……1/2大勺
百里香（生）……1/2根
盐、胡椒……适量
百里香（装饰用）……2根

要点

小胡瓜上撒盐，
先去除其涩味

烹调时间
30分

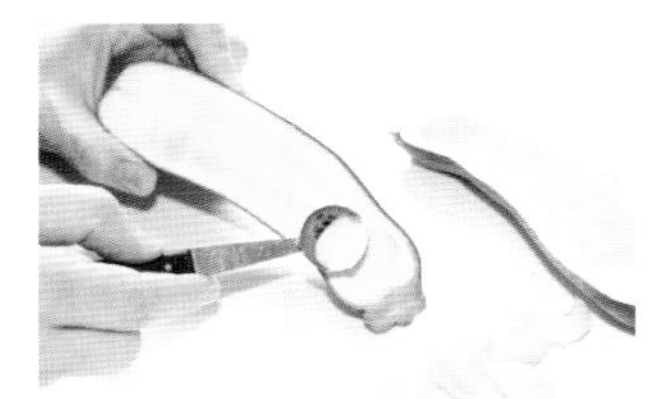

01 小胡瓜对半竖切，用汤匙将瓜肉挖出，放在托盘上，撒上盐。瓜肉与洋葱都切成5毫米的小块。

02 在平底锅中加热蒜油，放入小胡瓜和洋葱块翻炒后装入盆中，再将盆放在装有冰水的盆里冷却。

03 在步骤02的盆中放入牛肉末、一半的帕玛森干酪、盐、胡椒、百里香叶，用刮勺充分搅拌。

04 待小胡瓜中的水分析出之后，用厨房纸巾将水分擦干。

05 烤盘上铺一层烤盘纸，摆放上小胡瓜，并将步骤03的材料填入。㊟馅料可以填得多一些，烤制过程中隆起，外观比较好看。

06 在表面撒上面包粉和剩余的帕玛森干酪，将其放入预热230℃的烤箱中烤制约15分钟。取出后盛放在涂有番茄酱汁的托盘上，撒上百里香做装饰。

更多菜谱

烤番茄

材料（2人份）

番茄……2个
马苏里拉奶酪……1/2个（50克）
生火腿……1片
EXV橄榄油……1/2大勺
罗勒叶……2根
盐……适量

制作方法

❶如果剥掉太多番茄皮，会使番茄流失太多水分，影响外观。因此，取蒂时切口要小。在烤盘上铺一张烤盘纸，番茄蒂朝下放在烤盘上，放入预热100℃的烤箱中烤1个小时。
❷将生火腿片对半切开，将马苏里拉奶酪切成1厘米宽的奶酪片。
❸在步骤01的番茄上依次摆上生火腿片、马苏里拉奶酪，再在其上淋上EXV橄榄油，撒上盐。
❹放入预热280℃的烤箱，烤制约8分钟，用罗勒叶装饰。

当番茄皮烤到起皱时，说明已经烤好。

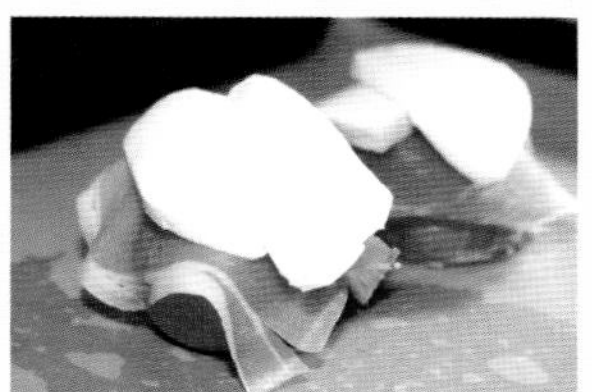

不可将番茄蒂朝上放置，如果覆盖在番茄上的材料太大，可适当切小后再放。

博洛尼亚

艾米利亚-罗马涅大区

烹制意大利料理的诀窍与要点⑫

艾米利亚-罗马涅大区的料理与特色

丰富的食材孕育出优雅的饮食文化

艾米利亚-罗马涅大区的主要特产

1. 火腿
帕尔马出产的顶级火腿需要超过10个月的熟成期，博洛尼亚的熏香肠也是非常知名的加工食品。

2. 帕玛森干酪
帕玛森干酪可说是意大利奶酪的代表，主要在雷焦艾米利亚省制造。制造1个帕玛森干酪需要约600升牛奶。

3. 巴萨米克醋
巴萨米克醋在摩德纳、雷焦艾米利亚省生产，以葡萄汁为原料。利用木桶酿造，令其风味芳香醇厚。

其他
这里出产正宗的手工意大利面。种植提炼砂糖的甜菜，软质小麦、洋梨、樱桃和桃子等。

艾米利亚-罗马涅大区的代表性料理

肉酱汁
在意大利语中叫作“Salsa Bolognese”，当地人将肉酱浇在兔肉或鸭肉上，加重料理的口味。

油炸迷你面包
这是用高筋面粉、猪油、酵母、牛奶等原料炸成的迷你面包。人们喜欢在面包上码上生火腿片或意式腊肠来食用。

千层面
这是以本地特产的肉酱汁和意大利面做出的独特料理。

文化、农业、工业发达的美食荟萃之地

艾米利亚-罗马涅大区中，横贯着一条古罗马帝国时期修建的艾米利亚大道，自古以来便是交通要塞、繁荣之地。这里有着世界上历史最悠久的大学，以及各种丰富的文化遗产，以其悠久的文化闻名于意大利。在这里，以法拉利、玛莎拉蒂等汽车品牌为首的机械工业也极为发达。

此地的奶酪、畜牧业依托着广袤的平原而十分兴盛，尤其是帕尔马生产的生火腿，帕玛森干酪，都堪称意大利的代表食材，享有很高的声誉，受到全世界美食家的盛赞。

工业、农业及文化都十分发达的艾米利亚-罗马涅大区，是意大利为数不多的富裕城市，也孕育出了优雅的饮食文化。在意大利，当地人以喜好口味厚重、醇厚的食物而闻名。

Suro Marinato

冷腌油醋马鲭鱼

橄榄油与大蒜的香味渗透进新鲜马鲭鱼

冷腌油醋马鲭鱼

材料（2人份）

马鲭鱼（小）……4条（200克）
盐……适量
玉兰菜……1片（10克）
红菊苣……1片（20克）
生菜……1/2片（10克）
莳萝（装饰用）……适量
意式调味汁……4大勺

油醋汁的材料

柠檬汁……15毫升
砂糖……1小勺
EXV橄榄油……40毫升
白酒醋……15毫升
大蒜……1瓣（10克）
芹菜……1/4根（25克）
盐、胡椒……适量

要点

马鲭鱼的腥味必须充分洗净

烹调时间
半天+30分钟

01 用湿布将托盘擦拭干净，撒上盐。㊟如此可以使盐均匀地撒遍托盘。

02 将马鲭鱼切成3片（参考第79页），摆放在步骤01的托盘上，鱼身上撒上盐，托盘倾斜放置约10分钟。

03 将盐腌过的马鲭鱼片放入装满清水的盆中洗净，然后用布将水擦干。

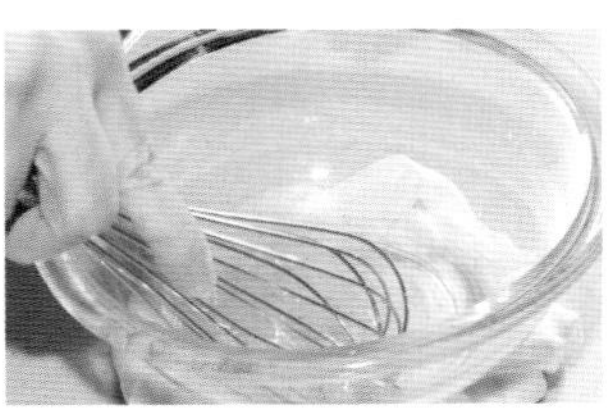

04 在盆中倒入柠檬汁、砂糖、白酒醋、盐、胡椒，用打蛋器加以混合搅拌。

05 待盐溶解之后，在步骤04的盆中倒入EXV橄榄油，用打蛋器搅拌，再加入切成薄片的芹菜和大蒜，搅拌均匀。

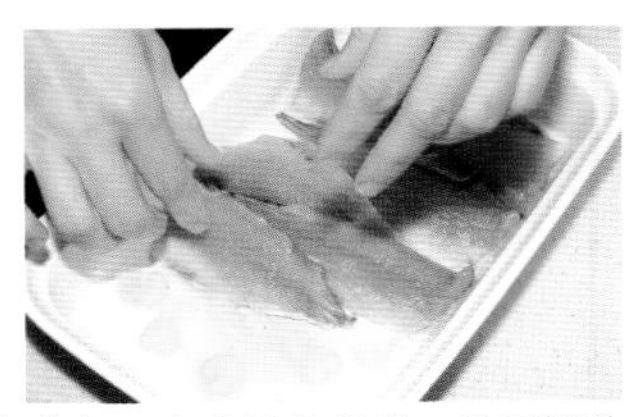

06 准备一个扁平的浅盘，用于摆放所有的马鲭鱼片。从步骤05准备好的意式调味汁中取一半刷在浅盘上，鱼皮朝下摆放整齐。

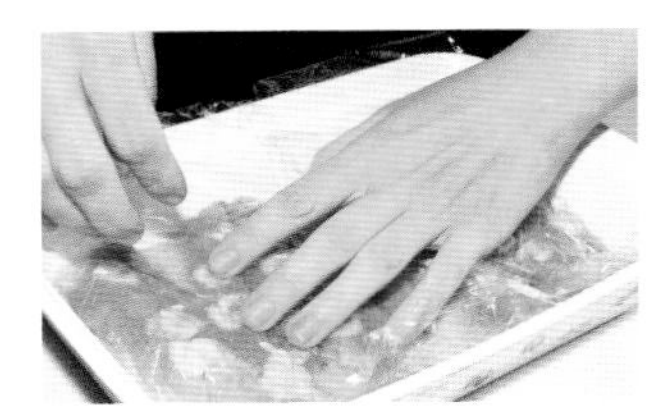

07 剩余的一半调味汁浇在马鲭鱼身上。用保鲜膜紧贴鱼身，覆住浅盘，放进冰柜冷藏半天。

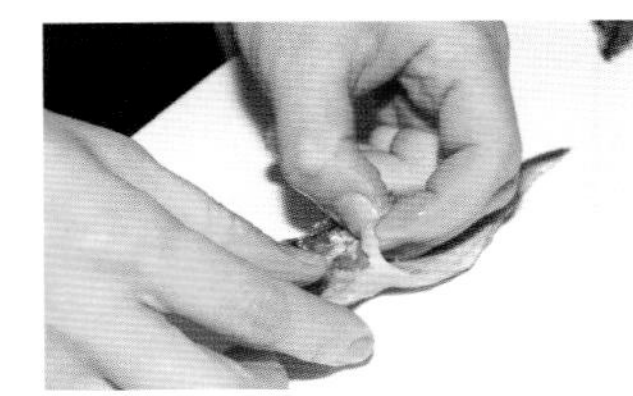

08 冷藏过的马鲭鱼从头部向尾部方向将鱼皮剥下，鱼片切成一口大小。

09 玉兰菜、红菊苣、生菜分别用手撕成一口大小，与鱼片一起放在盘中。

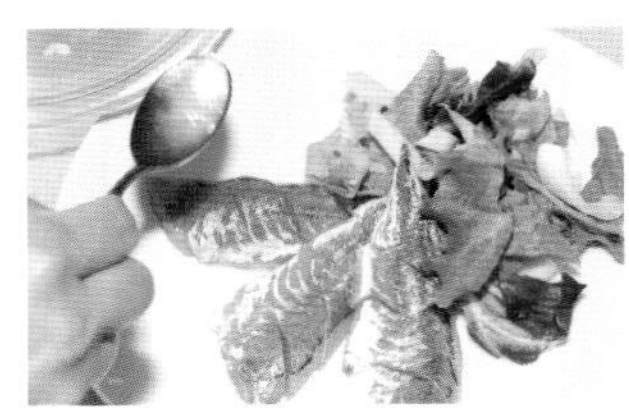

10 将意式调味汁浇在沙拉上，马鲭鱼片上装饰莳萝，完成。

如何将马鲭鱼分切成3片

01 将马鲭鱼的头朝左放在砧板上。从尾部朝头部用菜刀沿着鱼背切除侧面的鱼鳞。

02 将鱼转向自己的方向，从鱼头两侧插入菜刀，将鱼头连着胸鳍和背鳍一起切下。

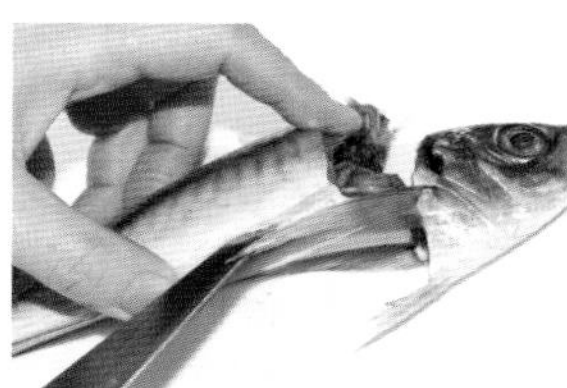

03 将鱼尾转向左边，在肛门到鱼腹之间，用刀背从腹部切入。

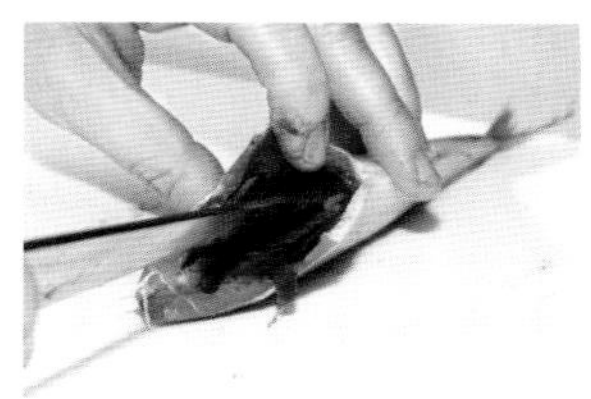

04 用刀尖将内脏刮去，将带残血的部位刺破拉出。

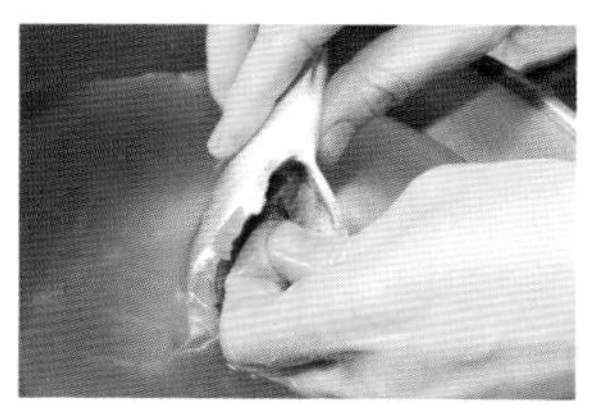

05 盆中装满冰水，将马鲭鱼放入其中洗净。腹中带残血的部分彻底洗净。

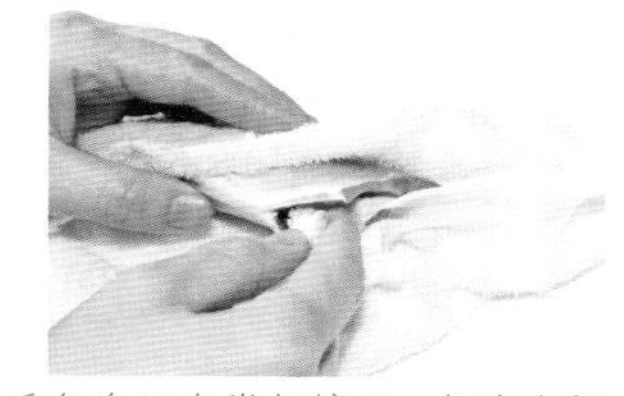

06 鱼身用布卷起擦干，鱼腹内部也必须擦干。

07 鱼尾朝左，从距腹鳍2毫米的位置切入，直至切到脊骨。

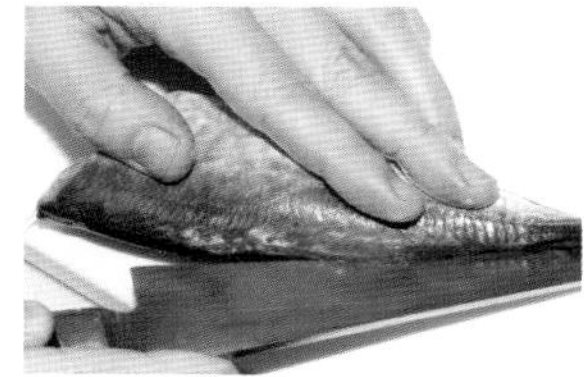

08 将背鳍朝向自己，鱼尾朝左，在距背鳍2毫米的位置沿着脊骨切入。

09 在鱼尾将菜刀贯穿切入，拔出菜刀，再用刀背朝左插入鱼肉。

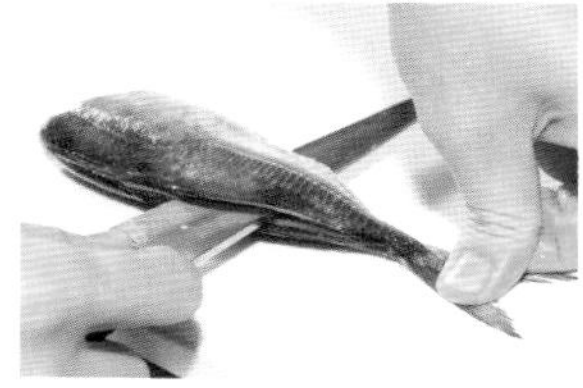

10 左手按住鱼尾，菜刀朝左下方沿着脊骨滑动，再改换菜刀的方向，将鱼肉切离鱼身。

11 将背鳍放在自己面前，鱼尾朝左，从距背鳍2毫米的位置切入，直至碰到脊骨为止。

12 将鱼腹对着自己，鱼尾朝右，从距腹鳍2毫米的位置沿着脊骨切入。

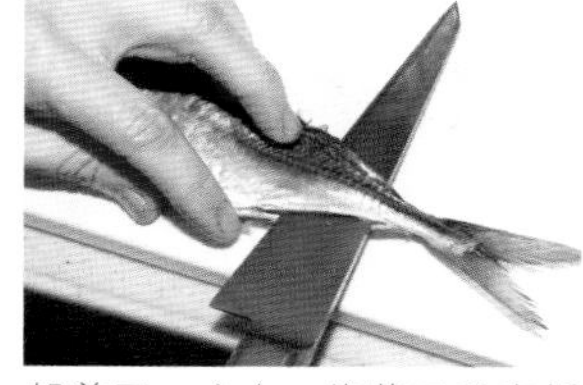

13 朝着同一方向，将菜刀垂直插入尾部。

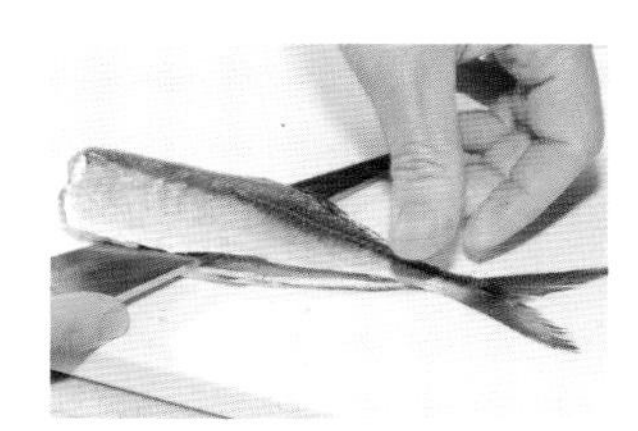

14 用左手按住鱼尾，菜刀朝左下方移动，将上方的鱼片切离脊骨。

15 用刀背压出鱼腹骨后，沿着鱼骨的厚度切除。用夹子从鱼头到鱼尾夹出细小的鱼骨。

烹制意大利料理的诀窍与要点⑬

橄榄油的制作过程

揭秘果汁、橄榄油的制作工艺

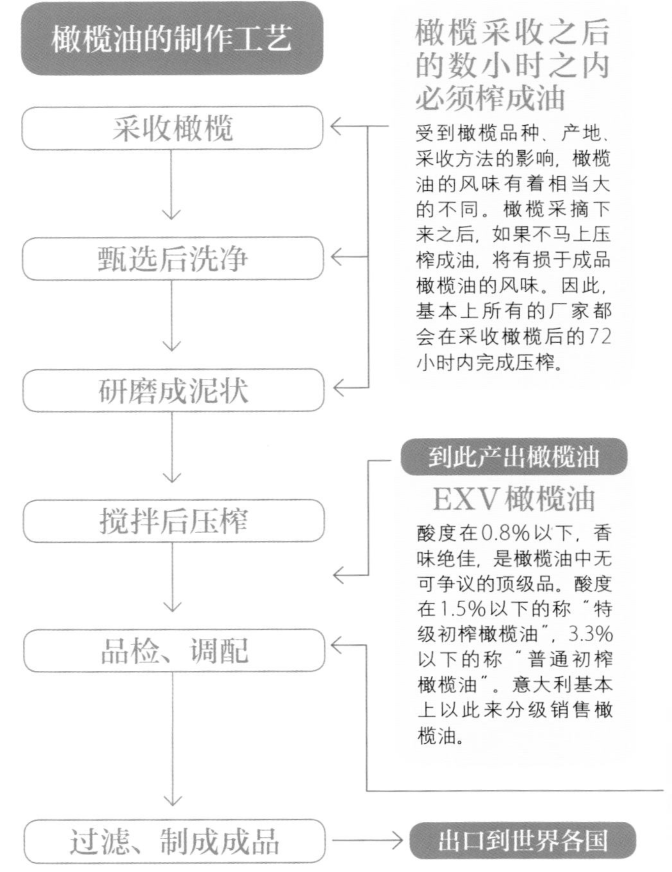

通过严格的检查区分品类

从风味上可分为水果味、辣味、苦味等各种个性化的口味。油品有瑕疵且酸度在3.4%以上的称“精炼橄榄油”，需精炼之后食用。

只需经过压榨即可获得的水果味橄榄油

在食用油之中，只需压碎果实，经过放置便可采集的只有橄榄油。若论方法，可以压榨橄榄泥采集，也可以使用远心分离机采集，还可以利用电力萃取。压榨出的油脂，经过专业鉴定师品尝与化学分析之后，按照酸度的高低分成4个等级：特级初榨、优质初榨、普通初榨、精炼。此后，还需经过过滤和装瓶。

不过，“精炼橄榄油”并不作为食用油来使用，还需进一步加以精制和调配。目前，日本进口的只有特级初榨橄榄油、纯橄榄油、二次压榨橄榄油与优质初榨橄榄油混合而成的橄榄油。

Verdura alla griglia in crostata

烤蔬菜派

在黄油喷香，口感爽脆的派饼皮中填满蔬菜

烤蔬菜派

材料（1个直径22厘米的派盘的量）

小胡瓜……1根（150克）
茄子……1根（70克）
小土豆……2个（160克）
蒜油……2大勺
百里香……1根
百里香（装饰用）……2根
番茄酱汁……100克
盐、胡椒……适量

派皮面团的材料

低筋面粉……70克
高筋面粉……70克
盐……1小撮
黄油……110克
冷水……70毫升
蛋液……1/2个（30克）
面粉……适量

01 小胡瓜和茄子切成5毫米厚的圆片。去除茄子涩味的方法请参考第38页的步骤03～06。

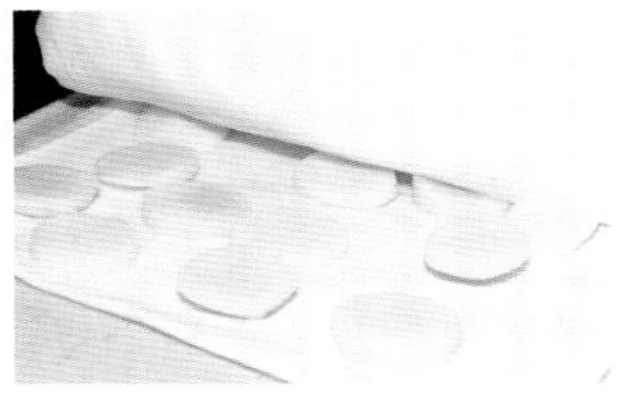

02 土豆去皮，切成5毫米厚的圆片，放入装满清水的盆中浸泡约10分钟。待淀粉析出之后，用布将其擦干。

03 将小胡瓜、茄子、土豆移入托盘，淋上蒜油。

04 手抓起百里香叶，在步骤03的托盘上方揉搓，接着将盐、胡椒均匀地撒在所有材料上。

05 用网格烤架或烤锅将步骤04的材料烤至金黄色。㊙边烤边用锅铲背轻压材料，可令材料烤出的颜色均匀漂亮。

06 制作派皮。将事先浸过冰水的托盘放在操作台上助其冷却。㊙将黄油切成2厘米的小块，制作派皮的材料放在冰柜中冷却。

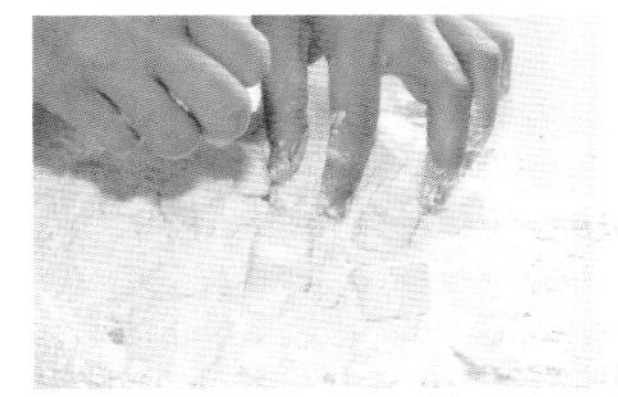

07 将低筋面粉、高筋面粉、盐同时倒在操作台上，再在其上方放上黄油，将它们轻轻混合在一起，注意不要用手揉。

08 将步骤07的材料堆成一个中央有凹槽的粉堆，在凹槽里慢慢注入冷水。㊙尽量选择凉爽的场所迅速操作，以免黄油融化。

09 从粉堆的中央开始，向四周像画圆圈一样对材料进行混合。然后再用刮片一边切一边混合。

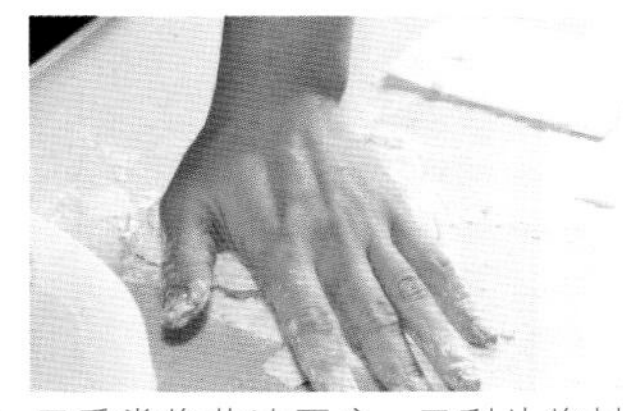

10 用手掌将黄油压扁，用刮片将材料切下、折叠。㊙手掌压扁黄油后应马上离开，以免黄油受热融化。

要点

操作台应先冷却后再使用，以防派皮融化

烹调时间
60分钟

11 将步骤10的面团切成2等份，对折，用手掌压平，重整。如此反复操作3～4次。

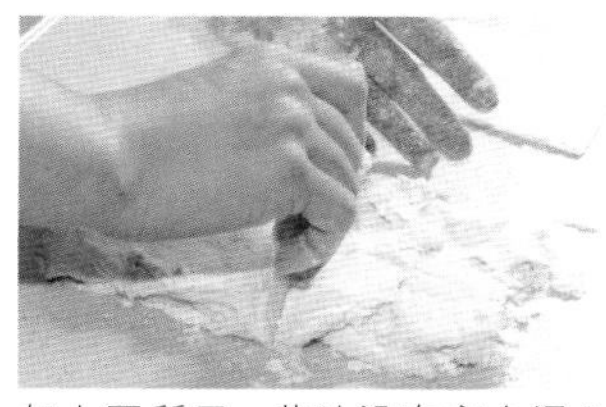

12 如上图所示，黄油没有完全混入面团，在此状态之下，将所有粉与黄油糅为一体。(要)以用手向上提起面团时，不会散落或破碎为宜。

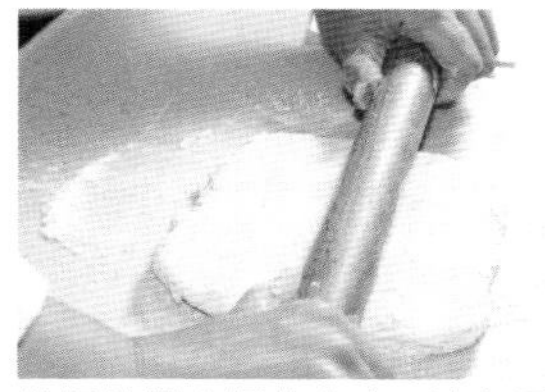

13 将面粉撒在操作台上，放上面团，再在其上撒上面粉，用擀面杖将其一点点推开。(要)擀面杖也应事先在冰柜中冷却。

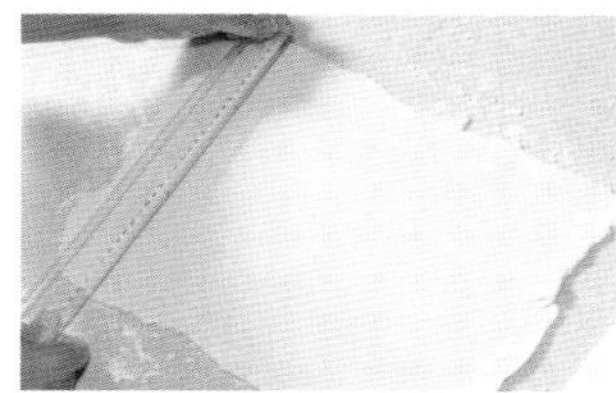

14 因要使用直径约22厘米的派盘，所以要将面团擀成长28厘米、宽35厘米的大小。建议一边用尺测量一边用擀面杖推面团。

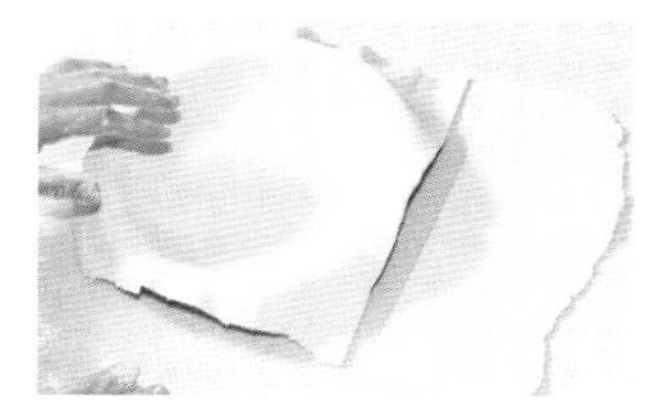

15 将面皮放在派盘上，多余的部分用刀切去。(要)此时如果黄油融化，可放入冰柜中再次冷却凝固。

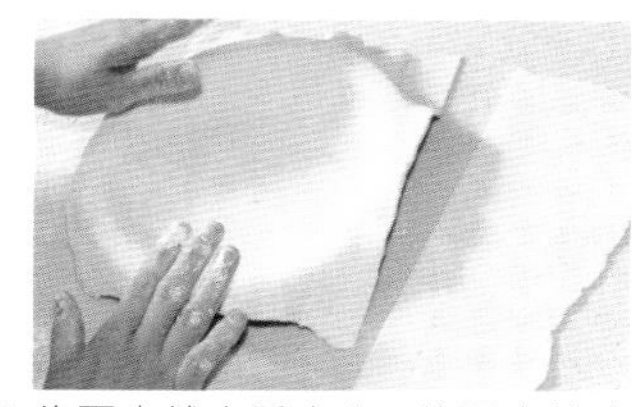

16 将面皮铺在派盘上，使面皮的边缘紧贴派盘边缘。多余的派皮直接用保鲜膜包好放入冰柜冷藏。

17 派盘边缘多余的派皮用刮片切去。(要)建议边转动派盘边切。

18 将步骤17切下的面皮用擀面杖摊平。(要)切下的面皮可以留着下次再用（参考第84页）。

19 将冷藏过的番茄酱汁涂抹在派盘上。

20 将步骤05烤制好的蔬菜交替摆放在派盘上。(要)外观不好的蔬菜垫在下方，美观的摆在上方。

21 将蛋液用毛刷刷在派盘的边缘。㊟手速要快，否则派皮会变软。

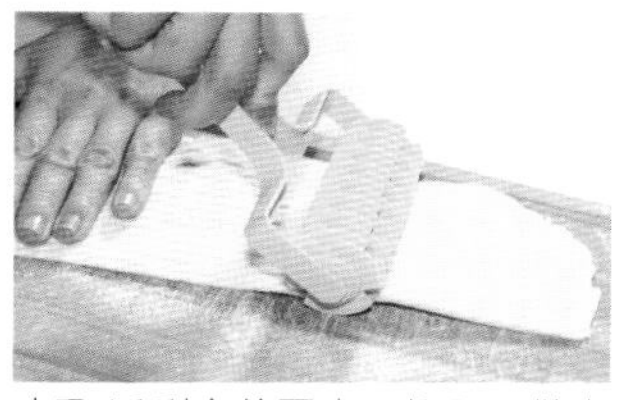

22 步骤16剩余的面皮用拉网刀做出网状。(要)也可以用刀在面皮上交错划出网格。

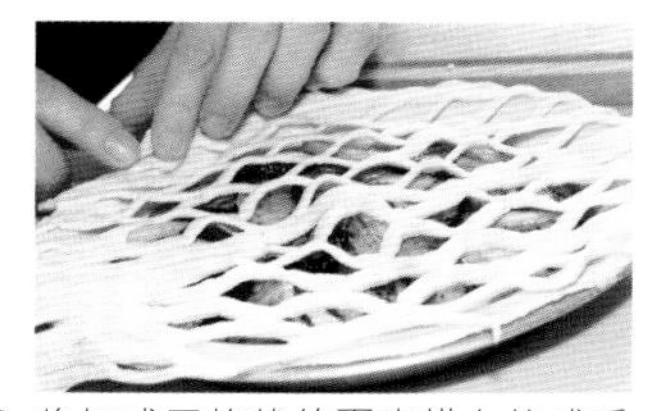

23 将切成网格状的面皮横向拉成手风琴风箱形状，覆在步骤21的派盘上。

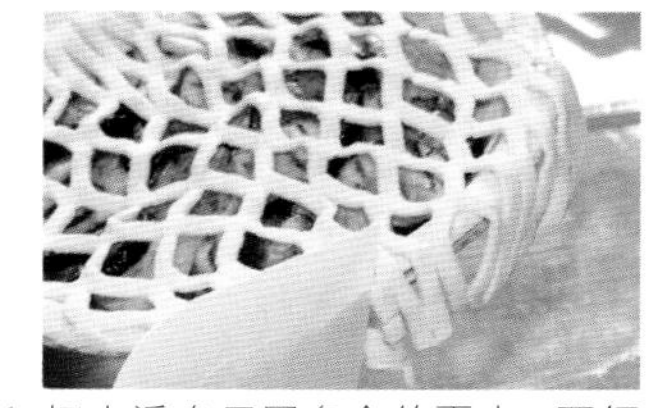

24 切去派盘周围多余的面皮，要领与步骤17相同。

25 将蛋液刷在网格派皮上，放入预热200℃的烤箱中烤制约20分钟。取出派盘后，用锯齿餐刀分切，点缀上百里香。

烹制意大利料理的诀窍与要点⑭

利用剩余派皮制作简单料理

烤蔬菜派剩余的派皮也可以花样百变

鸿禧菇肉派

材料（**圆形或长方形1份**）

派皮（参考第82页）……120克、牛肉末……60克、鸿禧菇……25克、洋葱……15克、蛋液……1小勺、新鲜面包粉……5克、牛奶……1大勺、盐、胡椒、肉豆蔻……各适量、蛋液（完成时使用）……适量、黄油……5克

制作方法

❶洋葱与鸿禧菇切成5毫米小块。用黄油炒过之后放入盆中冷却备用。❷在步骤1的盆中放入牛肉末、蛋液、新鲜面包粉、牛奶、盐、胡椒、肉豆蔻，用手混合之后捏成圆形。❸将派皮压成长超过10厘米，厚3毫米的长方形。❹在面皮的右侧码上步骤2中搓成的圆形材料，将蛋液抹在面皮的边缘。❺做圆形派时，将半边的面皮折叠起来，使用直径10厘米的环形模具来做。为避免边缘张开，可以用手指按压面皮。❻做长方形派（如图中左侧）则不必借助模具，可直接用手指按压边缘。❼放入冰柜冷藏约20分钟。❽用小刀背在面皮的表面划出花纹。接下来同样在面皮整个表面抹上蛋液，放入预热220℃的烤箱中烤制约15分钟。长方形派在表面上用派皮刀划出三个方向的纹路。切开的派皮做成表面的装饰，同样放入烤箱烤制。

如何处理派皮的边角料

→可以将剩余的派皮搓成条状，在其表面撒上帕玛森干酪与辣椒粉，在预热220℃的烤箱中烤制大约12分钟。

略花心思，让派皮面团在制作料理或点心时大显身手

用来制作烤蔬菜派皮的面团，也可叫作快手折叠派皮面团，制作起来十分简单。除了料理之外，还可以用来制作苹果派或其他点心。而用剩的面皮不必丢弃，还可以用来制作其他点心。

最简单的用法，就是将派皮覆盖在汤碗上，放入烤箱中做成一道面包酥皮汤。

如果只剩余一点点派皮，可以蘸上果酱，做成不同的形状，放入烤箱烤制成简单的一口派。

灵活使用派皮的方法很简单，如果暂时不想用，还可以用保鲜膜包起，放入冰柜中冷冻，可保存1个月左右。

Bagna caôda

热蘸酱

发源于皮埃蒙特大区，用来搭配奶酪火锅

热蘸酱

材料（2人份）

蘸料用蔬菜

红甜椒、黄甜椒、胡萝卜、茴香、花菜、红菊苣、玉兰菜、甜豆、玉米笋……各适量

香蒜鳀鱼热蘸酱的材料

橄榄油……80毫升
鳀鱼片或鳀鱼泥……8片（40克）
大蒜（小）……1粒（40克）
洋葱……1/5个（40克）
牛奶……100毫升
胡椒……适量

鳕鱼干热蘸酱的材料

鳕鱼干……40克
牛奶……100毫升
大蒜……1/2瓣（5克）
月桂叶……1片
EXV橄榄油……30毫升

古贡佐拉奶酪热蘸酱的材料

古贡佐拉奶酪……60克
大蒜……1/2瓣（5克）
白葡萄酒……40毫升
橄榄油……30毫升
盐、胡椒……适量

要点

蔬菜趁热蘸酱食用

烹调时间
60分钟

※鳕鱼干需另外泡发。

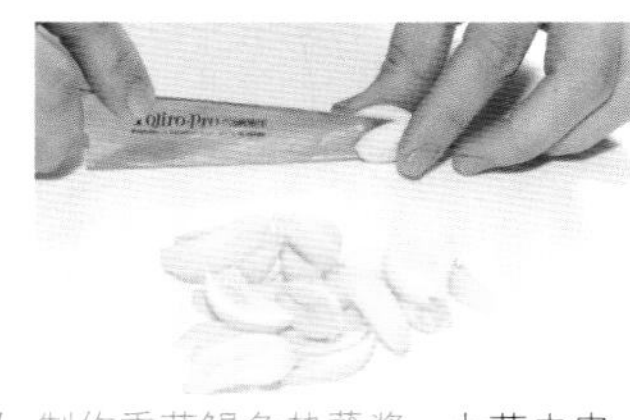

01 制作香蒜鳀鱼热蘸酱。大蒜去皮，竖着对半切开。去除大蒜芽。

02 锅中放入大蒜、50毫升牛奶。

03 继续放入大致切过的洋葱，倒入水，盖过所有材料，加热至沸腾。

04 沸腾后用滤勺加以过滤，汤汁倒掉。

05 将过滤好的材料再倒回锅中，将剩余的50毫升牛奶倒入，加水盖过所有材料，再次煮沸。

06 当步骤05的材料可以用牙签轻易刺穿时关火，用滤勺将材料捞起。

07 将步骤06的材料和鳀鱼片分别过滤备用。如果使用鳀鱼泥，则无须过滤。

08 将步骤07过滤过的材料与橄榄油放入锅中，开小火加热后，用打蛋器充分搅拌。

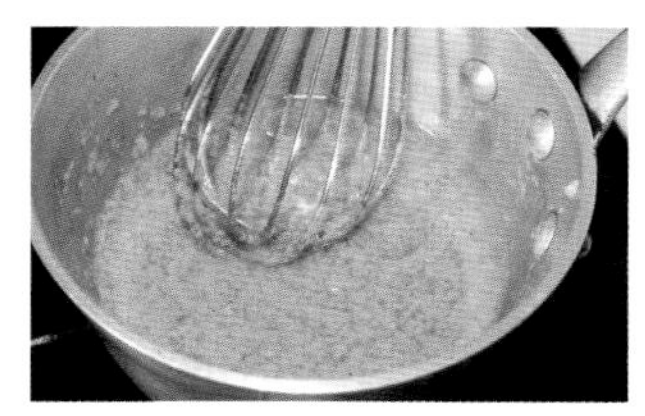

09 搅拌至一定程度后，撒入胡椒。继续搅拌至如上图的状态即告完成。(要)表面的浮沫应舀去。

10 (准)鳕鱼干在足量的清水中泡发一夜。如盐分太多，可多换几次水。

11 制作鳕鱼干热蘸酱。锅中放入鳕鱼干、大蒜、月桂叶、牛奶，倒满水，煮约40分钟。

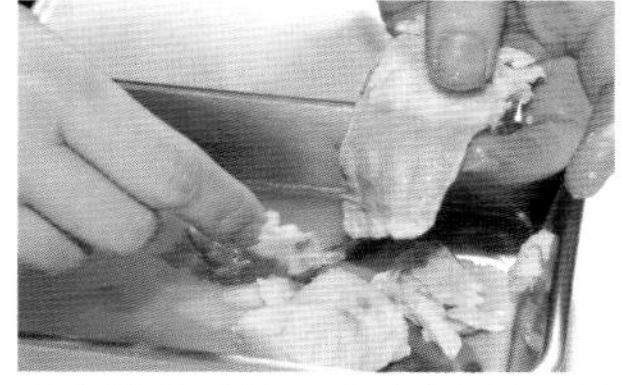

12 将步骤11的鳕鱼干放入托盘，打散鱼肉，细小的鱼刺和鱼皮剔除干净。锅中的汤汁倒出备用。

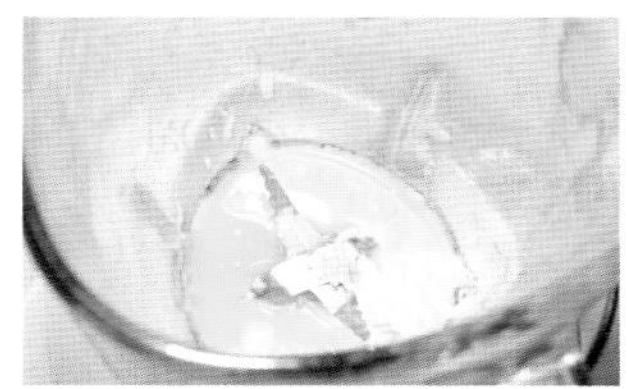

13 用食物料理机将鳕鱼肉、EXV橄榄油，以及步骤12的汤汁80毫升混合，打成浆。如果水分不够，可再加入汤汁。

14 制作古贡佐拉奶酪热蘸酱。大蒜拍扁，与橄榄油一起放入锅中，略微倾斜锅身，如同油炸般加热。

15 当大蒜周围开始出现泡沫，散发蒜香时即可关火。待其冷却后将白葡萄酒倒入锅中。

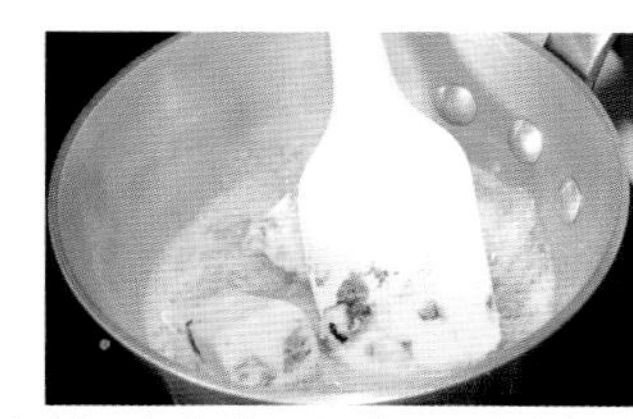

16 倒入白葡萄酒之后，用小火加热以挥发酒精。接着将古贡佐拉奶酪放入锅中，用刮勺将奶酪压碎，助其融化。

17 当奶酪融化殆尽之时，取出大蒜，试试味道。如果太淡，可加入盐、胡椒，轻轻搅拌完成。

18 将黄甜椒和红甜椒切成适宜入口的大小。

19 将胡萝卜切成1厘米的条状。

20 用菜刀切除茴香两头变色的部分。

21 茴香切成1厘米宽的条状。㊟红菊苣和玉兰菜洗净，沥干水分。

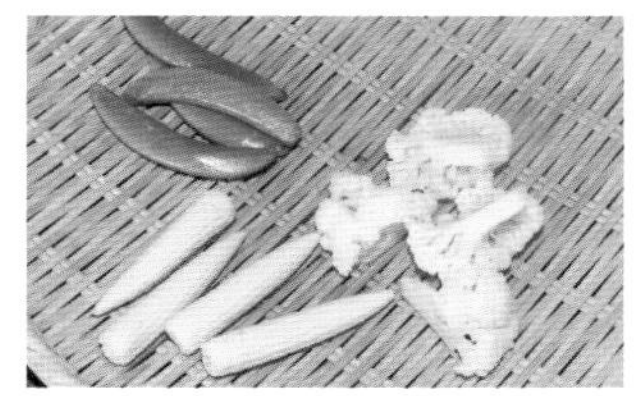

22 在锅中放入盐和热水烧沸，将甜豆、玉米笋、花菜放入锅中煮约1分钟。

错误！

鳕鱼干热蘸酱中混着小鱼刺！

在托盘中打散鳕鱼肉时，如果没有彻底剔除小鱼刺，就会混入热蘸酱中。即便后续在食物料理机中搅打也很难去除。

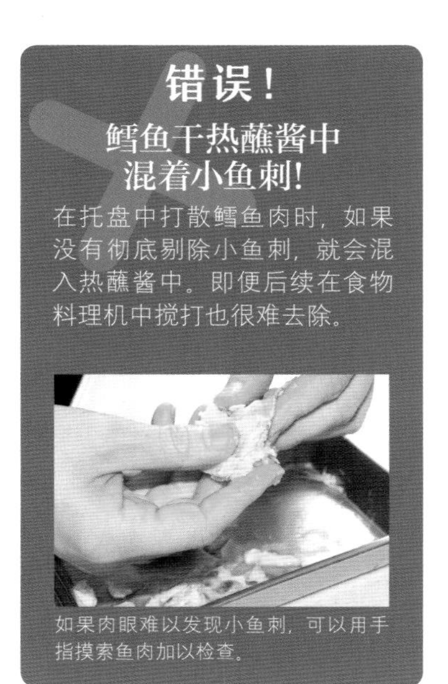

如果肉眼难以发现小鱼刺，可以用手指摸索鱼肉加以检查。

烹制意大利料理的诀窍与要点⑮

皮埃蒙特大区的料理与特色

山珍野味孕育质朴的饮食文化

皮埃蒙特大区的主要特产

1. 意大利米

土地肥沃的波河流域，是意大利规模最大的谷仓。该地区盛产大米，同时也养殖鲤鱼、青蛙等，大量用来烹制美食。

2. 面包棒

这是意大利代表性的细长面包棒。在其发源地北意大利，人们用猪油来制作。口感酥脆，令人欲罢不能。

3. 巴巴莱斯科

号称意大利葡萄酒之王、之后的巴罗洛、巴巴莱斯科，其原料是珍贵的纳比奥罗黑葡萄，口味厚重，风味细腻。

4. 其他

在该区可以采摘到大量优质的牛肝菌、栗子、核桃。阿斯蒂地区出产的起泡酒也是值得一提的特产。

皮埃蒙特大区的代表性料理

香蒜鳀鱼热蘸酱

因该大区与利古里亚大区贸易往来频繁，源自南部，以蔬菜和鳀鱼为原料的香蒜鳀鱼热蘸酱也随之传来此地。

意式奶油布丁

这是意大利北部常见的料理。除了意式奶油布丁之外，其他使用特产的奶制品制作的点心品种也极其丰富。

巴罗洛葡萄酒炖肉

这是使用牛脸肉与整瓶名酒——巴罗洛葡萄酒炖煮而成的料理。其特点是口感细腻，入口即化。

皮埃蒙特大区山珍特产丰富，深受法国饮食习惯影响

举办过2006年冬季奥林匹克运动会的都灵，是皮埃蒙特大区的首府。这里多为山岳地形，在意大利统一之前，此地一直在法国的统治之下。皮埃蒙特以山珍野味为主要食材，在饮食文化上有着浓厚的法国特色。

在该地丰富的山珍野味之中，有菌类之王的牛肝菌，号称世界三大珍馐之一的昂贵白松露，这些都是皮埃蒙特大区引以为豪的食材。人们将猎到的野兔、野鹿做成料理，除此之外，虹鳟鱼、鲤鱼等淡水鱼做成的料理也不少见。

皮埃蒙特大区还是意大利极负声誉的葡萄酒产地。号称意大利葡萄酒之王、之后的巴罗洛、巴巴莱斯科葡萄酒，口味优雅，余韵十足，是意大利顶级的红葡萄酒。

Contorni 3

3种配菜

无论哪一种，不仅制作方法简单，还能品味出浓浓的意大利家庭风味

菠菜慕斯

材料（4个直径7厘米的模型的量）

菠菜……1/4把（50克）
鸡蛋……2个（120克）
鸡汤……50毫升
鲜奶油……50毫升
蒜油……1/2大勺
黄油（涂于模型上）……适量
盐、胡椒……适量

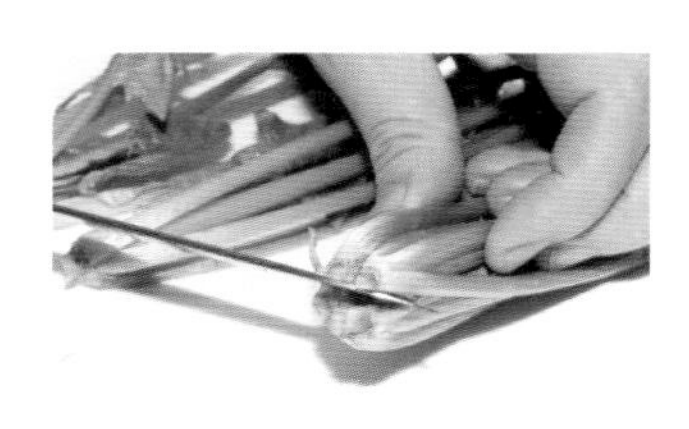

01 菠菜的茎用菜刀切出十字，如果带着泥，应在装满清水的盆中洗净。

02 装满一锅水烧开，放入盐，菠菜茎朝下放入水中汆烫10秒钟，接着整棵菠菜都放入水中汆烫1分钟。

03 捞出菠菜，放在筛网上沥干水分，也可以用扇子扇凉。

04 菠菜切末。

05 锅中放入蒜油，炒出香味。放入步骤04的菠菜末，轻轻翻炒。

06 将鸡蛋、鲜奶油、鸡汤、菠菜放入食物料理机，撒入盐、胡椒，打成浆。

07 打至上图中的状态即可。㊟根据模型的大小，将烤盘纸裁出与之适配的大小。

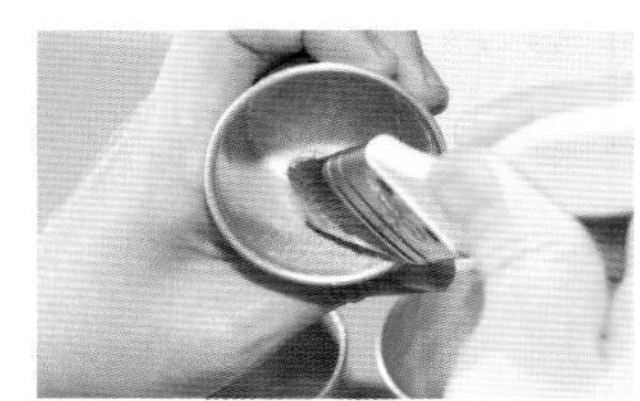

08 用毛刷在模型内侧刷一层薄薄的黄油，将裁好的烤盘纸贴在模型底部。(要)最后装盘时再将其取下。

09 将菠菜慕斯倒入模型，约9分满即可。

10 锅底铺一张厨房纸巾，将步骤09的模型放在纸巾上。慢慢注入开水，放入预热160℃的烤箱中，隔水烤制约30分钟。

要点

菠菜用食物料理机打碎

烹调时间
50分钟

香煎菌菇

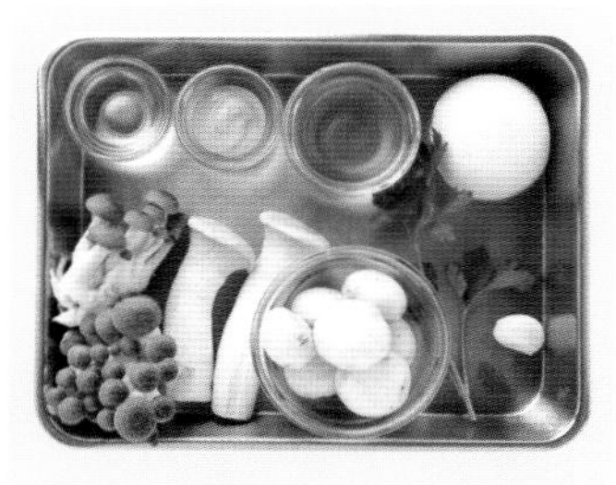

材料（2人份）

鸿禧菇……1包（100克）
杏鲍菇……2根（60克）
蘑菇……10个（80克）
大蒜……1/2瓣（5克）
洋葱……1/2个（100克）
EXV橄榄油……1.5大勺
意大利香芹末……1大勺

调味汁的材料

黄芥末酱……1小勺
白酒醋……20毫升
EXV橄榄油……40毫升
红辣椒……1/3根
盐、胡椒……适量

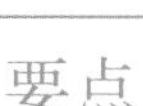

要点

菌菇类应趁热与调味汁混合

烹调时间 20分钟

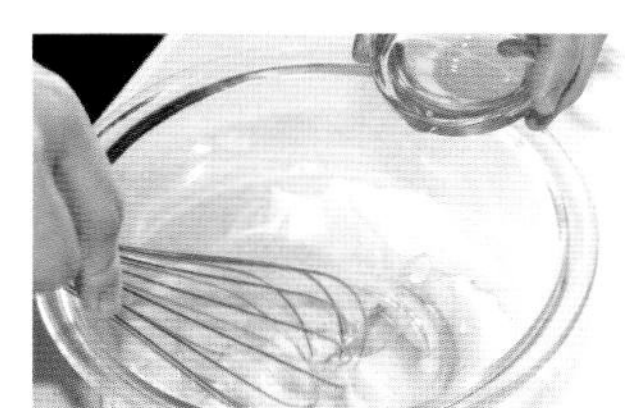

01 在盆中放入黄芥末酱、白酒醋、盐、胡椒，用打蛋器混合搅拌。再一点点加入EXV橄榄油。

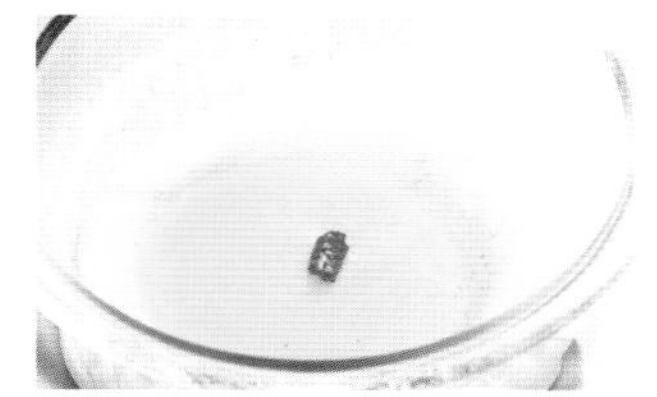

02 均匀混合之后，放入去籽的红辣椒，略加腌泡。

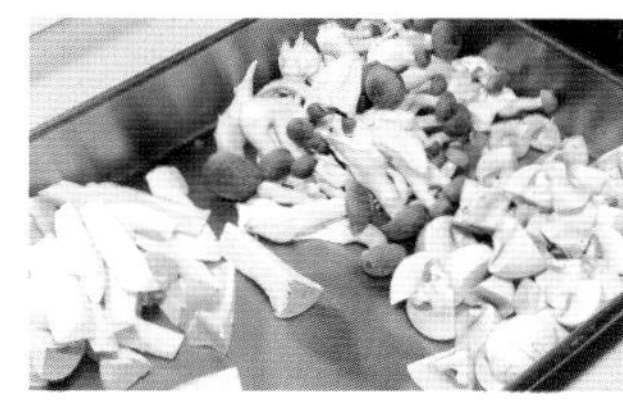

03 切去鸿禧菇底部的蒂，杏鲍菇与鸿禧菇切成相同大小，蘑菇切成6等份，洋葱切成薄片。

04 将拍扁的大蒜和橄榄油放入平底锅中，稍稍倾斜锅身，待大蒜爆香之后，加入各种菌菇，翻炒至散发出香气。

05 炒完菌菇之后，盛出放入步骤02的盆中。接着在同一平底锅中放入洋葱片，翻炒之后再倒入盆中。

06 用刮勺将盆中的材料搅拌均匀，撒上盐、胡椒调味，盛入盆中。撒上香芹末，完成。

更多菜谱

炖煮白芸豆

材料（2人份）

白芸豆（干）……100克、水……500毫升、大蒜……适量、鼠尾草……适量、EXV橄榄油、盐……各适量

香料包的材料

迷迭香、鼠尾草、百里香、罗勒叶、意大利香芹……各适量

制作方法

❶白芸豆在水中泡发一晚。泡发水留着备用。
❷制作香料包。各种香料叶用绳子系紧。
❸将步骤1的材料连同泡发水一起倒入锅中，接着放入香料包。
❹大蒜在砧板上拍碎，放入锅中，煮40～50分钟，直至汤汁收干。
❺舀去汤面出现的浮沫。
❻炖煮完成之后，捞出香料包，撒上盐调味，浇上EXV橄榄油，盛盘。最后用鼠尾草点缀。

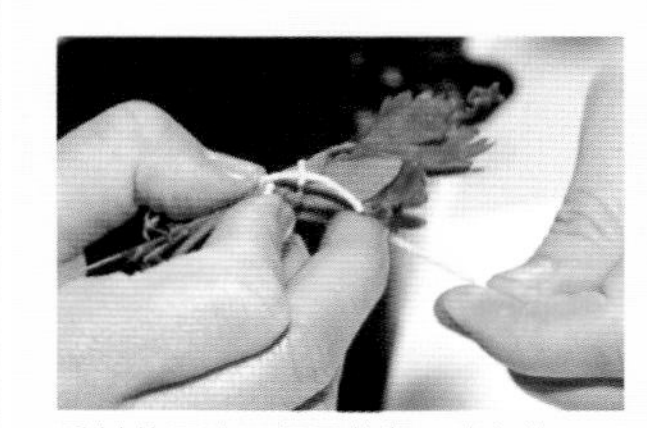

香料的两头用绳子扎紧，避免散开。

如汤汁中香料味太重，可以随时取出。

烹制意大利料理的诀窍与要点⑯

大蒜如何用来搭配料理

大蒜的魅力在于其独特的香味可以增进食欲

大蒜香味既可提味也可调味。

与橄榄油一起加热出香味。

切成蒜片，用在沙拉或意大利面中。

放在油中加热，制成调味汁，这是最常见的用法。

切去大蒜前部，划出刀口，在盘子上摩擦出香味。

切末、切片，随时取用，简单方便

大蒜是意大利料理中不可缺少的食材。用橄榄油和大蒜制成的蒜油，几乎是所有意大利料理必须使用的基本材料。只需将大蒜切成末，浸入橄榄油中稍加腌泡，便可获得蒜香橄榄油。做法如此简单，是每一个普通家庭日常必备的食材。

如果只想利用大蒜的香味，可以将蒜香橄榄油上层澄澈的油分舀出。大蒜的香味具有增进食欲的作用，因此可以应用于大量的料理。除了增添料理的独特风味之外，大蒜还可以有效地去除鱼腥味。

加热蒜油时，注意用小火，既可免于烧焦，又可细细炒出香味。

第 3 章

意大利面

专栏

烹调意大利面之前的准备工作

烹煮意大利面的要点

意大利面种类千变万化，基本烹调方法万变不离其宗

烹煮意大利面需在大量的热水中加盐

以烹煮时意大利面的量为标准，热水应超过面量的10倍，盐则要占面量的1%，这是最基本的要求。比如要煮200克的意大利面，就需要准备超过2升的水以及20克的盐。高身锅用于煮长意面，短意面和新鲜意大利面则使用浅锅。长意面入锅之后，必须等面自然沉入锅中；而短意面入锅之后，必须立即用木勺搅拌，以免其粘连结块。

那么烹煮意大利面需要多长时间呢？计算长意面的烹煮时间时，应同时考虑后续与酱料搅拌的时间，因此在煮的过程中可以挑出一根面确认其软硬度，同时注意应比包装袋上注明的时间早1～2分钟捞起。短意面则要求按照包装袋注明的时间来煮，否则无法将其煮透。

烹煮时间与意大利面的变化

——烹煮时间为12分钟的意大利面——

5分钟 还差得远!!

用木勺捞起面条时，面身会滑溜地掉入锅中。且仍能看见面条芯，从外观便知道面条还是硬的。

10分钟 弹牙!!

捞起面条时不会滑落，略有弹性，说明接近弹牙的状态了。观察面条的横截面，中央还留有细细的面芯。这时应尽快捞起与酱汁搅拌。

15分钟 煮过头了!!

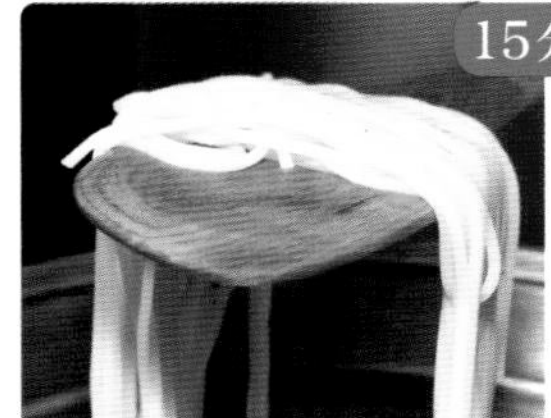

面条一根根地鼓胀起来，用木勺捞起时感觉沉甸甸。

烹煮小诀窍

1. 每1升水加10克盐

烹煮意大利面时，在热水中放盐是为了预先入味，应尽量选用粗盐。

2. 烹煮时注意保持对流

在烹煮干的长意面时，如果一下锅就立即搅动的话，面条会被折断。因此，要等面条自然沉入锅底后再轻轻搅动，且锅里的水应保持沸腾的状态。

3. 在接近弹牙时就应与拌料或酱汁进行搅拌

因关火后利用水温仍可加热面条，所以在煮长意面时，应比包装袋上注明的时间提早1～2分钟捞起。而短意面必须彻底煮过之后，才更容易裹上酱汁。

Spaghetti al pomodoro

番茄酱汁意大利面

酸味十足的番茄，与意大利面天生一对

番茄酱汁意大利面

材料（2人份）

蝴蝶面……160克
辣椒油……160克
意大利香芹……1根
盐、胡椒……适量

番茄酱汁的材料

水煮番茄……300克
洋葱……1/7个（30克）
蒜油……1大勺

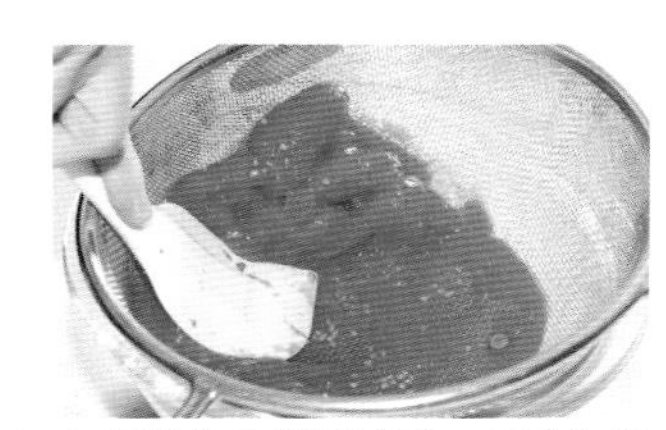

01 水煮番茄用筛网过滤。用刮勺仔细地将番茄籽压碎。

02 粘在筛网背面的番茄肉也用刮勺刮下。㊟洋葱切末。

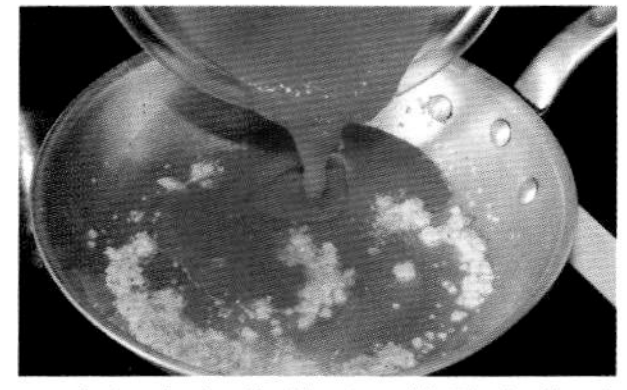

03 平底锅中加热蒜油，待散发蒜香时，放入洋葱末翻炒。炒软洋葱后，加入水煮番茄。

04 放盐调味，将锅中的材料煮到原来的2/3。㊟不同牌子的水煮番茄罐头，浓度也各不相同，只需将其煮成番茄泥即可。

05 锅中放入大量水和足量的盐（参考第22页），煮至沸腾。

06 蝴蝶面下锅煮。㊟建议煮到面中央达到弹牙的状态，因为品尝蝴蝶面中央和边缘的不同口感也是种乐趣。

07 蝴蝶面煮好捞起，沥干水分，放入步骤04的平底锅中。

08 舀起一汤勺的煮面汤，倒入步骤07的平底锅中，迅速拌匀。

09 加入盐、胡椒调味，淋上辣椒油。

10 边晃动平底锅边翻动刮勺，让锅里的面和酱汁充分拌匀。盛出放在盘中，用香芹加以点缀，完成。

要点

水煮番茄用筛网过滤

烹调时间
30分钟

番茄酱汁拌螺旋面配马斯卡普尼奶酪

Fusilli con salsa di pomodoro

材料（2人份）

螺旋面……160克
番茄酱汁……150克
草虾……6只（240克）
红辣椒……1/2根
马斯卡普尼奶酪……4大勺
芝麻菜……1～2棵
蒜油上层清澈的油分……1.5大勺
盐、胡椒……适量

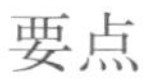

要点

草虾需爆香

烹调时间
30分钟

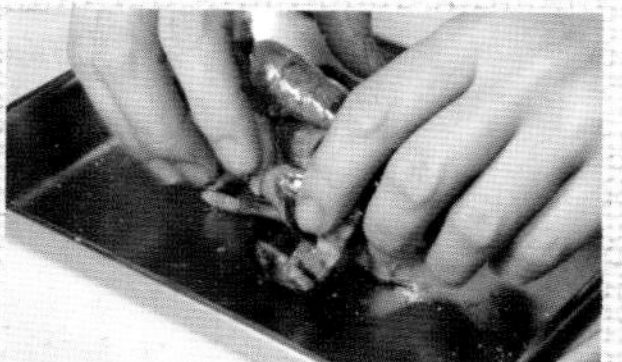

01 剔除草虾背上的虾线，在虾壳上切出一道划痕，置于托盘之上。将盐均匀地抹在草虾身上。

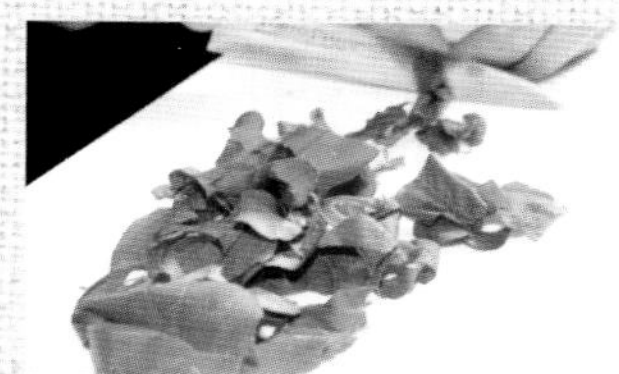

03 将芝麻菜切成5毫米宽。(准)锅中放入大量水和足量的盐（参考第22页），将水烧开，放入螺旋面烹煮。

05 在步骤04中加入番茄酱汁拌匀。(准)螺旋面煮好捞出，沥干水分。

02 用厨房纸巾或布将草虾身上的水分擦干。

04 平底锅中放入1大勺蒜油，加热至冒烟，放入草虾翻炒至变色。加入红辣椒，继续翻炒。再倒入煮面汤。

06 螺旋面倒入平底锅中，边摇晃边拌匀。盛盘之后，用芝麻菜与马斯卡普尼奶酪点缀。

烟花女意大利面

Spaghetti alla puttanesca

材料（2人份）

直身空心面……160克

酱汁的材料

番茄酱汁……150克、鳀鱼……2片（10克） 带核黑、绿橄榄……各4个

白葡萄酒……20毫升

红辣椒……1/2根 鸡汤……60毫升

醋浸刺山柑……15克

蒜油……2大勺 欧芹……1大勺

EXV橄榄油……1/2大勺

帕玛森干酪（磨碎）……10克

盐、胡椒……适量

烹调时间
30分钟

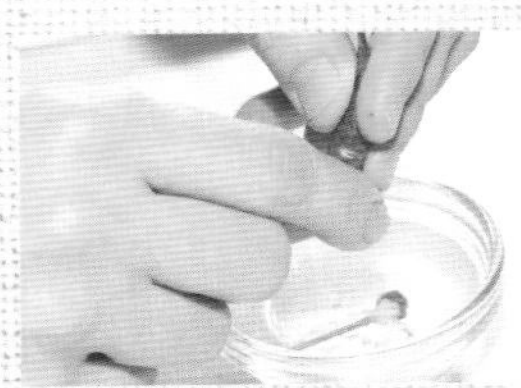

01 红辣椒去蒂、去籽。㊟欧芹切碎备用。

02 将红辣椒剪去蒂，倒过来轻敲即可轻松掉出辣椒籽。㊟一定要在辣椒干燥的状态下取籽，沾湿就无法顺利取出了。

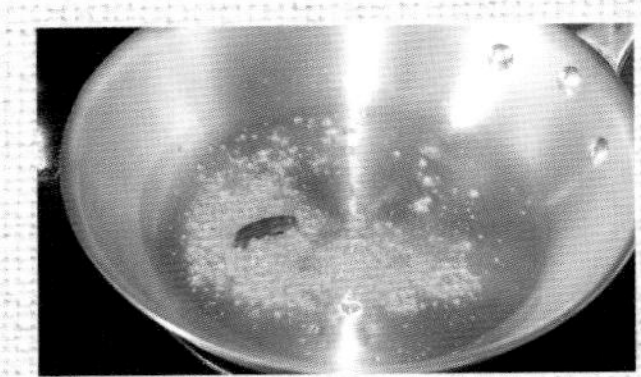

03 平底锅中加热蒜油，待表面冒泡时倒入红辣椒。

04 在步骤03的平底锅中倒入刺山柑和鳀鱼，边翻炒边用刮勺压碎鳀鱼。

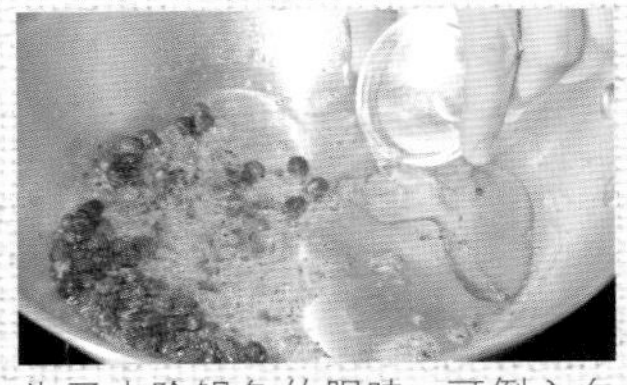

05 为了去除鳀鱼的腥味，可倒入白葡萄酒，加热至酒精挥发。㊟如果倒入葡萄酒后再加鳀鱼，反而会加重鳀鱼的腥味。

06 加入橄榄，轻轻混合搅拌。

07 倒入番茄酱汁（参考第96页）、鸡汤，用刮勺充分拌匀。

08 放入盐、胡椒调味，继续烹煮。

09 锅中放入大量水和足量的盐（参考第22页），将水烧开。垂直握住直身空心面，将其扭转成扇形。

10 放入沸腾的热水中，双手迅速放开。

11 在面条自然沉入锅底之前，切勿搅动面条。㊟此时若强行压下面身，会折断面条。

12 当面条沉下到一定程度时，应用木勺不停地轻轻搅拌。

13 面条煮好后，放入步骤08的平底锅中，轻轻拌匀。

14 将大约1汤勺煮面汤倒入平底锅。

15 撒入盐、胡椒。㊟鳀鱼和煮面汤中已含有盐分，因此加盐时不可过量。

16 加入欧芹末，浇上EXV橄榄油，关火。

17 撒上帕玛森干酪，摇晃平底锅，使酱汁与意大利面充分拌匀。

错误！

意大利面断成一截一截

煮意大利面时，如果在面条沉入锅中之前用力搅动，或在面身变得柔软之前就用力搅动，会导致面条断成一截一截。另外，在平底锅中拌面条和酱汁时，应使用刮勺或木勺，边摇晃平底锅边拌。注意不要使用筷子。

意大利面变成上图所示的状态之前，不要搅动面身。

加入煮面汤之后如果不快速搅拌，成品会变得像乌冬面一样。

烹制意大利料理的诀窍与要点⑰

坎帕尼亚大区的料理与特色

古罗马时期被誉为“极乐之地”，受惠于阳光与大海的乐土

坎帕尼亚大区

那不勒斯

坎帕尼亚大区的主要特产

1. 蔬菜
此地最有名的是长6～8厘米的圣马扎诺番茄。除此之外，茄子、罗勒、小胡瓜等产量亦很丰富。

2. 马苏里拉奶酪
这是奶酪番茄沙拉和比萨不可或缺的食材。只有在特定区域制作的全水牛乳制品，才可获得D.O.P.认证。

3. 鱼贝类
从第勒尼安海中可以捕获到沙丁鱼、章鱼、贻贝等。人们在圣诞节时还会食用鳗鱼。

其他
洋蓟、栗子、菌类、黑橄榄等都是此地的特产。意大利南部唯一的D.O.C.G.*葡萄酒产区的图拉斯葡萄酒也有洛阳纸贵的趋势。

*保证法定地区级，是意大利酒的最高级别。

坎帕尼亚大区的代表性料理

那不勒斯比萨
饼皮边缘隆起，烤至略有焦色，这就是那不勒斯比萨的特色。

烟花女意大利面
此款使用家中常备的材料即可轻松完成的意大利面，让“妈妈的味道”更加醇厚。

水煮海鲜
使用一整条白肉鱼水煮而成，是盛产鱼贝的坎帕尼亚大区特有的料理。

从鱼贝类和蔬菜做成的料理中，尝出质朴的“妈妈的味道”

坎帕尼亚大区的首府——那不勒斯，是世界三大美丽港湾之一。这片土地风光明媚，遗留着众多世界遗产。包括举世闻名的卡碧岛的“蓝洞”，以及古罗马时代的遗址庞贝古城。

公元前7世纪左右，希腊移民开发了那不勒斯。现今坎帕尼亚大区的特产马苏里拉奶酪及葡萄酒的酿制方法，也正是由希腊人带来的。自番茄从西班牙传入意大利，并在坎帕尼亚大区邂逅了比萨和意大利面之后，便奠定了今日料理风味的基础。

坎帕尼亚大区的料理，食材取自口味厚重的番茄，以及捕自第勒尼安海的鱼贝类。风味质朴，即使每天食用也不会腻，如同妈妈亲手做的饭菜一样，勾起人们莫名的乡愁。

Spaghetti aglio, olio e peperoncino

辣椒意大利面

公认的最简单却也最难的意大利面

辣椒意大利面

材料（2人份）

意大利极细面条……160克
大蒜……2瓣（20克）
红辣椒……1根
意大利香芹……3根
橄榄油……40毫升
EXV橄榄油……10毫升
盐、胡椒……适量

01 红辣椒去蒂、去籽。放入装有温水的盆中泡软。㊟如不经浸泡而直接切，会将辣椒切碎。

02 切开大蒜的一头，将牙签戳入未切开的一头，将蒜芽捅出。

03 将大蒜切成外形完整、透明的薄片。

04 将步骤01的红辣椒用剪刀剪成环状。㊚剪完应立即洗净手和剪刀。

05 平底锅中倒入橄榄油，加热至散发出香气，加入步骤03的大蒜，炒出均匀的淡黄色。

06 锅中放入大量水和足量的盐（参考第22页），待水烧开后放入意大利面烹煮。

07 将步骤05的大蒜翻炒之后，用漏勺捞起，将油分沥干在盆中。㊟香芹切末。

08 开大火加热平底锅，倒入步骤07的油，步骤04的红辣椒，一半的香芹和1汤勺煮面汤，混合搅拌均匀。

09 将煮好的意大利面倒入步骤08的平底锅中，用刮勺搅拌均匀。边晃动平底锅，边淋上EXV橄榄油。

10 撒上盐、胡椒调味，搅拌均匀，完成。盛盘之后，用剩余的香芹叶、步骤05的蒜片点缀在表面。

要点

混合搅拌意大利面之前，需将酱汁乳化

烹调时间
20分钟

变化多端

辣椒意大利面的各种配菜

在辣椒意大利面中加入各种配菜，以变化出各种不同的花样

乌鱼子+银鱼+溏心蛋

材料

乌鱼子……15克
银鱼……2大勺
溏心蛋……2个

乌鱼子切薄片，在少盐的辣椒意大利面上摆放乌鱼子与银鱼，最后放上溏心蛋。

柠檬皮+圆白菜+鳀鱼

材料

柠檬皮……1/6个
圆白菜……75克（1½片）
鳀鱼片……1片（5克）

柠檬皮切丝，圆白菜切成2厘米宽，与意大利面一起烹煮2分钟。鳀鱼片切成粗粒，摆放在少盐的辣椒意大利面上。

生火腿+芝麻菜+小番茄

材料

生火腿……2片（16克）
芝麻菜……2棵
小番茄……6个（60克）

小番茄去蒂，对半竖切。生火腿切成2厘米宽。芝麻菜切成5毫米宽。将所有食材摆放在辣椒意大利面上即可。

培根+番茄干+炸洋葱

材料

培根……2片（40克）
番茄干……10克
炸洋葱（现成）……2大勺
黄油……5克

在平底锅中加热黄油，培根切成条，在锅中煎至焦脆。番茄干对半竖切。将所有食材摆放在辣椒意大利面上即可。

烹制意大利料理的诀窍与要点⑱

乳化与意大利面成品的关联

在意大利面酱汁中加入煮面汤，有何科学依据

乳化的过程

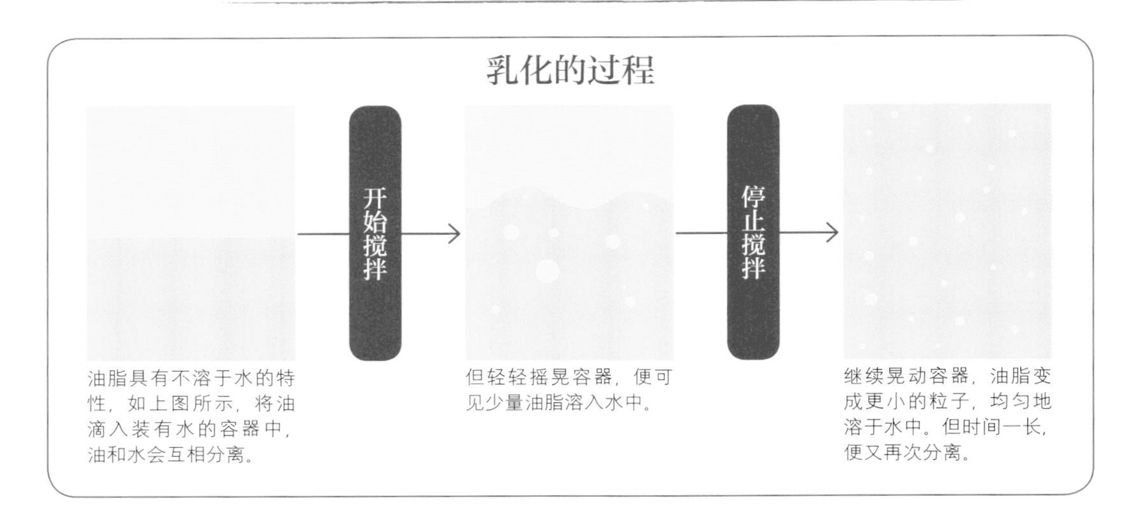

油脂具有不溶于水的特性，如上图所示，将油滴入装有水的容器中，油和水会互相分离。

但轻轻摇晃容器，便可见少量油脂溶入水中。

继续晃动容器，油脂变成更小的粒子，均匀地溶于水中。但时间一长，便又再次分离。

意大利面酱汁的变化过程

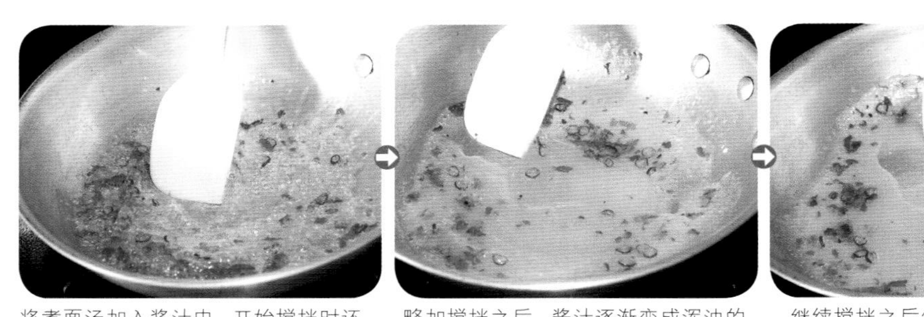

将煮面汤加入酱汁中，开始搅拌时还是油分充盈的状态。

略加搅拌之后，酱汁逐渐变成浑浊的奶白色。

继续搅拌之后便完全乳化，成为浓稠的酱汁。

意大利面美味与否，取决于煮面汤

将煮完的意大利面放在平底锅中搅拌时，倒入少量煮面汤，边摇晃平底锅边使面与酱汁充分拌匀，这个过程称为乳化。换句话说，就是使原本互不相溶的油和水达到均匀混合的状态。

沙拉酱和蛋黄酱也是用同样方法制成的。尽管如此，沙拉酱在经过一段时间后，油和水仍会产生分离，但意大利面中却不会如此。究其原因，是因为加入酱汁的煮面汤中含有某种蛋白质，可以稳定乳化作用。

由此可见，煮面汤既可以增添意大利面的风味，又起到乳化稳定剂的作用。因此在意大利面中加入煮面汤，是必不可少的程序。

Lasagne

意大利千层面

将意大利美味层层重叠起来

意大利千层面

材料（2人份）

千层面……6片
肉酱汁（参考第130页）……250克
杏鲍菇（大）……1²/₃根（70克）
马苏里拉奶酪……1/2个（50克）
帕玛森干酪（磨碎）……15克
罗勒叶……3片
黄油……10克

白酱的材料

黄油……15克
低筋面粉（过筛）……15克
牛奶……300毫升
盐、胡椒、肉豆蔻粉……各适量

01 杏鲍菇对半竖切，再分别切成5毫米厚。

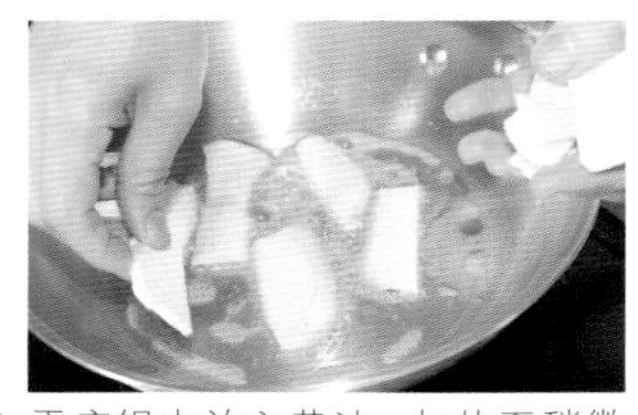

02 平底锅中放入黄油，加热至稍微变色后，将杏鲍菇片摆放在锅中，将两面煎出金黄色。

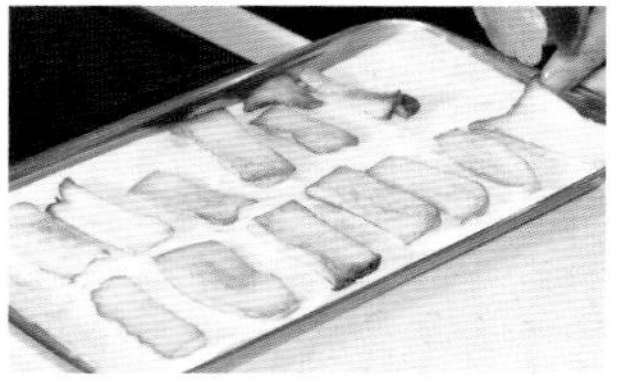

03 托盘中铺上厨房纸巾，将煎好的杏鲍菇片置于其上，吸干油分。

04 马苏里拉奶酪切成5毫米见方的小块。

05 锅中放入大量水和足量的盐（参考第22页），将水烧开。

06 制作白酱。黄油在锅中加热，待其完全融化之后，加入低筋面粉。

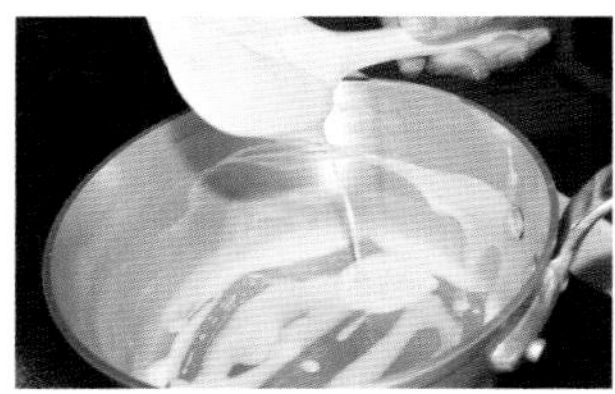

07 如图所示，用刮勺将低筋面粉炒2～3分钟，直至面粉变得十分柔软、光滑，颜色均匀。

08 将平底锅从火上移开，一次性倒入牛奶，用刮勺将粘在锅底和锅壁的面糊刮下。

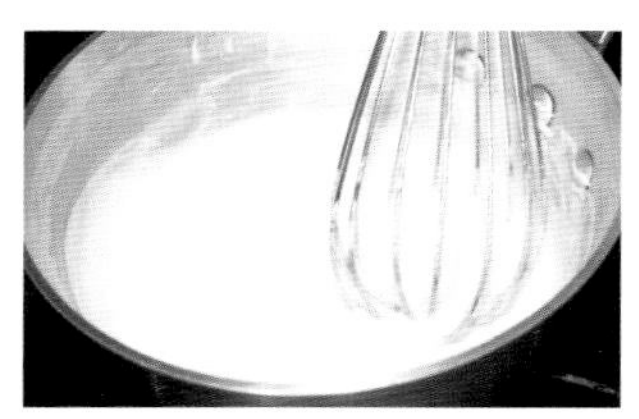

09 开中火加热步骤08的平底锅，用打蛋器迅速搅拌锅中材料，以免结成块。

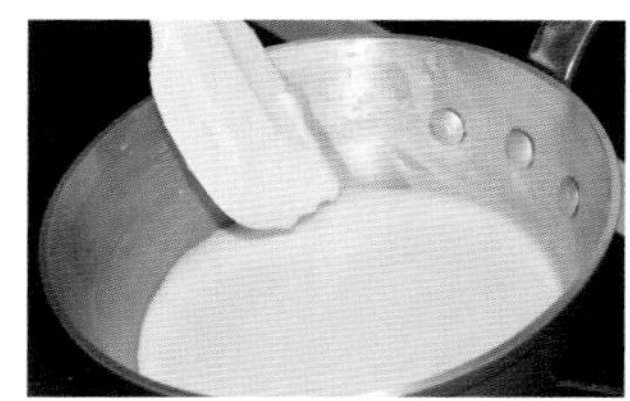

10 ㊕为避免酱汁粘在锅壁，务必用刮勺将酱汁仔细地刮落。稍加沸腾，使酱汁中的面糊完全溶化。

要点

白酱制成柔软的状态

烹调时间
50分钟

11 当锅中液体煮至浓稠状态时即可关火，加入肉豆蔻、盐、胡椒加以混合搅拌，然后盖上锅盖。㊕如不盖上锅盖，液体表面会形成一层薄膜。

12 煮千层面。在步骤05装满热水的锅中，逐片放入千层面。

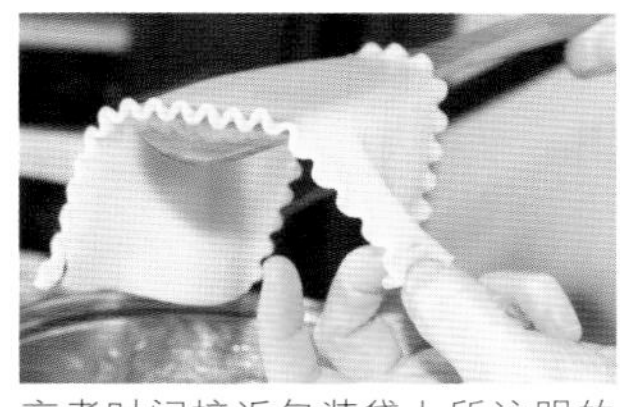

13 烹煮时间接近包装袋上所注明的时间时，用木勺将面捞起，手指按压表面。如果很容易将面身掐断，即可捞出。

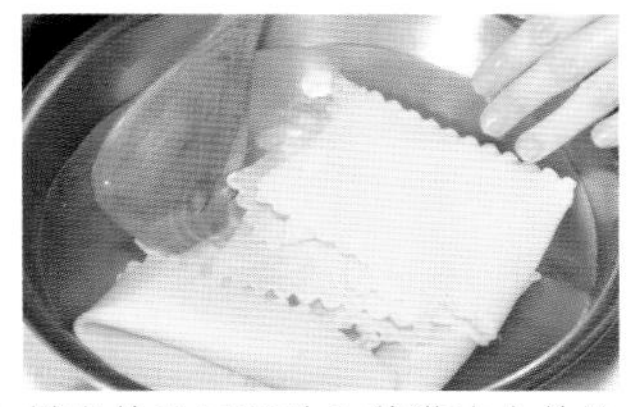

14 捞出的千层面放入装满冰水的盆中冷却。

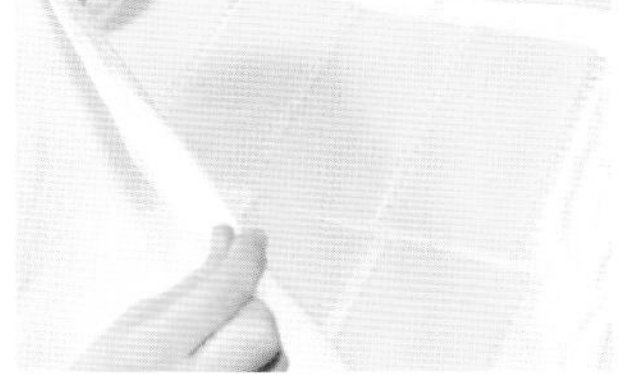

15 冷却后的千层面置于毛巾布上，擦干水。

16 如肉酱汁变硬，可再次放入锅中加热，调节其浓稠度。

17 将橄榄油抹在耐热容器表面，再薄薄地涂满一层步骤11制作的白酱。

18 在白酱上铺一张千层面，根据容器的大小来决定要放置多少材料。

19 将1/3量的肉酱汁涂抹在千层面上，再在其上摆放1/3量的杏鲍菇，1/3量的马苏里拉奶酪，最后撒上碎罗勒叶。

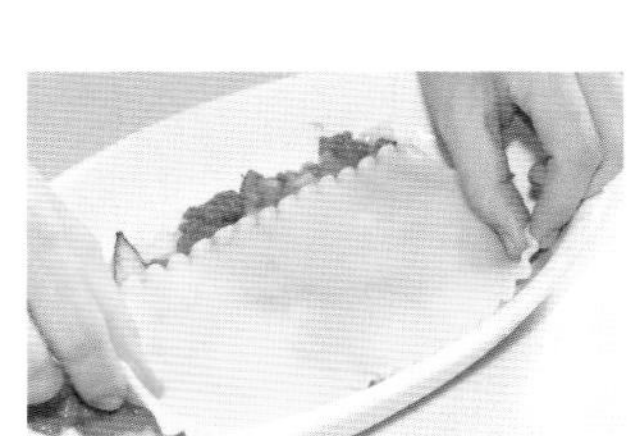

20 在步骤19的容器上铺第2层千层面。可以根据容器的大小来决定如何摆放。

21 在步骤20的千层面上，继续涂抹肉酱汁，依序摆放1/3量的杏鲍菇、马苏里拉奶酪，再铺上一层千层面。如此反复操作。

22 将白酱覆在整个盘子上，撒上帕玛森干酪。

23 放入预热250℃的烤箱中烤制约15分钟，令其稍带烤焦的颜色。稍候片刻，将其取出。

错误！

千层面皮上有破洞！

如果千层面煮得太久，用夹子从锅中夹取千层面时，容易将其夹破。因此请使用木勺或扁平的用具来捞面。

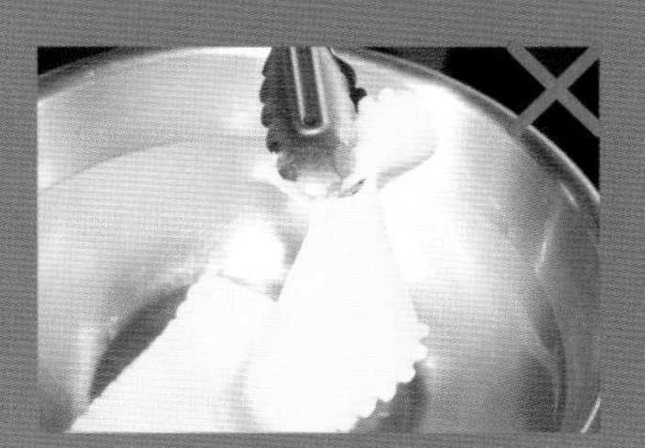

用长筷子或汤勺等碰触千层面时容易将其捅破。

烹制意大利料理的诀窍与要点⑲

使用压面机制作千层面

如何使用压面机快速制作新鲜意大利面

加入菠菜制作千层面

使用压面机提高制作效率

压面机可以制作厚1.5～12毫米的意大利面皮。压面机可分手动和电动两种，前者售价在600元左右，后者价格昂贵。

材料（2人份）

高筋面粉……60克、鸡蛋……1/3个（20克）、菠菜叶……20克、盐……1小撮

制作方法

❶将菠菜叶煮至用手指可碾碎的程度，沥干水分，切碎。❷盆中放入盐、蛋液、高筋面粉，再放入步骤1的材料，用叉子混合搅拌。❸将盆移至操作台，面团揉搓至表面光滑。❹用保鲜膜将步骤3的材料包起，放入冰柜冷藏约20分钟。❺用擀面杖将步骤4的面团擀成1厘米厚。❻将压面机的厚度刻度调至最大，放入面皮加以碾压。❼将面皮压成原来的一半厚，再碾压成前次厚度的一半。❽将面皮折叠，旋转90°，用擀面杖压成1厘米厚。再用压面机碾压面皮，直至厚度达1～2毫米。

❶如果菠菜煮后不切碎，会使做出的面条颜色不均。

❷如上图所示，当面条表面出现光泽后，用保鲜膜将其包起，放入冰柜冷藏。

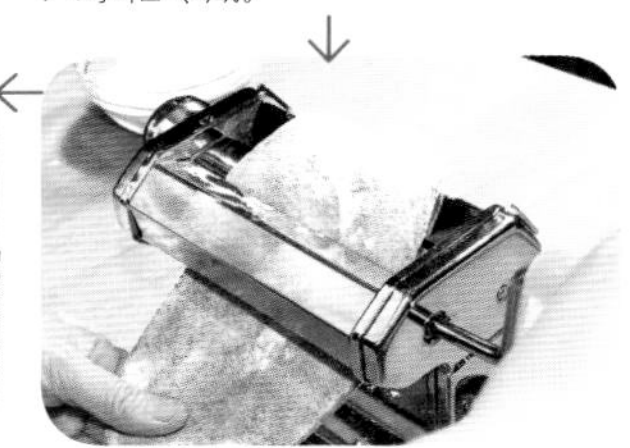

❸用压面机碾压面皮时，切不可用力拉扯面皮。

❹将面皮折叠整齐。如果压面机一次性调到很薄的刻度来碾压，会使面条变得破烂不堪。

经过数次碾压，制成完美面皮

压面机的作用是将手工意大利面进行碾压或切割。千层面或其他平板状的意大利面无须切割，只需转动压面机的把手即可完成。意式干面条或其他宽面，可以根据面条的宽度来设置压面机上的裁刀。

当使用压面机来制作千层面皮时，首先要使用擀面杖将面条碾压展开。压面机身上有一个转盘可以调节厚度，因此首次使用时应将刻度调至最厚。当碾压成原厚度的一半之后，再碾压至上次厚度的一半，此后将面皮折叠起来，改用擀面杖碾压展开。再次改用压面机，从最大厚度开始，最后碾压成厚1～2毫米的面皮。如果一次性碾压成型，便无法使厚度平均，也容易造成面皮破损。这一点务请多加注意。

Capellini freddi all' insalata

意大利沙拉面

天使细面的弹牙口感令食客欲罢不能

意大利沙拉面

材料（2人份）

天使细面……150克
小番茄……6个（60克）
罗勒叶……1片
生菜……1片（20克）
带核黑、绿橄榄……各2个
水煮蛋……1个（60克）
油浸金枪鱼……100克
醋浸刺山柑……1/2大勺（5克）

沙拉酱汁的材料

柠檬汁……15毫升
白酒醋……15毫升
EXV橄榄油……50毫升
盐、胡椒……适量

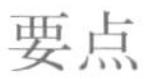

要点

天使细面必须彻底沥干水分

烹调时间
30分钟

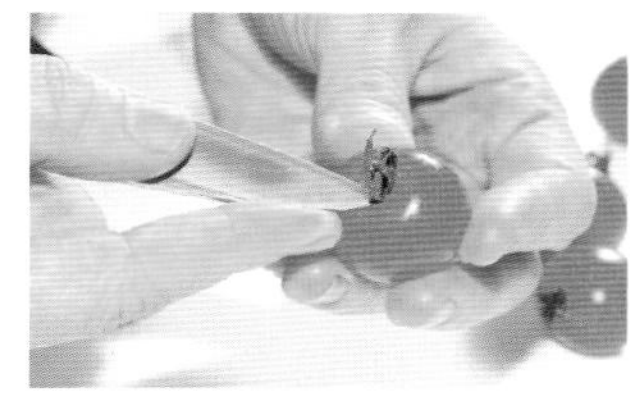

01 刀尖插入小番茄蒂周围，连同蒂一起切除。(要)压住刀尖，将白色的芯和蒂一起切除。

02 将处理好的小番茄对半切开。

03 将水煮蛋切成8等份，然后旋转90°，对半切开。㊟请勿蛋黄朝上切，以免切碎。

04 用手将生菜撕成方便入口的大小，浸泡在装满冰水的盆中。待其口感变得爽脆，捞出沥干，放入冰柜冰镇。

05 制作沙拉酱汁。如第34页中步骤01～02所示，将盆倾斜并固定住，在盆中倒入白酒醋。

06 在盆中倒入柠檬汁，撒上盐、胡椒。㊟意大利面用水冷却时会流失盐分，因此建议此时多放一些盐。

07 用打蛋器混合搅拌，将EXV橄榄油以垂直滴下的方式注入。

08 手工制作油浸金枪鱼的方法，请参考第112页。如果使用买来的油浸金枪鱼，请先将油分沥干。

09 锅中放入大量清水，以及稍多于上文介绍的盐分（参考第22页），将水烧开。

10 开始煮面。(要)这是一款意大利冷面，以将面煮到中间的芯消失为宜。

11 面煮好后，将其倒入装满冰水的大盆中冰镇。

12 (要)为了冰透面身的内部，浸泡在冰水中时应不断搅拌，这样也可令面身更有弹性。

13 面条冷却之后，放入沙拉沥水篮中，彻底沥干水分。

14 如果使用滤网来滤干水分，最后必须用手按压面身以助彻底滤干。(要)因意大利面富有弹性，用力按压不会压断面身。

15 将小番茄、水煮蛋、刺山柑、橄榄放入盆中。

16 在盆中放入油浸金枪鱼。

17 接着放入步骤14的面条。

18 适量加入步骤07制作的沙拉酱汁。

19 使用刮勺混合搅拌盆中所有的材料。(注)为意大利面调好味道后再放入叶菜类，否则会变得黏糊糊。

20 将步骤04处理过的生菜放入步骤19的盆中。

21 罗勒叶切丝，放入步骤20的盆中。

22 拌匀盆中材料，注意不要粘连结块。试试味道，如有需要再调整盐和胡椒的量。最后用夹子夹起，装盘。

错误！

意大利面卖相欠佳……

如果意大利面中的水分没有彻底沥干，做出的成品外观就会受影响。另外，将水煮蛋对半切开后再8等份时，如果将蛋黄朝上操作，会将蛋切得支离破碎。为免于此，建议切分时蛋黄朝下。

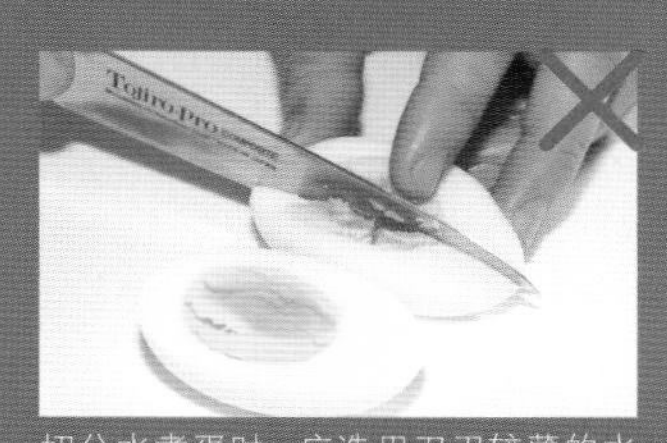

切分水煮蛋时，应选用刀刃较薄的水果刀或细线来切。

用手按压面身挤压水分时动作要快，否则冷面会因手上的温度而变温。

烹制意大利料理的诀窍与要点⑳

如何制作油浸金枪鱼

此方法还可应用于其他各种料理

油浸金枪鱼（100克）

材料

金枪鱼……100克

水……500毫升

粗盐……50克、百里香……1根

月桂叶……1片

EXV橄榄油……100毫升以上

黑胡椒……适量

制作方法

❶金枪鱼切成3厘米的小块。❷锅中放入水和粗盐，温度保持在75℃。❸在步骤2的锅中放入步骤1的材料，保持温度煮20分钟。❹将百里香、月桂叶、黑胡椒、EXV橄榄油都放入密封罐中。将步骤3的水分擦干后一起放入，在冰柜中冷藏半天以上。

也适用于以下料理

放入沙拉、番茄酱汁或橄榄油酱汁的意大利面中，都可提升风味。

在沸水中放入粗盐，保持在75℃，放入金枪鱼，加热约20分钟。

在密封罐中放入EXV橄榄油、黑胡椒、香料。将月桂叶撕碎后再放入，有助香气的散发。

金枪鱼肉煮好后，应将水分彻底擦干，否则水分析出会造成鱼肉破损。

要点

煮鱼的水温度不宜过高，否则会使鱼肉变得太柴。只有掌握好适宜的水温，方能煮出好口感的鱼肉。

完成

将金枪鱼装入密封罐，放在冰柜中冷藏超过半天即可食用。冷藏状态下可保存1周左右。

保持一定水温，小火慢煮鱼肉

西西里或撒丁近海都可捕获金枪鱼，用作各种料理的食材。因此金枪鱼在意大利人的餐桌上，是非常受欢迎常客。而且人们也常将金枪鱼做成油浸或水煮等加工品，调在各种意大利面、帕尼尼及沙拉中食用。

油浸金枪鱼也可使用鲣鱼为材料，只需将鱼肉用盐水煮过，浸泡在油中即可。制作简单，使用方便。

制作油浸金枪鱼时，应注意切勿用热水将鱼肉煮过头。金枪鱼如用热水急速加温，鱼肉会变柴，因此水温应保持在75℃，小火慢煮20分钟，彻底煮透。

放入密封罐之后，应在冰柜中冷藏超过半天，再取出用于各种料理中。

Fettuccine con panna

奶油风味意大利宽面

手工意大利面带来的软糯口感令人回味无穷

奶油风味意大利宽面

材料（2人份）

意大利宽面的材料

高筋面粉……90克

鸡蛋……1个（40克）

盐……1小撮

面粉……适量

酱汁的材料

里脊火腿……2片（40克）

蘑菇……5个（35克）

西兰花……1/7棵（30克）

白葡萄酒……25毫升

鸡汤……60毫升

鲜奶油……60毫升

帕玛森干酪（磨碎）……15克

橄榄油……1大勺

黄油……15克

盐、胡椒……适量

要点

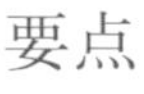

意大利面团的和面程度会影响面团的口感

烹调时间
50分钟

01 制作意大利面团。在盆中放入高筋面粉、鸡蛋、盐，用叉子轻轻混合、搅拌。

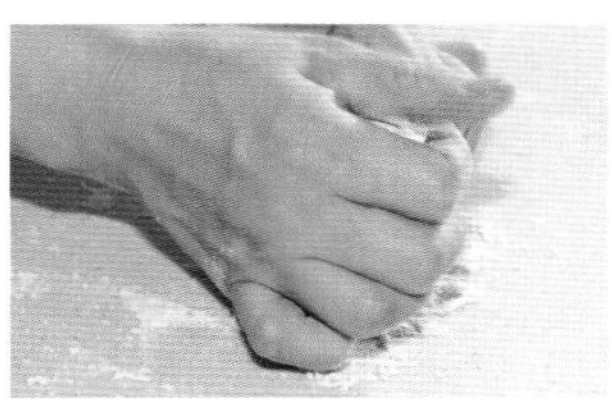

02 稍稍成型后，将面团从盆中移到操作台，用刮片将粘在盆壁的面团刮下，粘回面团。

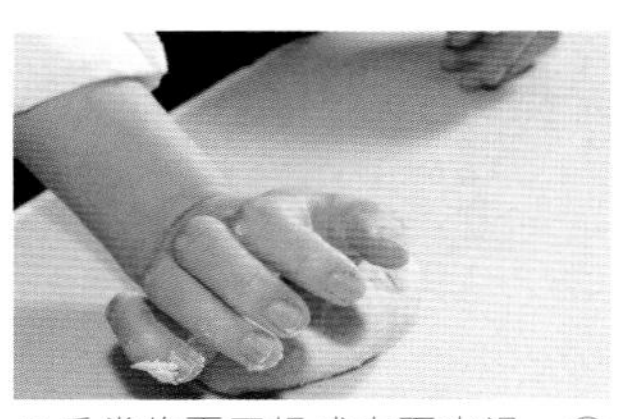

03 用手掌将面团揉成表面光滑。(要)用惯用手的手掌来揉面，边旋转边揉搓。

04 如图所示，面团表面呈现光泽时，用保鲜膜将其包住，放进冰柜中静置约20分钟。

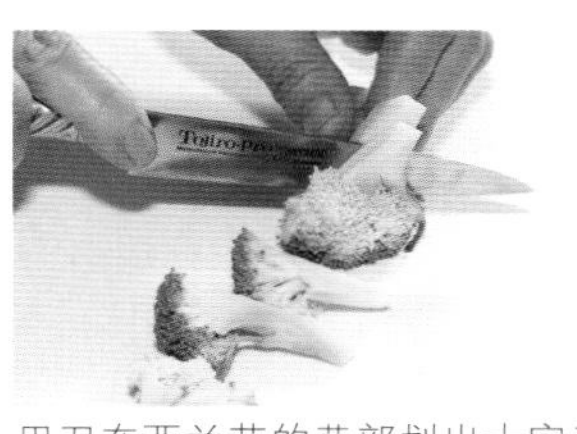

05 用刀在西兰花的茎部划出十字刀痕，再分切成小朵。

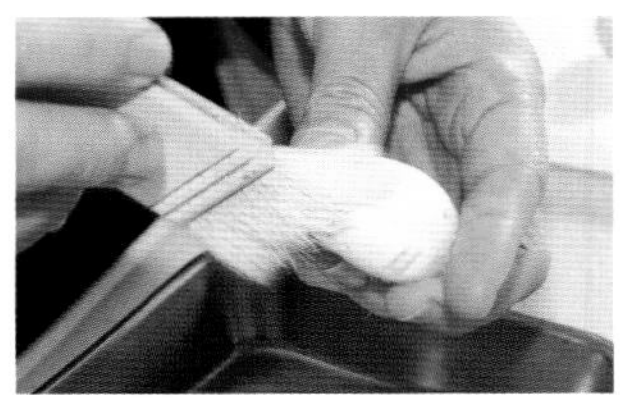

06 用毛刷将蘑菇表面刷干净。㊟用水洗容易变色。

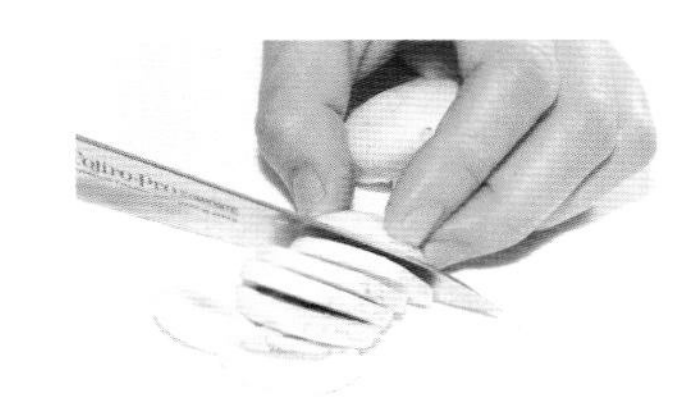

07 将蘑菇蒂底部变色的部分切除，再将其切成2毫米宽。

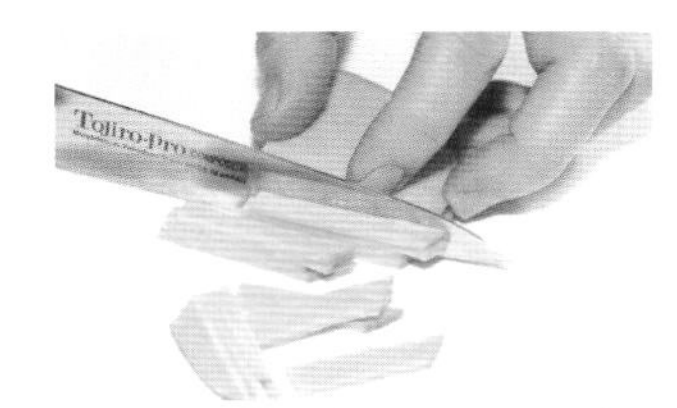

08 里脊火腿片对半切，再竖切成3毫米宽。

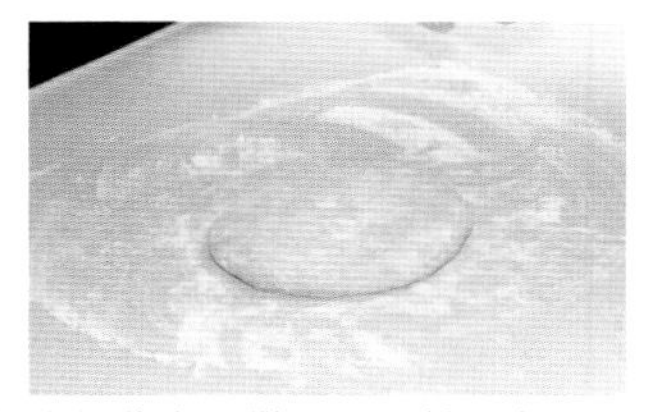

09 在操作台上撒一层面粉，将面团从冰柜中取出放于其上，再在面团上撒一些面粉。

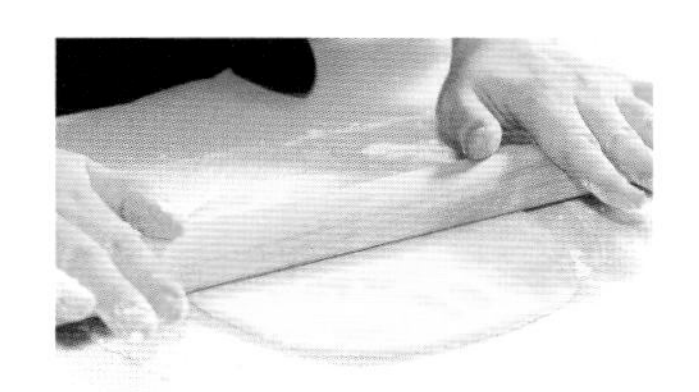

10 从面团中央向上推擀面杖，然后再向下推擀面杖，擀出均匀的厚度。

11 将面团擀成1～2毫米厚。(要)擀面过程中，一边变换角度一边擀，较容易擀出均匀的厚度。

12 最后将面团擀成长25厘米的长方形。

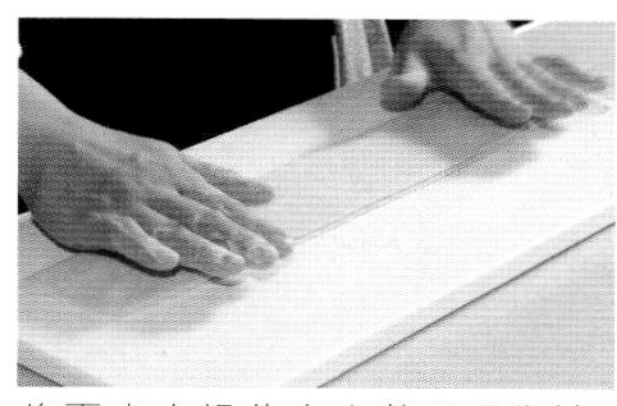

13 将面皮在操作台上静置5分钟，待表面略干燥之后，将面皮折成4折。

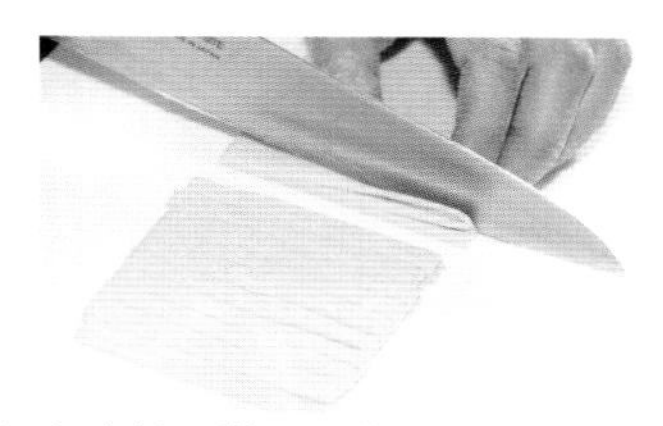

14 在砧板上撒上面粉，切成8毫米的宽度。切完后将面打散，撒上面粉静置5～10分钟。

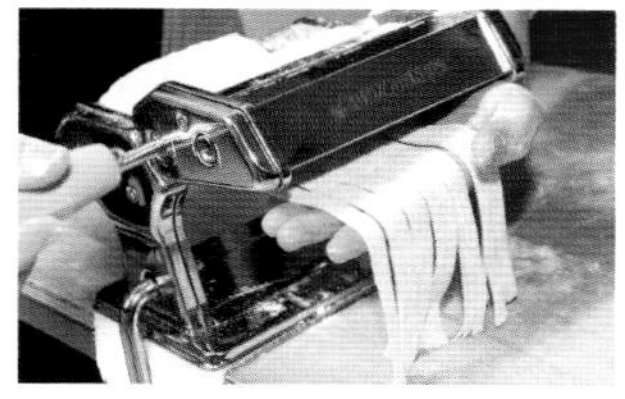

15 如用压面机制作，可将其调整为8毫米的器具来切割面团，然后在操作台上静置5～10分钟。

16 制作奶油酱汁。将橄榄油和10克的黄油放入平底锅中加热，轻轻翻炒里脊火腿与蘑菇。

17 在步骤16的平底锅中倒入白葡萄酒，加热令酒精挥发后，倒入鲜奶油与鸡汤，用刮勺搅拌均匀。

18 锅中放入大量水和足量的盐（参考第22页），水煮开后，加入宽面与西兰花，煮约2分钟。

19 在步骤17的奶油酱汁中加入盐、胡椒，搅拌均匀。

20 意大利面煮好之后，沥干水分，放入步骤19的平底锅中。

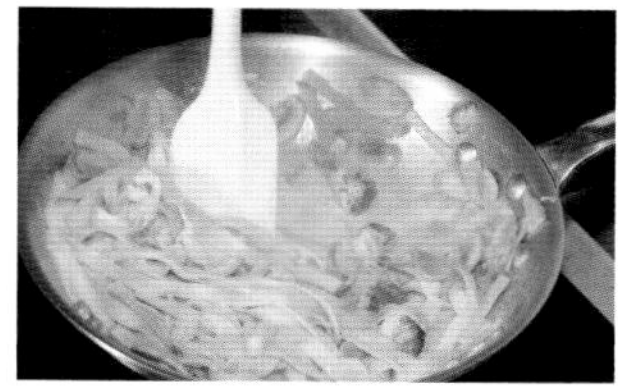

21 在平底锅中放入5克的黄油，边摇晃平底锅，边用刮勺搅拌均匀。(要)如水分不足，可用煮面汤加以补充。

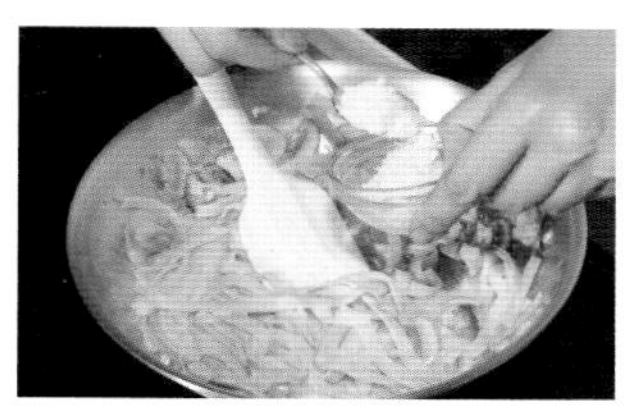

22 关火，在步骤21的平底锅中加入帕玛森干酪。

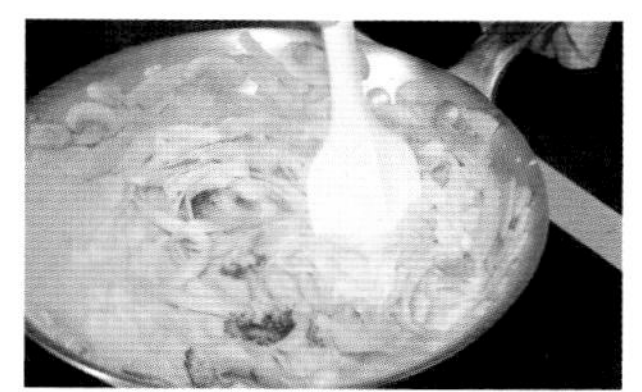

23 用刮勺迅速混合搅拌，使奶酪在面中融化。试过味道和浓度之后装盘，完成。

要点

醒面神器

宽面切分后，可以用意大利面架来醒面。手工意大利面可以一根根地挂在面架上静置、干燥。

按照此法彻底干燥的面条可保存1～2个月。

烹制意大利料理的诀窍与要点㉑

南北意大利面探幽

意大利南、北部人们食用的意大利面种类各不相同

北部口味厚重，南部口味清淡

干燥意大利面使用的原料是粗粒硬质小麦粉，在小麦中属于非常硬的。最早是阿拉伯人在沙漠中旅行时所带的食物，据说在12世纪初才传到西西里岛。那里的气候适合硬质小麦的种植，因此干燥意大利面便在南意大利扎根，并渗透到了意大利全国。

从18世纪开始，随着制面机和干燥机的发明，长意面、短意面等形状各异的干燥意大利面也应运而生了。

但意大利北部的气候更适宜种植软质小麦，所以干燥意大利面的技术并没有传到意大利北部，那里的人们主要食用以软质小麦和鸡蛋为材料，口感弹牙的手工意大利面。而手工意大利面也被视为家庭风味浓郁的食品。

Orecchiette con acciughe e fiori di colza

鳀鱼油菜花猫耳朵面

形似猫耳朵的意大利面与葡萄干的风味使此道料理风味别具

鳀鱼油菜花猫耳朵面

材料（2人份）

猫耳朵面的材料

硬质小麦粉……130克
橄榄油……1小勺
面粉……适量
盐……1小撮

酱汁的材料

油菜花……1/4把（50克）
葡萄干……3大勺
松子……2大勺
鳀鱼片……1片（5克）
鸡汤……100毫升
茴香子……1/2小勺
蒜油……1大勺
白葡萄酒……30毫升
EXV橄榄油……1大勺
盐、胡椒……适量

01 在盆中放入硬质小麦粉、橄榄油、盐，倒入60毫升温水。

02 用叉子混合搅拌。

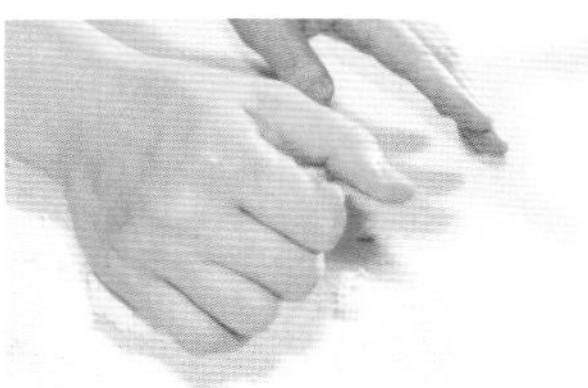

03 搅拌至略成型之后，将材料移至操作台，用刮片将粘在盆壁的材料处理干净。用手掌来揉搓，要领参考第114页步骤03。

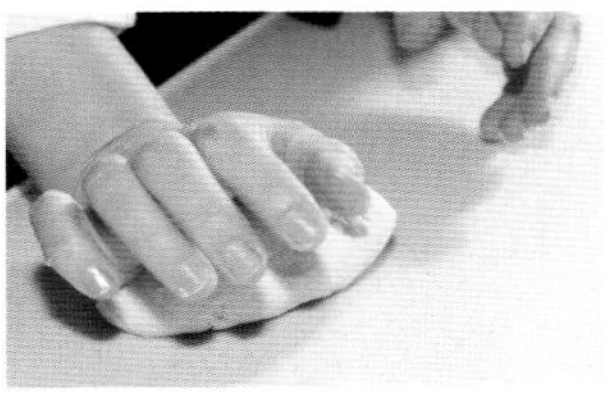

04 用手掌后部将面团向前推，以此法来揉搓面团。㊥想象是将粘在操作台上的面团粘起揉搓的感觉。

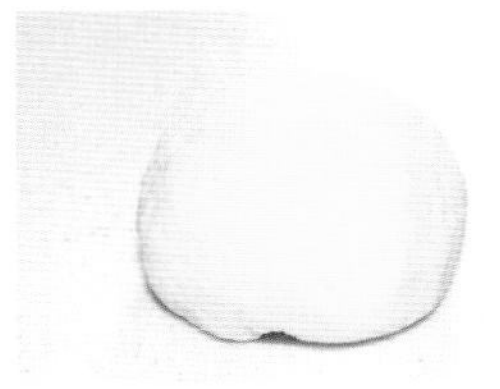

05 如图，将面团的表面揉搓出光泽。㊟如过度揉搓，会导致表面产生裂纹。

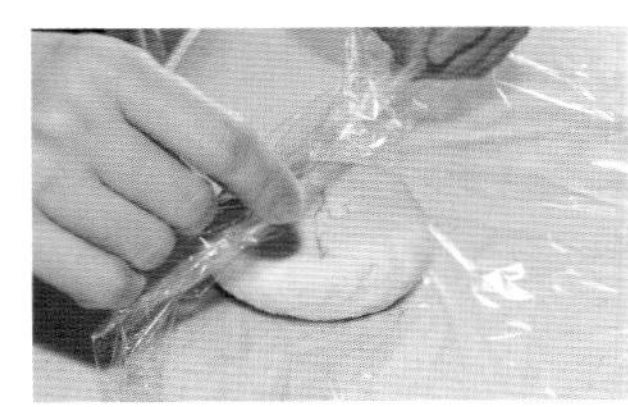

06 将面团用保鲜膜包起，放入冰柜中静置20分钟。

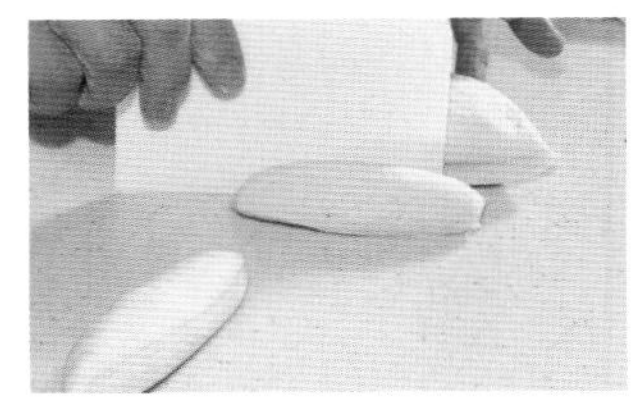

07 将面团取出后，用刮片切成若干块。

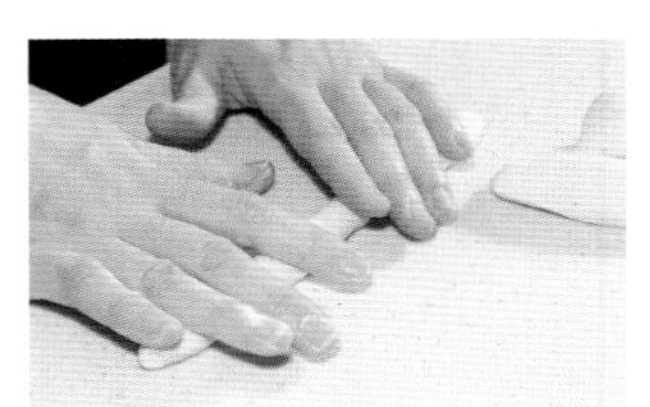

08 将步骤07中切出的面块拉伸成1.2厘米宽的条状。㊥将其伸展出均匀的粗细。

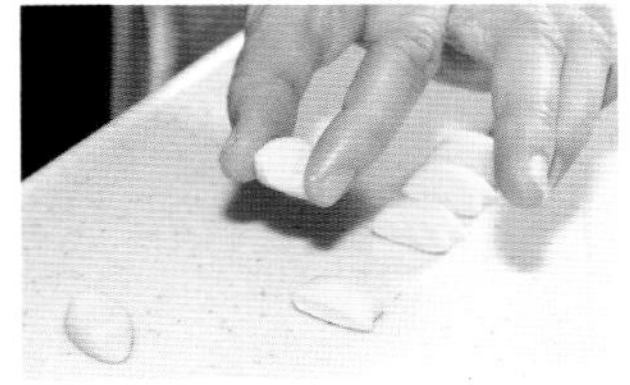

09 搓成条状之后，用刮片将其切成7毫米宽的小面段。㊥移动小面段时，捏住两头，令其略成圆形。

10 切分面团的切口朝上，用拇指轻压。㊥如果面团黏在手指上，可以轻轻撒上一些面粉。

要点

制作猫耳朵面时，每一朵面的大小和厚度应一致

烹调时间
50分钟

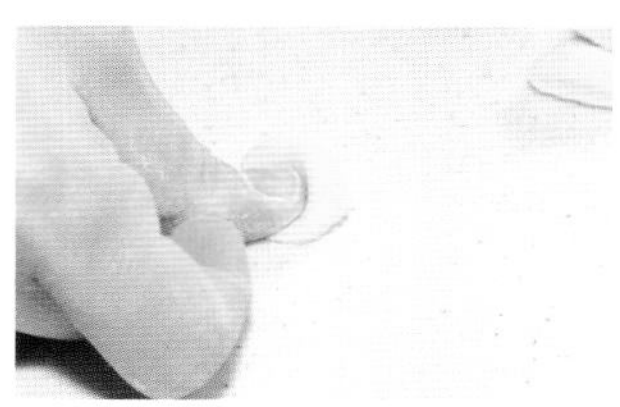

11 用拇指轻压，然后直接将面团向自己拉近。

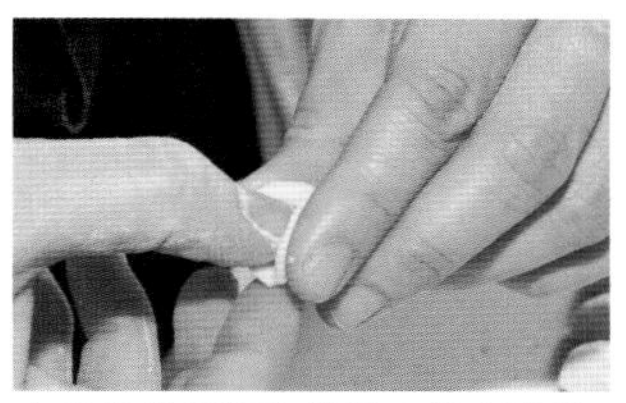

12 左手的拇指和食指固定住小面段，使之隆起成为耳垂形状。将其平放在操作台上，注意不要黏连。

13 制作酱汁。将油菜花切成4厘米宽。

14 在平底锅中加热蒜油，放入松子和茴香子，炒出香味。

15 接着放入鳀鱼和葡萄干。

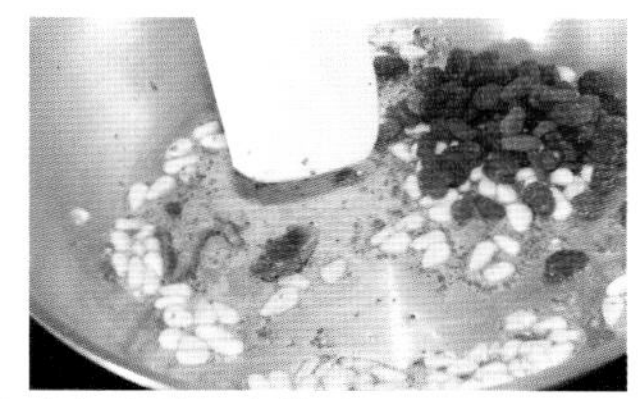

16 在锅中将鳀鱼捣碎。

17 待葡萄干膨胀起来后，倒入白葡萄酒，加热至酒精挥发。

18 倒入鸡汤，调入盐、胡椒，用刮勺拌匀。

19 锅中放入大量水和足量的盐（参考第22页），待水烧开后，放入猫耳朵面，煮约4分钟。

20 约3分钟后，再放入油菜花。

21 待猫耳朵面和油菜花煮好之后，加入步骤18的锅中。

22 在步骤21的平底锅中淋上EXV橄榄油。

23 边摇晃平底锅，边用刮勺混合搅拌，使酱汁发生乳化。如水分不足应及时添加煮面汤。

要点

如何做出漂亮的猫耳朵面

将猫耳朵面做出漂亮外形的诀窍是，左手拿面团，用右手的拇指按压的同时，做出隆起的形状。出现部分隆起是最佳状态。

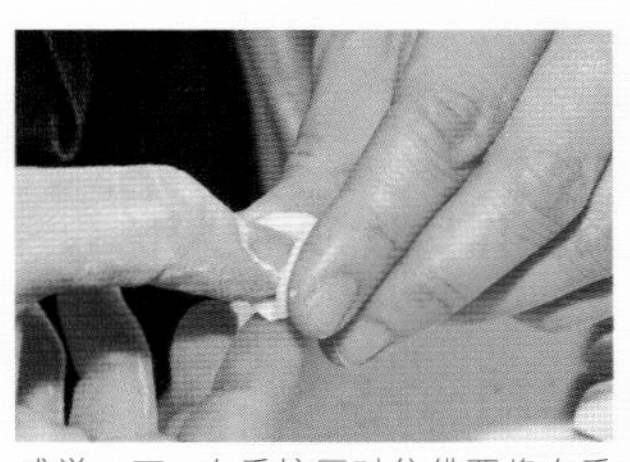

感觉一下，左手按压时仿佛要将右手拇指包裹起来一般。

烹制意大利料理的诀窍与要点㉒

试用鳀鱼制作调味品

大量制作调味品，以备用于各种料理

❷擦干鱼肉上的水分，撒上大量盐，摆放在略倾斜的托盘上，再撒上盐，包上保鲜膜，放入冰柜中冷藏30分钟。

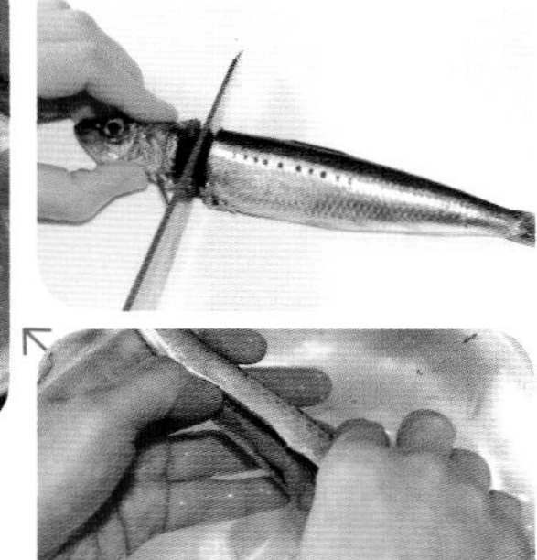

鳀鱼（100克）

材料

鳀鱼（小）……10条

EXV橄榄油……100毫升

盐……适量

制作方法

❶参考第70页的步骤01～04，去除鳀鱼的鱼头和内脏。将鱼头朝右，略朝上放置，将刀切入鱼头至脊骨。沿着脊骨滑切，左手轻轻按住鱼身，将鱼肉片下。将鱼翻面，另一面的鱼肉也照此法片下。最后将鱼肉切分为3片。

❸鳀鱼清洗干净，用厨房纸巾擦干水，剥去鱼皮。

完成

❹在煮沸消毒过的密封罐中放入橄榄油与鳀鱼，放置约2周之后即可食用。如静置2个月，风味将更好。

完善的预处理，才有完美的成品

最初，渔民捕获到大量的鳀鱼，却苦于无法及时食用，这才发明了腌制鳀鱼的做法。意大利市场上出售的，既有以整条鳀鱼腌制的盐渍鳀鱼，也有用油腌制的油渍鳀鱼。还有泥状的意大利面鳀鱼等。据说，意大利餐厅每天只处理当天使用量的鳀鱼，并用橄榄油腌制。

鳀鱼的预处理是比较麻烦的，却可以让人享受到自制鳀鱼酱的乐趣。预处理中最重要的，是彻底去除内脏、鱼骨及鱼腥味。制作鳀鱼时建议使用粗盐或颗粒粗大的盐，如此，盐分不致完全渗入鱼身，做出咸淡适宜的鳀鱼酱。

海鲜意大利面

此款人气意大利面中，使用了大量的海鲜

海鲜意大利面

材料（2人份）

中细面……160克
EXV橄榄油……1大勺
橄榄油……2大勺
草虾……2只（80克）
带壳蛤蜊……15个（150克）
扇贝柱……2个（60克）
墨鱼……1/2片（50克）
大蒜……1/2瓣（5克）
红辣椒……1/3根
白葡萄酒……30毫升
罗勒叶……1根

番茄酱汁的材料

番茄（小）……3个（300克）
洋葱……1/10个（20克）
芹菜……1/10根（10克）
罗勒茎……1根
蒜油……1大勺
盐、胡椒……适量

01 番茄汆烫去皮。刀从番茄蒂周围插入，将蒂去除。将番茄放入开水中，旋转着汆烫约5秒钟。

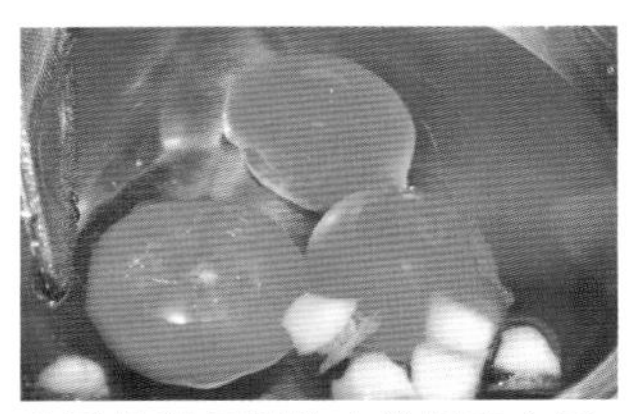

02 待番茄蒂周围的皮卷起来之后，将番茄放入装冰水的盆中冷却。

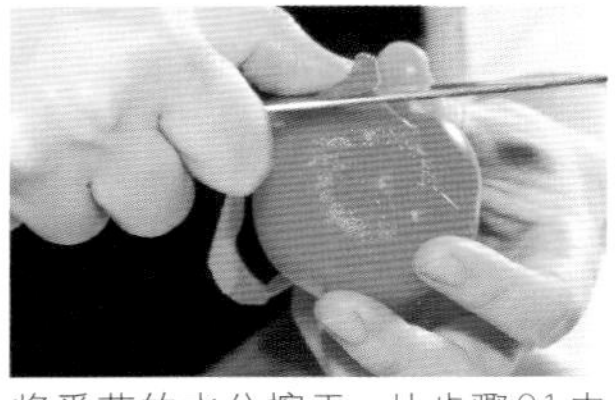

03 将番茄的水分擦干，从步骤01中去蒂的部分开始，用刀将番茄皮剥离。

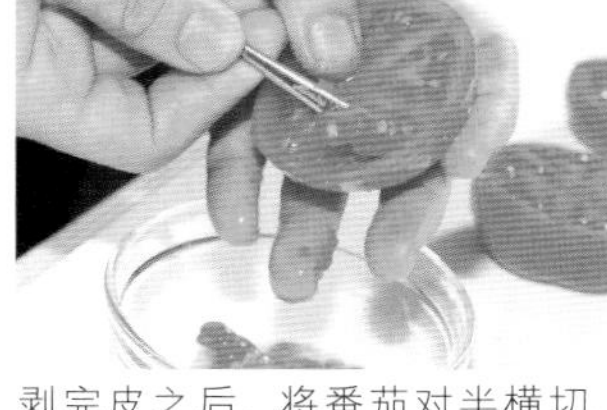

04 剥完皮之后，将番茄对半横切，再用汤匙或叉子柄去除番茄籽。

05 制作番茄酱汁。将步骤04的番茄切成粗粒。

06 芹菜切末。

07 洋葱切末。

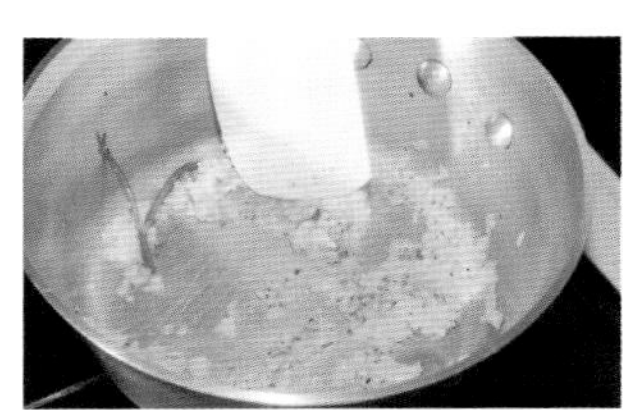

08 蒜油在锅中加热，放入洋葱末、芹菜末、罗勒茎翻炒。

09 待洋葱炒出香味后，加入番茄粒。

10 番茄中加入盐、胡椒，轻轻搅拌，继续煮约10分钟。

要点

鱼贝类以香炒而非蒸煮的方式烹调

烹调时间
40分钟

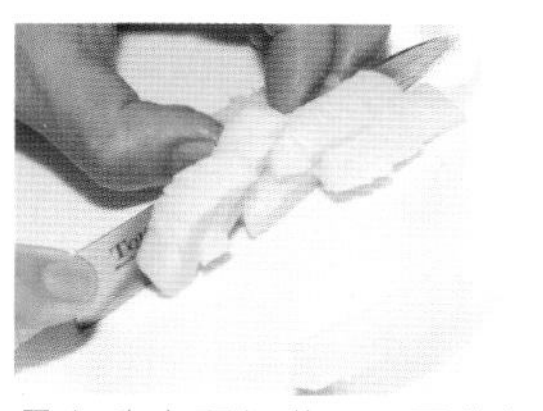

11 墨鱼片表面切花刀，再分切成1厘米宽。(要)切花刀有助于酱汁将其包裹住。

12 将扇贝柱分切成4块。

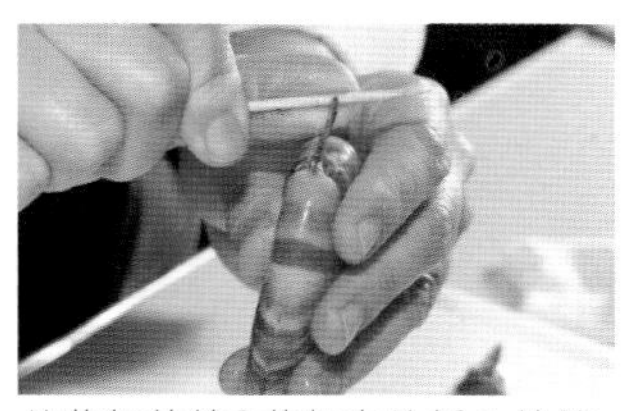

13 从草虾的第2节虾壳处插入竹签，挑出虾线。

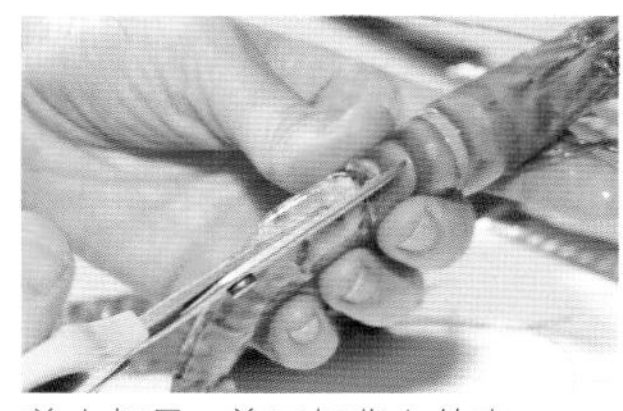

14 剪去虾足，剪开虾背上的壳。

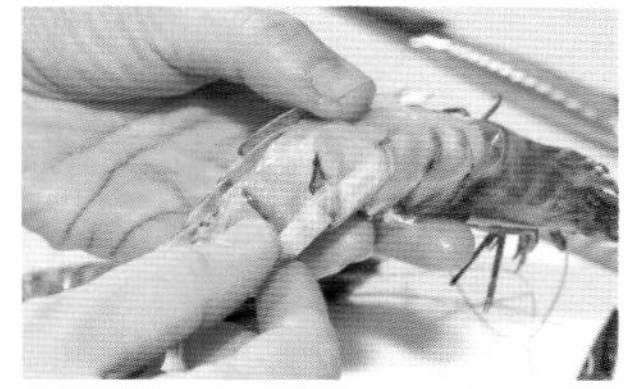

15 虾壳剪开后，将虾背轻轻掰开，以便于食用。

16 锅中放入大量水和足量的盐（参考第22页），将水烧开。

17 在步骤16的锅中煮面。

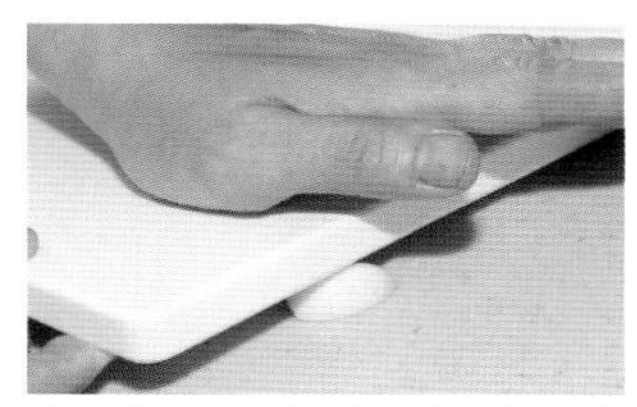

18 将大蒜放在砧板的下方，从上方轻轻使力将其压扁。(要)用力时注意避免将大蒜压碎。

19 在平底锅中加热橄榄油，放入步骤18压扁的大蒜，去除了蒂和籽的红辣椒，慢火加热4～5分钟。

20 加入虾、扇贝柱、墨鱼、蛤蜊，大火翻炒。(要)尽量使用大平底锅，以免鱼贝类堆在锅中，影响翻炒。

21 当锅中食材散发出香气之后改中火，加入白葡萄酒，待酒精挥发后加入番茄酱汁加以混合搅拌。

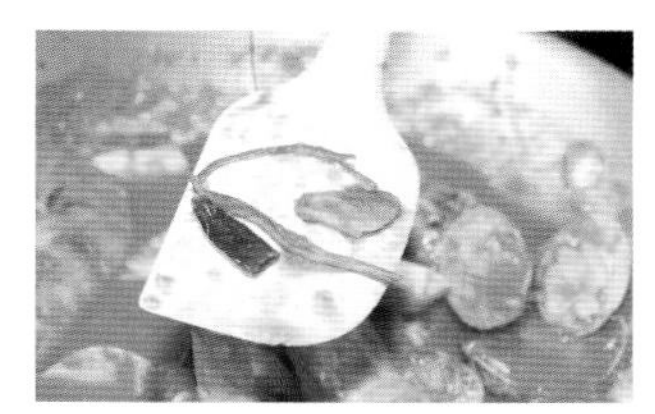

22 挑出大蒜、红辣椒、罗勒茎。

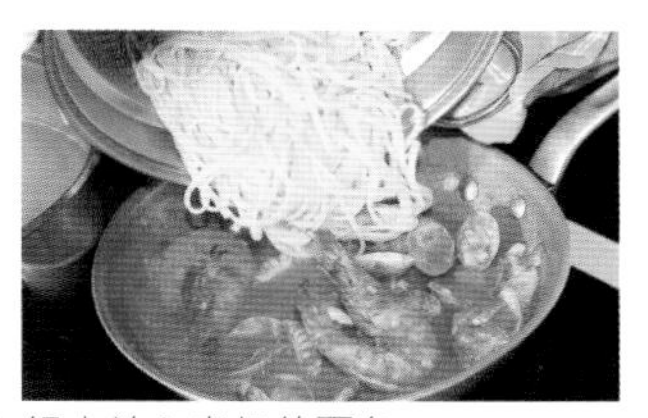

23 锅中放入煮好的面条。

24 用刮勺搅拌均匀，(要)如水分不足，应倒入煮面汤加以补充。

25 关火，淋上EXV橄榄油，摇晃平底锅令锅中食材充分混合。盛盘后撒上罗勒叶作为装饰。

烹制意大利料理的诀窍与要点㉓

便捷工具助力意大利面制作

您需要一款方便实用的工具

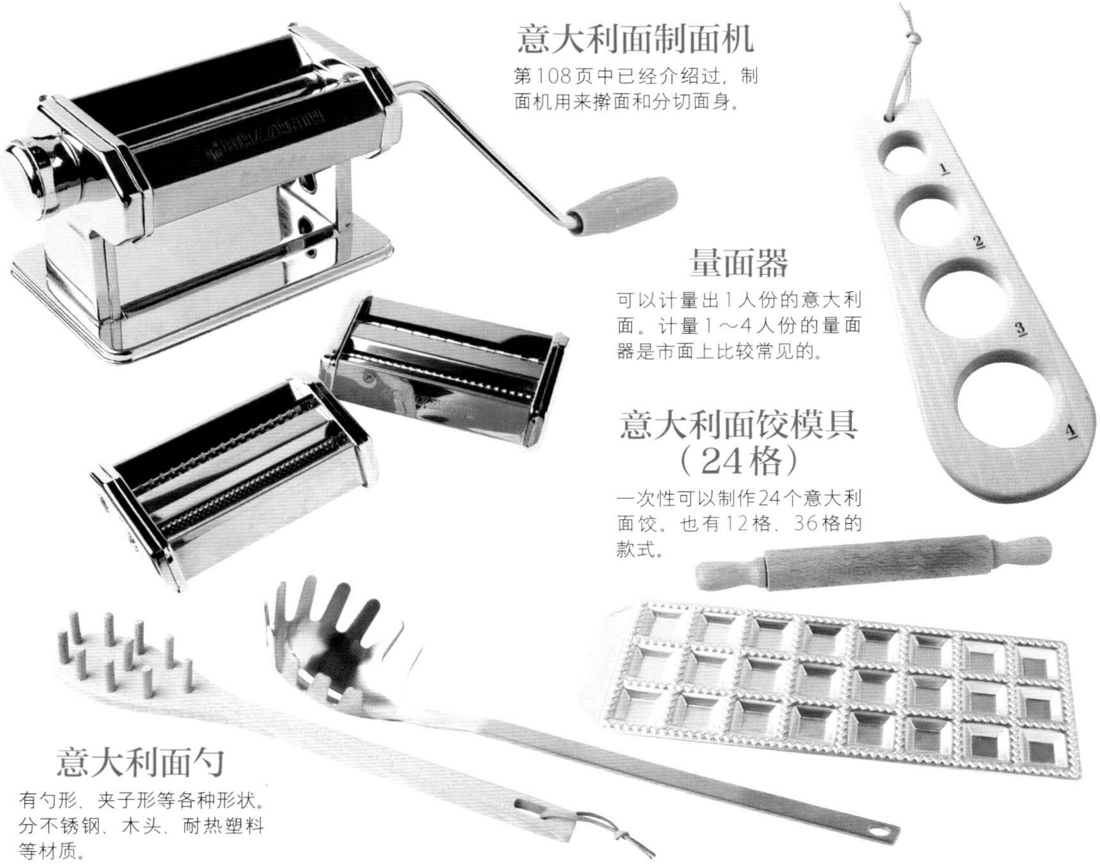

意大利面制面机

第108页中已经介绍过，制面机用来擀面和分切面身。

量面器

可以计量出1人份的意大利面。计量1～4人份的量面器是市面上比较常见的。

意大利面饺模具（24格）

一次性可以制作24个意大利面饺。也有12格、36格的款式。

意大利面勺

有勺形、夹子形等各种形状。分不锈钢、木头、耐热塑料等材质。

烹煮意大利面，工具随心选择

制作意大利面时，您至少需要一口煮面的高身锅、计时器以及意大利面夹。煮面高身锅建议您选择带沥网的款式，可直接沥干煮好的面条。而意大利面夹除了可以检查面的煮熟程度之外，也是盛盘的重要工具。

还有几样工具有助于意大利面制作。比如意大利面勺，只需用它掬起面条，便可检查煮熟程度。有木头、不锈钢等不同材质，也有一些色彩和造型都很可爱的面勺出售。

量面器可以计量1人份的意大利面，也是一种方便的工具。现在也有微波炉可以用来煮意大利面，在制作手工面时还有面架可以用来干燥面条等。

Spaghetti alla carbonara

奶汁培根意大利面

浓郁厚重的酱汁裹住意大利面，美味绝妙

奶汁培根意大利面

材料（2人份）

细面条……160克
意式培根……70克
蛋黄……1个（20克）
鸡蛋……1个（60克）
帕玛森干酪（磨碎）……20克
鲜奶油……80毫升
黄油……10克
盐、黑胡椒（粗粒）……适量

意式培根的材料

五花肉……1千克
盐……20克

辛香料的材料

胡椒、月桂叶、百里香、迷迭香、杜松子、牛至、鼠尾草（全部为干燥香草）……各适量

※手工制作意式培根需耗时约1周。也可以使用买来的意式培根。

要点

趁鸡蛋尚未凝固时，与酱汁、意大利面混合搅拌

烹调时间 30分钟

※意式培根需另外制作。

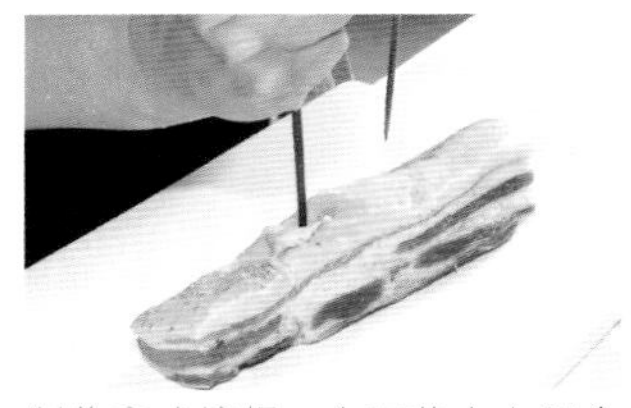

01 制作意式培根。在五花肉上用金属叉戳出无数小孔。

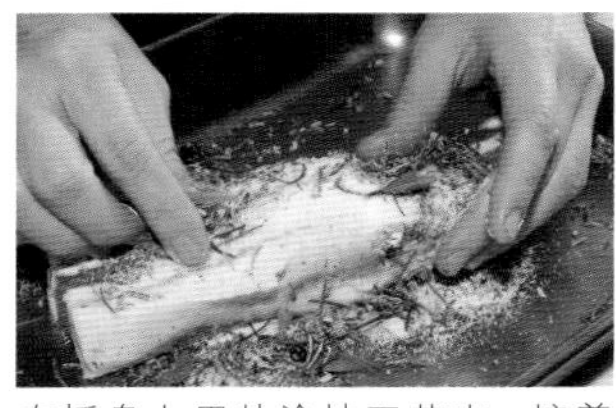

02 在托盘上用盐涂抹五花肉，接着将所有的辛香料也都涂抹在五花肉上。

03 ㊡待整块肉变得柔软之后，五花肉也会析出少量水分。

04 将网架斜置于托盘之上，放上五花肉，直接放入冰柜冷藏1周。如过于干燥，可在肉上轻轻覆一张铝箔纸。

05 将所需量的意式培根切成5毫米的条状。㊡注意切下的肉条中要有肥有瘦，应垂直于肉质纤维来切。

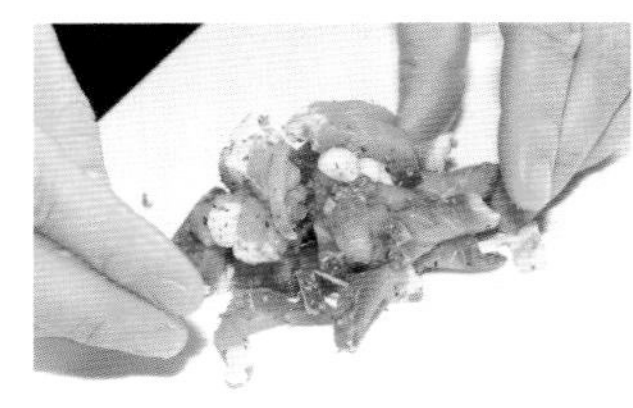

06 将撒落的香草涂抹在意式培根上。㊡撒在培根上的辛香料也一同烤制，可以令香味更加浓郁。

07 制作酱汁。将蛋黄和鸡蛋打入盆中。

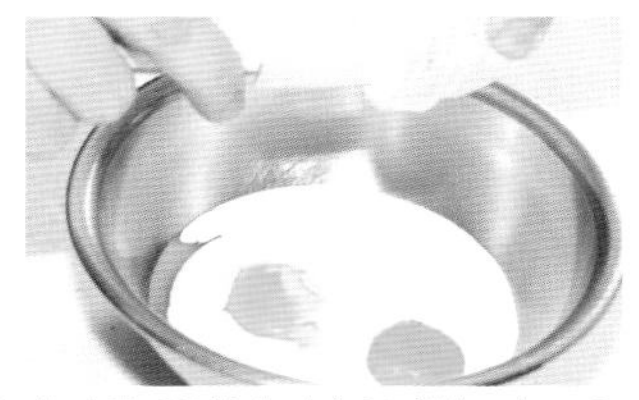

08 在步骤07的盆中倒入鲜奶油。㊡选用脂肪含量高的鲜奶油可使成品味道更加浓郁。

09 将帕玛森干酪也一起加入其中。

10 撒入盐、黑胡椒。㊡用可以调节颗粒粗细的研磨瓶，可以磨出最粗的黑胡椒颗粒。

11 将步骤10的材料在盆中均匀搅拌，将鸡蛋搅散。

12 将盆放在装有60℃温水的锅中，加热蛋液。㊟如果温水超过65℃，蛋液就会凝固。

13 锅中放入大量水和足量的盐（参考第22页），将水烧开，开始煮面条。

14 用中火在平底锅中加热黄油，放入意式培根翻炒。

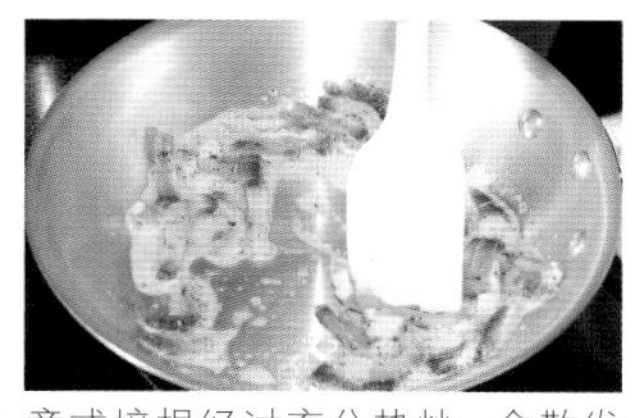

15 意式培根经过充分热炒，会散发浓郁香气。因此必须细细翻炒培根。

16 当炒出如上图所示的颜色，散发出香气，意式培根的表面酥脆，中间柔软时关火。

17 面条煮好，倒入步骤16的平底锅中。

18 舀起1勺煮面汤，倒入锅中。

19 倒入步骤12的蛋液。

20 立即摇晃平底锅，用刮勺拌匀。(要)一经加热就会结块，因此这里使用意大利面的热度和煮面汤的余温来加热蛋液。

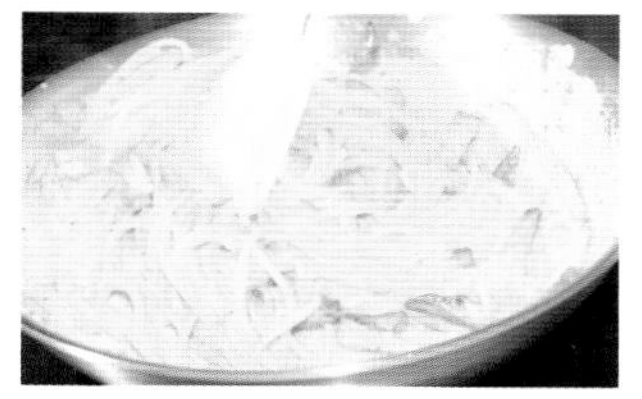

21 如上图所示，当蛋液变白即表示乳化完成。盛盘，再撒上粗粒黑胡椒即可。

错误！

奶汁培根意大利面结成硬块！

酱汁是利用意大利面的热度和煮面汤的余温来加热的，因此要求迅速完成。混合搅拌意大利面和酱汁时如果没有关火，蛋液就会结成硬块。另外，蛋液如果温度太低，会令平底锅的整体温度降低，这样做出来的意大利面会带有蛋腥味。

加入煮面汤之后，水和油没有完成乳化，因此做出来的意大利面上浮着一层油脂。

混合搅拌酱汁和意大利面时如果没有关火，做出来的意大利面中就留有结块的鸡蛋。

烹制意大利料理的诀窍与要点㉔

意大利面的制作有诸多讲究

将意大利面煮出弹牙的口感是基本要求，但也有例外

烹调意大利冷面

按照包装袋上注明的时间即可煮出弹牙口感

煮好之后用冰水来冷却，以做出意大利冷面，是利用瞬间的冰镇来做出弹牙口感。一定要沥干面中的水分。只要面条中还残留一点面芯，就会导致面条变硬。因此按照包装袋上注明的时间，最能烹调出美味的料理。

长意面包装袋上注明的时间

酱汁和面在锅里搅拌

比包装袋注明的时间提前1～2分钟捞起

因意大利面与酱汁在锅中搅拌时，还在继续加温，因此煮面时应比包装袋注明的时间提前1～2分钟捞起。如果喜欢柔软的口感，也可以按照注明的时间捞起。

将煮好的意大利面放入冰水中，冰镇到穿透面芯。

酱汁和面在锅里搅拌，或酱汁浇在面上

比包装袋注明的时间提前30秒～1分钟捞起

比包装袋注明的时间提前30秒～1分钟捞出。在盛盘时也会借着余温使面的柔软度恰到好处，因此略早捞出面条也无妨。

根据意大利面的种类选择不同的煮法

基本上，意大利面煮到中央略有残留面芯的状态，口感为最好。但不同种类的意大利面，煮制的时间也略有不同。

一般来说，长意面一加热就会变软，因此在煮的过程中，应根据煮熟的程度，在包装袋注明的时间之前将面捞出。但在煮短意面和制作冷面时，如果煮成弹牙的程度，面条与酱汁反而不容易混合，因此建议按照注明的时间烹煮面条。

手工意大利面的煮制时间应根据干燥程度来决定。必须根据情况煮成富有口感的意大利面。意大利面饺或其他中间有馅料的意大利面，是通过酱汁将柔软的意大利面及馅料完美结合在一起，因此应煮得稍柔软一些。

Spaghetti alla Bolognese

肉酱意大利面

这是意大利面中的标准款，充盈着牛肝菌悠远的回味

肉酱意大利面

材料（2人份）

细面条……160克

肉酱汁的材料

洋葱……1/5个（40克）

胡萝卜……1/8根（20克）

芹菜……1/7根（15克）

干牛肝菌……1朵

综合肉末……150克

红葡萄酒……30毫升

水煮番茄……150克

鸡汤……180毫升

意大利香芹……1/2根

百里香……1根

月桂叶……1片

蒜油……1大勺

EXV橄榄油……1大勺

黄油……5克

帕玛森干酪（磨碎）……10克

盐、胡椒……适量

01 将干牛肝菌在100毫升水中泡发约30分钟。泡开后切成末。泡发水留下备用。

02 锅中倒入蒜油，加热出香味。加入洋葱末、胡萝卜、芹菜翻炒。

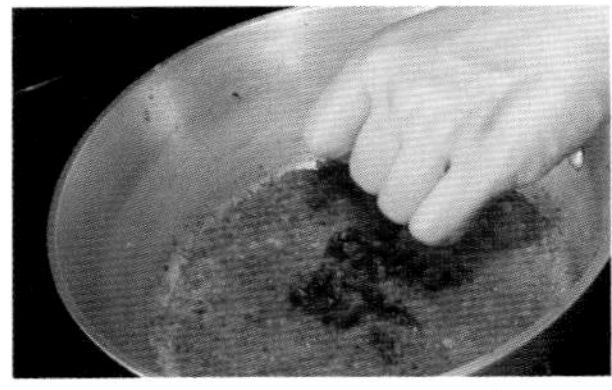

03 待蔬菜炒出颜色之后，在步骤02的锅中加入步骤01的牛肝菌末。

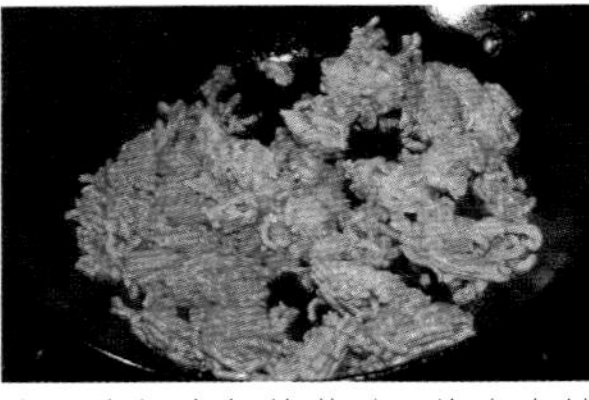

04 在平底锅中加热黄油，将肉末炒香，并炒出松散的状态。

05 所有材料炒香之后，在步骤05中倒入红葡萄酒，将粘在锅底的肉末刮下翻炒，等待酒精挥发。

06 在步骤03的锅中放入步骤05的肉末，加入过滤好的水煮番茄、鸡汤，牛肝菌泡发水上层澄清的部分。

07 在步骤06的锅中放入盐、胡椒。月桂叶、百里香切出刀口，放入其中，煮约40分钟。

08 锅中放入大量水和足量的盐（参考第22页），水烧开之后开始煮意大利面。煮好之后捞出，沥干水分，装入盘中。

09 在步骤07的肉酱中放入盐、胡椒调味，取出月桂叶和百里香。

10 在步骤08的盘中淋上肉酱汁，再淋上EXV橄榄油，撒上帕玛森干酪、香芹末。

要点

肉末应用大火炒香

烹调时间

80分钟

肉酱拌土豆面疙瘩

Gnocchi di patate con salsa Bolognese

材料（2人份）

肉酱汁（参考第130页）……250克
帕玛森干酪（磨碎）……15克
黄油……5克
欧芹……1/2根

面疙瘩的材料

土豆……1⅗个（240克）
高筋面粉……70克
蛋黄……1/2个（10克）
盐、胡椒……适量

要点

意式面疙瘩的分量与揉面的强度非常重要

烹调时间
50分钟

01 制作面疙瘩。土豆洗净，用大量的水将其煮熟，趁热剥去土豆皮。在粗网眼的筛网中碾成泥。

02 在操作台上将步骤01的土豆泥用刮片推开，在其上加入高筋面粉、蛋黄、盐、胡椒，用刮片边切边混合搅拌。

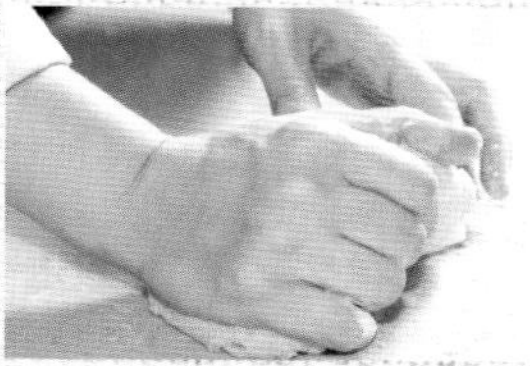

03 当步骤02进行到一定程度之后，改用双手来揉面。㊙揉至拿起面团时不会掉落即为软硬合宜，边添加面粉边用手揉面。

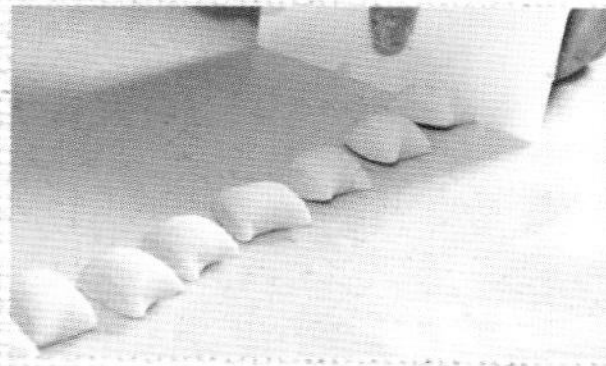

04 将面团擀成2厘米宽的条状，再切成2×2厘米大小。㊙大小可参考奶油糖。

05 锅中放入大量水和足量的盐（参考第22页），将水烧开后，开始煮面疙瘩。待面疙瘩浮起时，用筛网捞起沥干。

06 在平底锅中放入肉酱汁，再放入面疙瘩、黄油、帕玛森干酪，混合搅拌均匀。盛盘后，撒上切碎的欧芹。

烹制意大利料理的诀窍与要点㉕

各种意大利面与酱汁的完美搭配

酱汁与意大利面密不可分的关联是美味料理的秘密

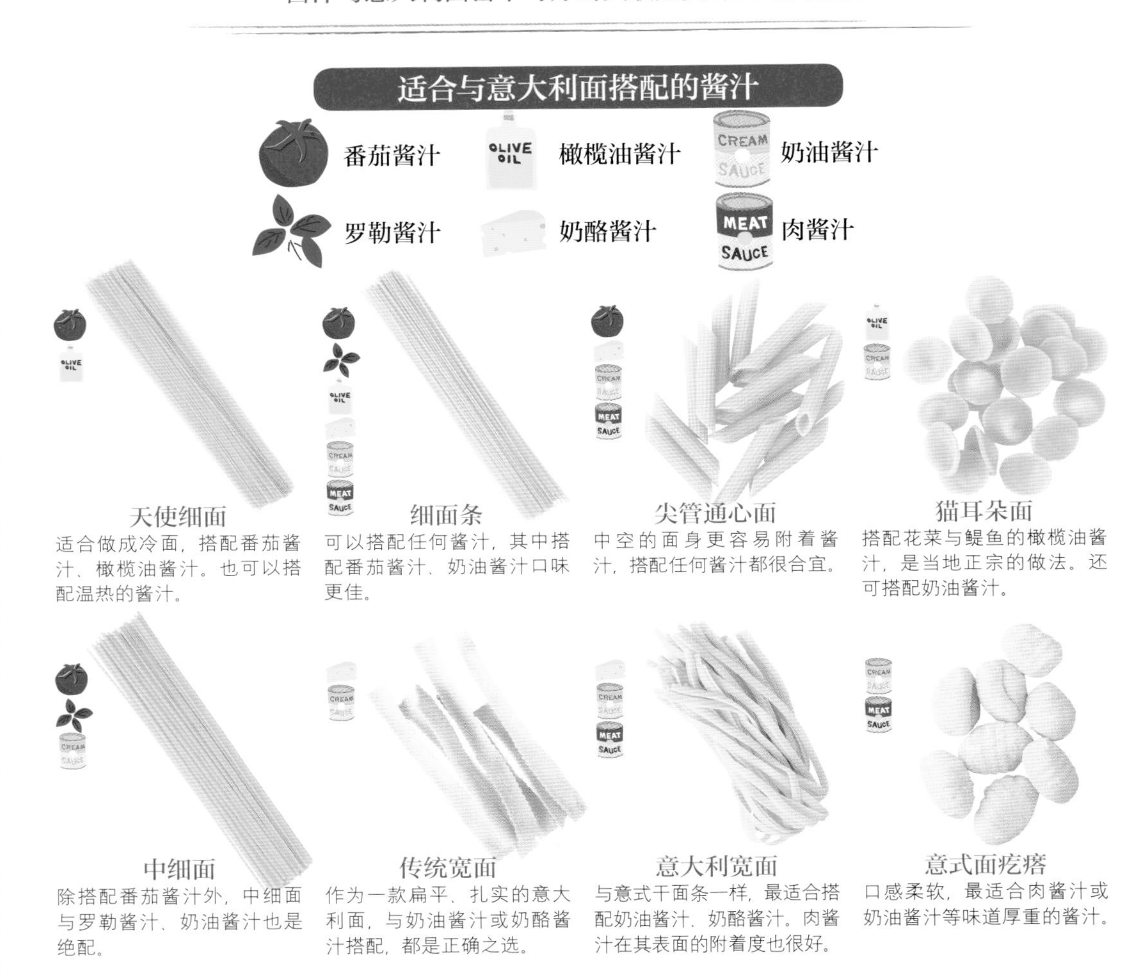

根据酱汁的特点选择意大利面

烹煮方法固然是意大利面口味的决定性因素，而考虑如何搭配意大利面和酱汁，也关系着能否烹调出美味的意大利面。

首先，又长又宽的意大利面，或大且扎实的意大利面，很适合搭配以肉类熬制出的肉酱汁，抑或奶酪、奶油酱汁等口味浓郁厚重的酱汁。若以口味清爽的酱汁搭配此类意大利面，因酱汁的附着度不佳，自然要比意大利面逊色不少。面身又长又细的特细面条或极细面条，以及个头小巧的短意面，如与番茄酱汁或橄榄油酱汁搭配，二者的风味将达到和谐统一。

如果准备的是天使细面，则不适合做奶汁培根意大利面，建议将酱汁煮得稀薄一些加以搭配。

Penne ai quattro formaggi

4种奶酪风味的尖管通心面搭配橄榄酱

趁热享用的美味，令人不可抑止地爱上奶酪

4种奶酪风味的尖管通心面搭配橄榄酱

材料（2人份）

尖管通心面……160克
芦笋……2根（40克）

奶酪酱汁的材料

塔莱焦奶酪……20克
古贡佐拉奶酪……20克
佩科里诺奶酪……10克
帕玛森干酪（磨碎）……10克
鲜奶油……50毫升
黄油……8克
盐、胡椒……适量

橄榄酱的材料

带核黑橄榄……6个
洋葱……10克
鳀鱼片……1片（5克）
醋浸刺山柑……1大勺
白葡萄酒……1大勺
蒜油……1大勺
盐、胡椒……适量

01 用刀刮去芦笋上的结节，然后用刮皮刀刮去芦笋皮，再斜切成4厘米长的小段。

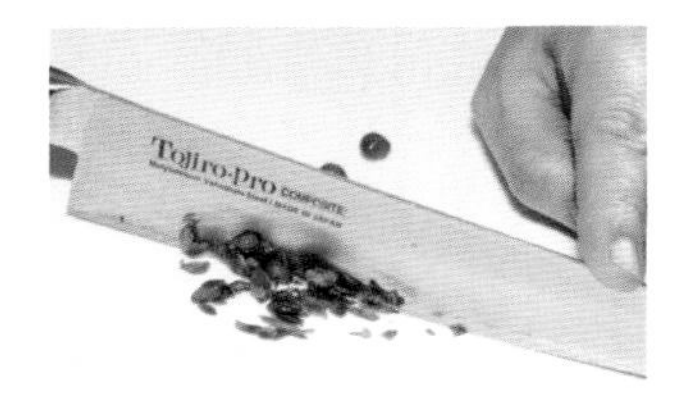

02 制作橄榄酱。将刺山柑切成末。

03 取出黑橄榄核，将橄榄其切成末。

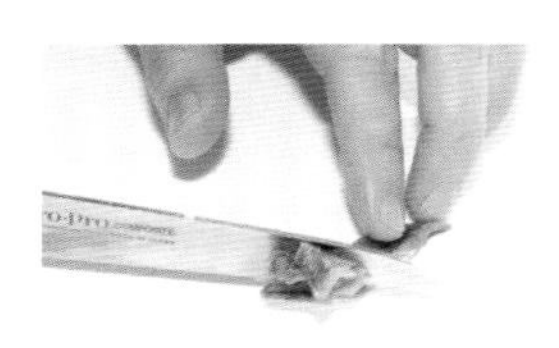

04 将鳀鱼切成末。

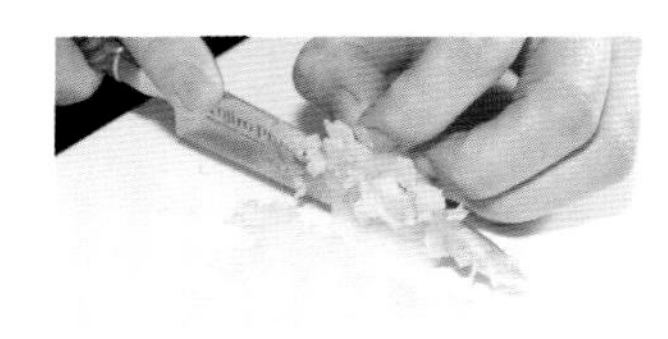

05 将洋葱也切成末。

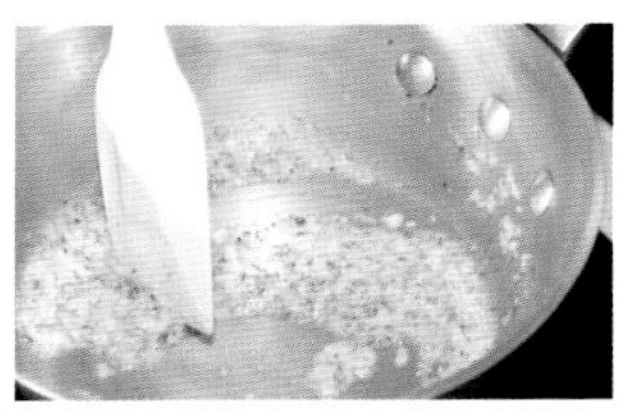

06 加热锅中的蒜油，放入洋葱末翻炒。

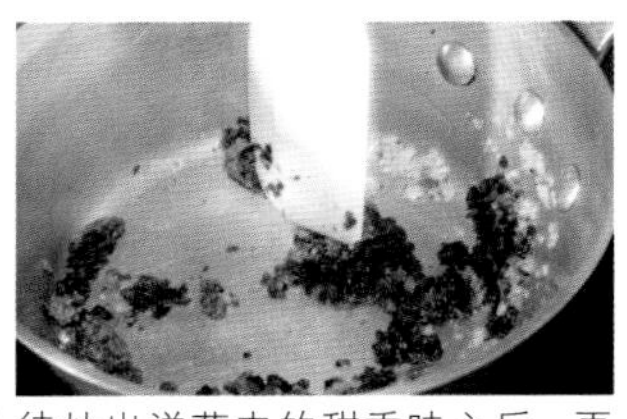

07 待炒出洋葱中的甜香味之后，再加入黑橄榄末、刺山柑末、鳀鱼末翻炒。

08 关火，倒入白葡萄酒后再次开火，令酒精挥发。

09 待酒精完全挥发之后，调入盐、胡椒。㊙冷却之后即可冷藏起来，用作调味品。

10 锅中放入大量水和足量的盐（参考第22页），将水烧开，开始煮通心面。

要点

边用刮勺压碎奶酪边加入酱汁中

烹调时间
30分钟

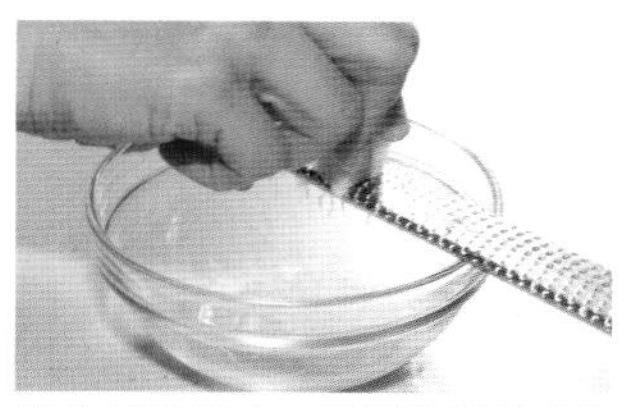

11 制作奶酪酱汁。用奶酪切刀或切丝器，将佩科里诺奶酪与帕玛森干酪研成粉末。

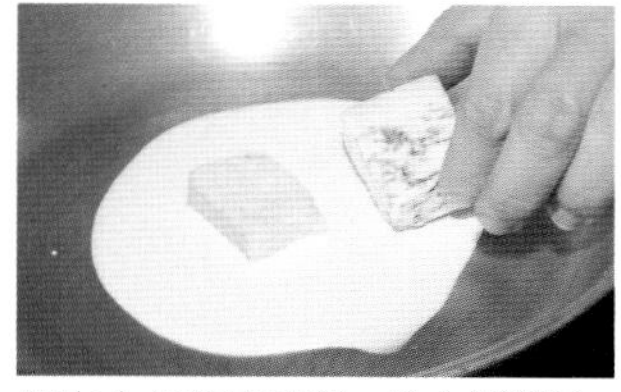

12 开中火加热平底锅，注入鲜奶油，接着放入塔莱焦奶酪与古贡佐拉奶酪。

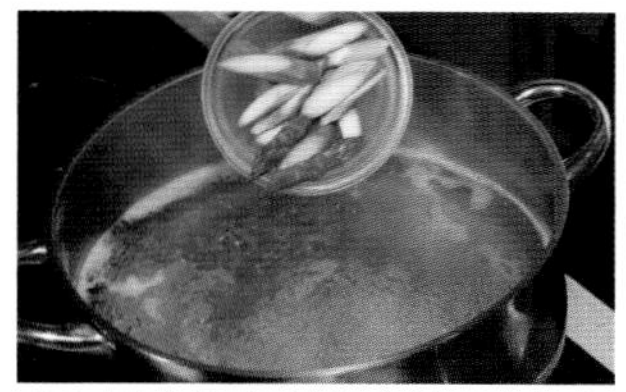

13 通心面煮好之前3分钟，在锅中放入芦笋一起煮。

14 步骤12平底锅中的奶酪，边用刮勺碾压，边均匀地混合搅拌。

15 待平底锅中沸腾冒泡之时，调入盐、胡椒，搅拌均匀。

16 用漏勺将通心面与芦笋捞起，沥干水分，倒入步骤15的酱汁中。

17 在步骤16的平底锅中，加入磨碎的古贡佐拉奶酪与帕玛森干酪。

18 在步骤17的平底锅中加入黄油。

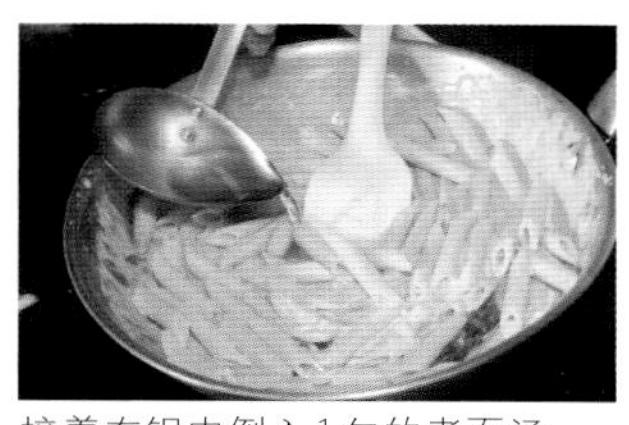

19 接着在锅中倒入1勺的煮面汤。

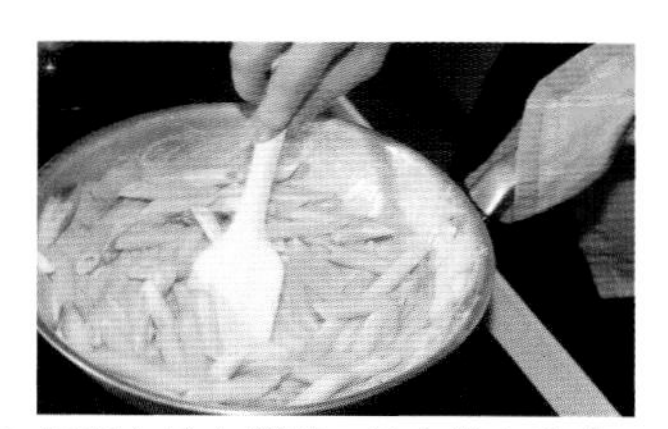

20 用刮勺均匀搅拌，使之发生乳化，均匀地裹上酱汁。(要)酱汁的浓稠度以能够附着在尖管通心面内壁为最佳。

21 盛盘，浇上橄榄酱。将奶酪酱汁和橄榄酱混合搅拌后食用。

错误！

尖管通心面毫无弹性，口感欠佳

尖管通心面应根据制作酱汁的时间来煮制。如果太早煮好，放置于筛网上时间过长，面身会被泡得胀起。另外，如果不是用大量的水来煮面，锅里的面可能一头硬一头软。

如果尖管通心面在煮好之后不能立即与酱汁混合搅拌，面身就会粘连在一起。

煮面的水太少，导致无法均匀加热，没有被水没过的面条就会变硬。

烹制意大利料理的诀窍与要点㉖

伦巴第大区的料理与特色

大都市米兰——意大利的经济中心

伦巴第大区的主要特产

乳制品

该大区乳制品异常丰富，除了主要的黄油，还有古贡佐拉奶酪、格拉娜·帕达诺奶酪等。

南瓜

该大区广袤肥沃的土地上不仅盛产粮食，也种植多种蔬菜。南瓜、皱叶甘蓝都是当地的特产。

芦笋

米兰是著名的芦笋主要产地。有一种乡村料理，是在烤好的芦笋上添加格拉娜·帕达诺奶酪。

其他

以乳制品为主，还有大米、小牛肉、新鲜意式腊肠（萨拉米）等特产。另外，以从湖里捕获的淡水鱼为食材制作的料理也十分有名。

伦巴第大区的代表性料理

米兰风味烩饭

使用藏红花烹制而成的黄金烩饭，据说是从传入意大利的西班牙海鲜饭发展而来。

炖小牛肘

这是一道小牛肘肉与肉汤、白葡萄酒、香味蔬菜等一起炖煮而成的料理，风味活色生香。

意大利圣诞面包

此款面包诞生于米兰，使用一种名为潘妮托尼的天然酵母制作而成，在圣诞前后食用。

大都市中的乡土风味料理，竟是如此质朴和家常

伦巴第大区的首府米兰，是国际时尚中心。这里的教堂中收藏着全能天才莱奥纳多·达·芬奇的巨作《最后的晚餐》，这里还集中了无数的美术馆、博物馆，是一座伟大的艺术文化之都。而且，米兰作为商业、金融业中心，其历史可以追溯到中世纪时期。因此，米兰是意大利最具艺术气息的辉煌之地。

然而，这座辉煌的大都市的料理，却出人意料的质朴和家常。伦巴第大区的畜牛业占意大利的25%，因此人们大量使用瘦肉、牛奶、奶酪、奶油等乳制品来制作料理。而且伦巴第大区也是意大利奶油的故乡，因出产古贡佐拉奶酪而闻名。

Fedelini al nero di seppia

墨鱼意大利面

墨鱼优雅、美味，赋予意大利面更多风味

墨鱼意大利面

材料（2人份）

极细面条……160克
鲜鱿鱼……1只（300克）
番茄酱汁……80克
鸡汤……500毫升
墨鱼汁、墨鱼酱……各4克
白葡萄酒……50毫升
洋葱……1/2个（100克）
红辣椒……1/3根
蒜油……1～2大勺
EXV橄榄油……1大勺
欧芹末……1大勺
盐、胡椒……适量

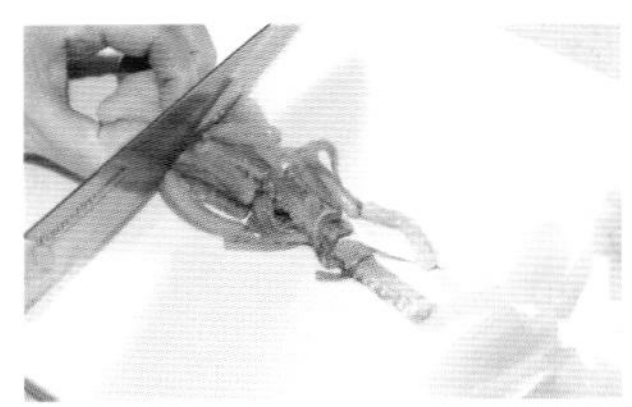

01 将剥去皮的鲜鱿鱼尾端的肉鳍切成段，鱿鱼须切成4～5厘米长，躯干的部分切成鱿鱼圈。

02 锅中放入蒜油加热，再放入红辣椒和洋葱翻炒。

03 在锅中加入切好的鱿鱼圈，开大火翻炒。

04 炒至鱿鱼表面变白，略上色之后，倒入白葡萄酒，将粘在锅壁的材料全部刮下，在锅中混合搅拌。

05 待白葡萄酒的酒精全部挥发之后，在锅中加入番茄酱汁及墨鱼酱。

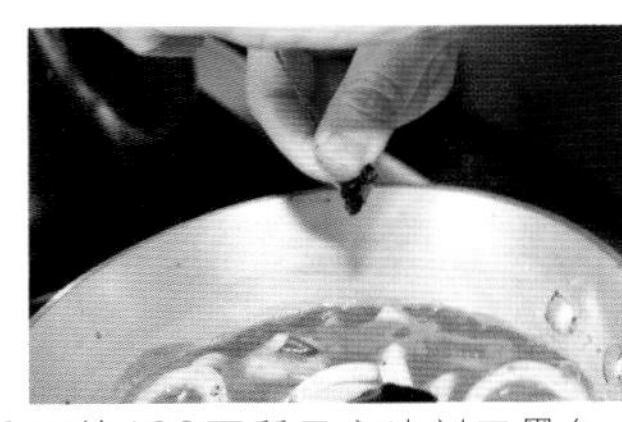

06 用第139页所示方法剖开墨鱼，取出墨囊，用手指将墨囊中的墨汁挤进锅中。

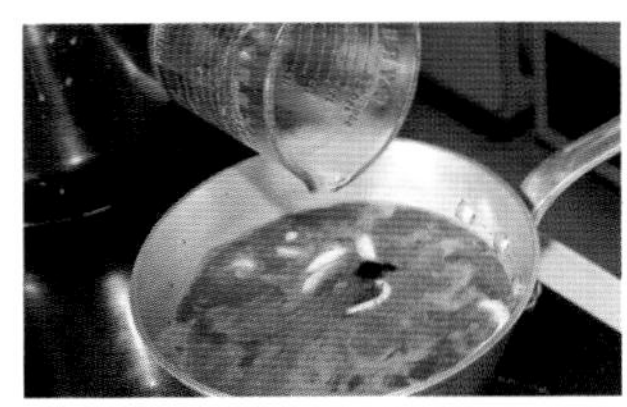

07 在步骤06的锅中加入鸡汤，用刮勺均匀搅拌。

08 在步骤07的锅中调入盐、胡椒，继续煮制40～50分钟，将锅中食材煮成泥状。

09 如上图所示，煮至糊状时即告完成。㊟试试味道，如觉得太辣，可捞出红辣椒。

10 锅中放入大量水和足量的盐（参考第22页），将水烧开，开始煮面条。

要点

鲜鱿鱼需要煮至柔软为止

烹调时间
70分钟

11 面煮好之后，放入步骤09的墨鱼酱汁中，用刮勺搅拌均匀。

12 在步骤11的锅中放入一半量的欧芹末。㊟如水分不足，可倒入煮面汤补充。

13 在步骤12的锅中倒入EXV橄榄油，盐、胡椒，轻轻拌匀。盛盘，撒上剩余的欧芹末。

错误！

墨鱼酱汁过于稀薄

请确保将墨鱼酱汁在锅中煮成糊状。如果没有煮到原分量的一半，酱汁将无法裹住意大利面。

酱汁呈现这种状态时，如果加入意大利面，成品的浓稠度不够，显得十分稀薄。

如何剖开墨鱼

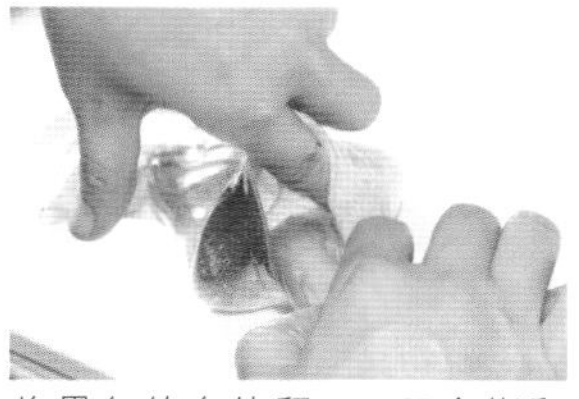

01 将墨鱼的身体翻开，用食指和拇指将身体和墨鱼须之间的筋剥离。

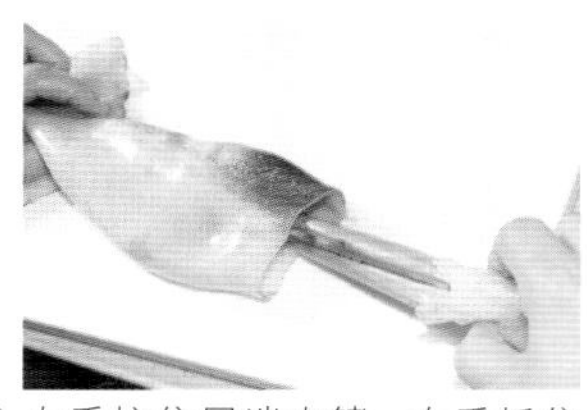

02 左手拉住尾端肉鳍，右手抓住墨鱼须的根部，连同内脏一起拉出来。

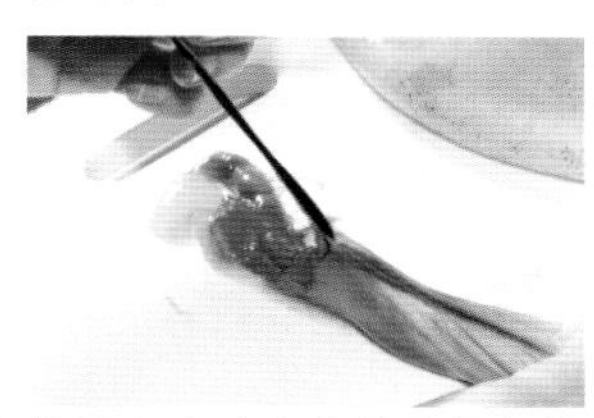

03 将附在内脏上的墨囊轻轻拉出，取下。

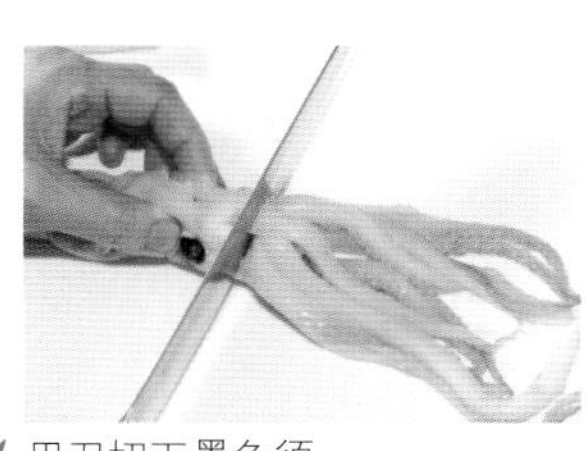

04 用刀切下墨鱼须。

05 取出墨鱼身体里的软骨。

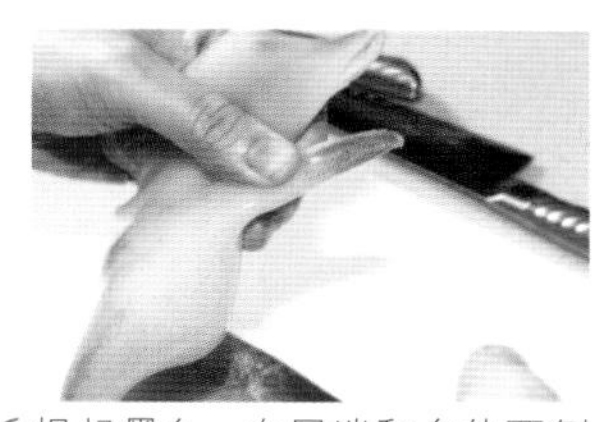

06 提起墨鱼，在尾端和身体两侧各用拇指和食指按住，用力向外拉开。

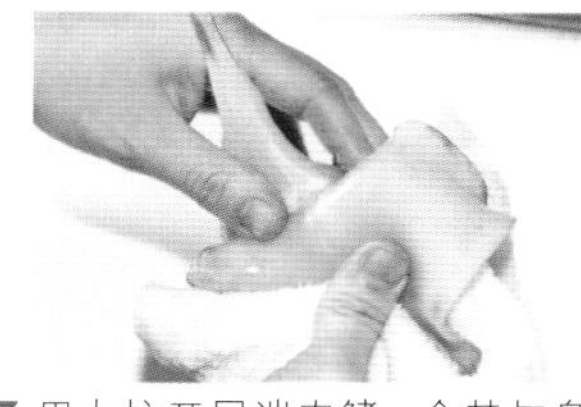

07 用力拉开尾端肉鳍，令其与身体脱离。

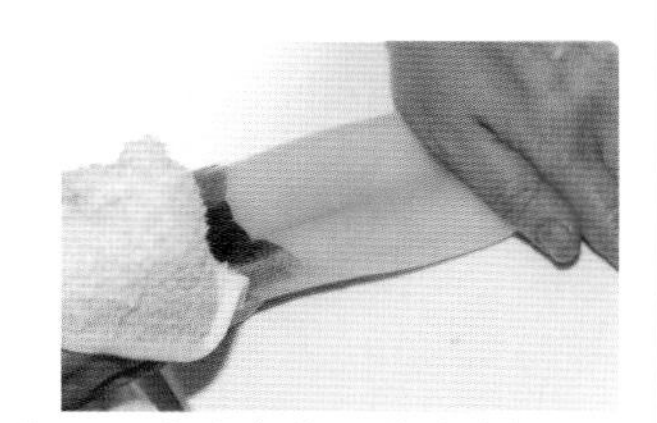

08 用湿布将身体上的薄皮撕下，注意不要弄破。

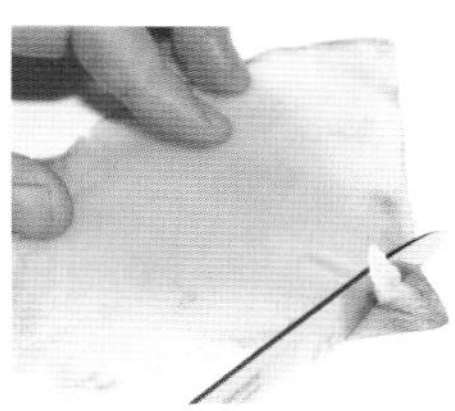

09 用刀将尾部肉鳍前端的软骨切下，在距离前端1厘米处切入，撕下尾部肉鳍的薄皮。

10 处理2根长长的墨鱼须。用刀切至附着大吸盘的部分，用刀背去除吸盘。

烹制意大利料理的诀窍与要点㉗

如何保存意大利面

使用正确方法加以保存，可保证随时吃到最美味的意大利面

保存干燥意大利面

市面上可以买到各种各样的密封容器，高身的可以存放长意面，矮的则可以存放短意面。如果担心受潮，可以放一包干燥剂。

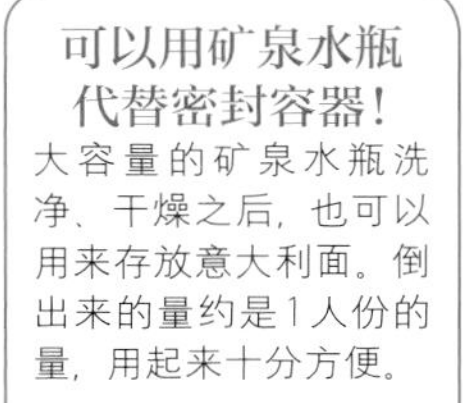

可以用矿泉水瓶代替密封容器！

大容量的矿泉水瓶洗净、干燥之后，也可以用来存放意大利面。倒出来的量约是1人份的量，用起来十分方便。

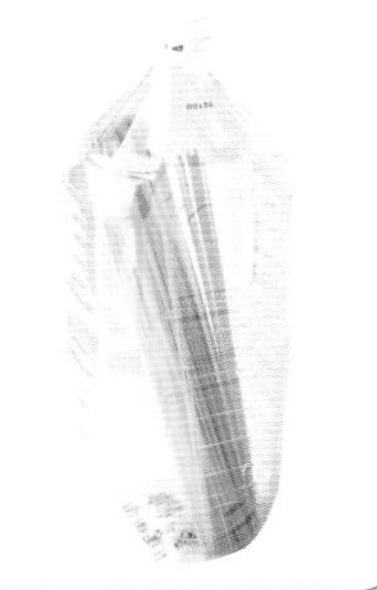

以下场所不宜保存意大利面

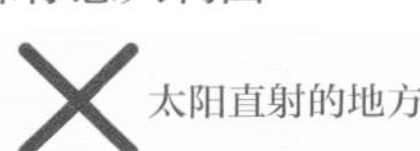

保存鲜意大利面

刚做好的意大利面，当天食用最为美味。如果无法一次性吃完，建议一根根干燥约30分钟，再用保鲜膜松松地包起，放入冰柜的保鲜盒中，可以保存2～3天。

鲜意大利面煮制2～3分钟，捞起，沥干水分。

在其表面滴上少许橄榄油，避免其干燥。

也可以冷冻保存

将鲜意大利面干燥30分钟左右，放入密封窗口内冷冻，可保存1个月左右。

使用正确方法保存意大利面，延长享受美味的时间

干燥意大利面的保存时间，比鲜意大利面长得多。请注意，包装袋上注明的保存时间，是指未开封状态下的保存时间。开封之后，务请放入专用的密封容器中加以保存，如此可以防发霉及蚊虫。另外，干燥意大利面的黏度已经不复存在，因此开封后请尽快食用完毕。请不要选择水槽之下或其他太潮湿的地方，也不要选择太阳直射的地方保存干燥意大利面。

鲜意大利面最好在制作当天全部食用，如果做得太多，可以冷藏、冷冻或风干保存。如果风干保存的话，可以将意大利面一根根铺在操作台上，放在通风良好的地方静置2～3天，将其风干。这样处理之后，在常温环境下，可以保存大约1个月。

Spaghettini al pesto genovese

罗勒酱拌意大利面

罗勒叶的清爽口味在口腔中蔓延

罗勒酱拌意大利面

材料（2人份）

特细面条……160克
罗勒叶（装饰用）……2片
帕玛森干酪（磨碎）……10克
松子（装饰用）……2小勺
盐、胡椒……适量

罗勒酱的材料

罗勒叶……7克
欧芹叶……8克
大蒜……1/2瓣（5克）
松子……1大勺
帕玛森干酪（磨碎）……10克
橄榄油……40毫升

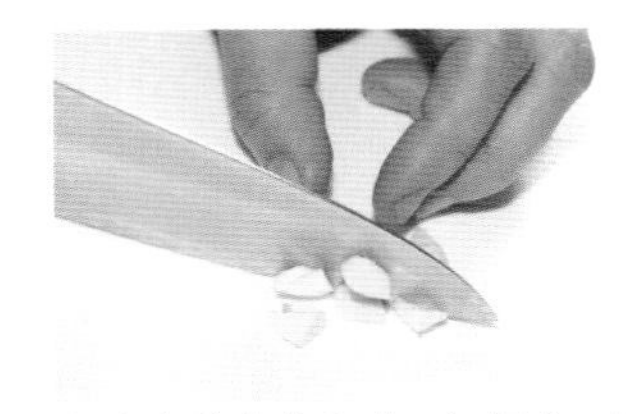

01 去除大蒜的蒂和芽，切粗粒，放入食物料理机。

02 将罗勒叶与欧芹叶切碎。

03 将罗勒叶、欧芹、松子放入步骤01的食物料理机中。

04 再放入帕玛森干酪，开启食物料理机。

05 当食材搅碎到一定程度后，暂停料理机，将附在壁上的食材刮落，重新启动料理机。

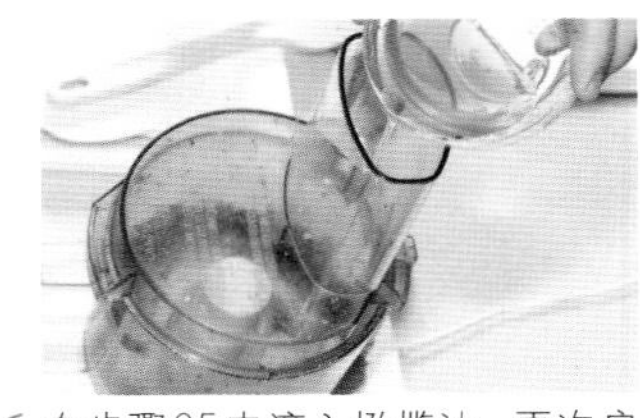

06 在步骤05中滴入橄榄油，再次启动料理机，将其中的食材全部搅成泥状，完成后倒入容器中。

07 用研钵来制作。将除橄榄油外的其他食材装入研钵中细细研磨，最后滴入橄榄油，轻轻混合搅拌。

08 将盛盘时用作装饰的松子摆放在铺了烤盘纸的烤盘上，在预热170℃的烤箱中烤制约8分钟。

09 锅中放入大量水和足量的盐（参考第22页），将水烧开。

10 将面条放入沸水中煮。

要点

罗勒酱应尽快与意大利面拌匀

烹调时间
30分钟

11 煮好面条后，轻轻捞出，沥干水分。

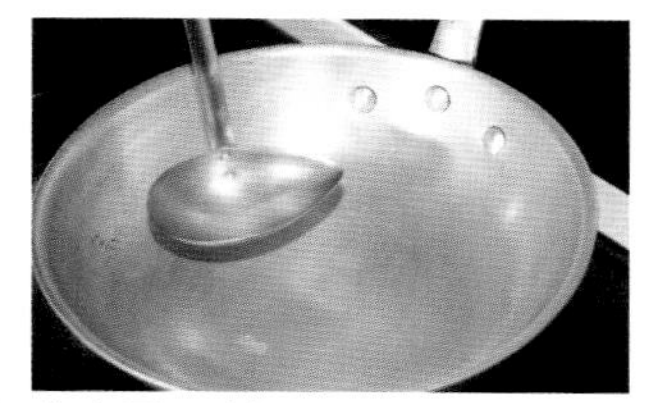

12 将煮面汤倒入平底锅中，开火加热。

13 将煮好的面条和罗勒酱一起放入步骤12的平底锅中。

14 用刮勺将面条和罗勒酱拌匀。

15 在平底锅中调入盐、胡椒，关火。

16 将一半的帕玛森干酪倒入锅中，用刮勺混合搅拌均匀。

17 盛盘，将平底锅中剩余的酱汁用刮勺仔细刮下取出。

18 面条上撒上烤过的松子、剩余的帕玛森干酪，最后放上罗勒叶作为装饰。

要点

家中常备自制的罗勒酱，方便随时取用

做好备用的罗勒酱，颜色不如现做的那么鲜艳，但风味却并不逊色，因此建议您做好备用。放在密封罐中，放入冰柜，可以保存2～3周。如果放在冷冻袋中保存，则可以使用1～2个月。

密封罐在使用前必须先用热水消毒，以保卫生。

装入冷冻袋后，可将袋子摊平，以节约空间。

要点

如何保持罗勒叶的新鲜色泽

罗勒叶的特点是一旦被切碎，叶子就会变黑。在放入食物料理机之前先将其冷藏，这样制作出的酱汁就可以保持新鲜的绿色。

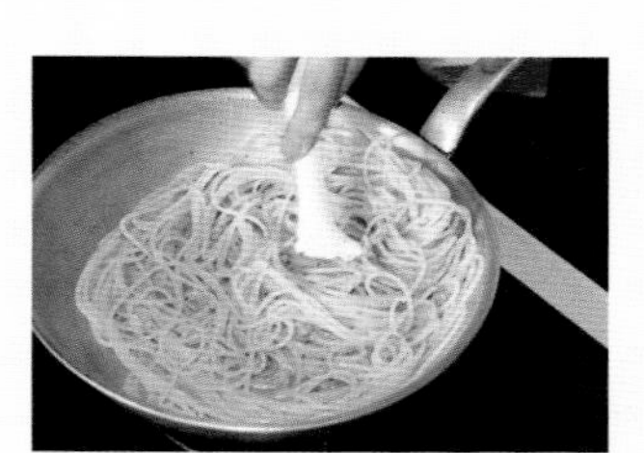

过度加热会令食物的颜色变得很难看，因此要求迅速操作。

罗勒酱拌特飞面

Trofie al pesto genovese

材料（2人份）

特飞面的材料

高筋面粉……120克

橄榄油……10毫升　面粉……适量

罗勒酱的材料

罗勒酱（参考第142页）……70克

土豆……1/2个（75克）

甜豆……6根（30克）

核桃……6颗（24克）

杏仁……12颗（12克）

白葡萄酒……1大勺

鳀鱼片……1片（5克）

帕玛森干酪（磨碎）……10克

罗勒叶……2片　橄榄油……1/2大勺

黄油……5克　盐、胡椒……适量

烹调时间
50分钟

01 制作特飞面。在盆中放入高筋面粉、橄榄油，以及约70毫升的温水。

02 将步骤01盆中的材料用叉子混合搅拌。

03 当搅拌到一定程度后，将面团移到操作台。㊥用刮片将附在盆壁的面糊刮干净。

04 用手掌将面团揉至表面光滑。

05 如上图，当面团出现光泽即表示揉面程序结束。用保鲜膜将面团包起，放进冰柜静置约20分钟。

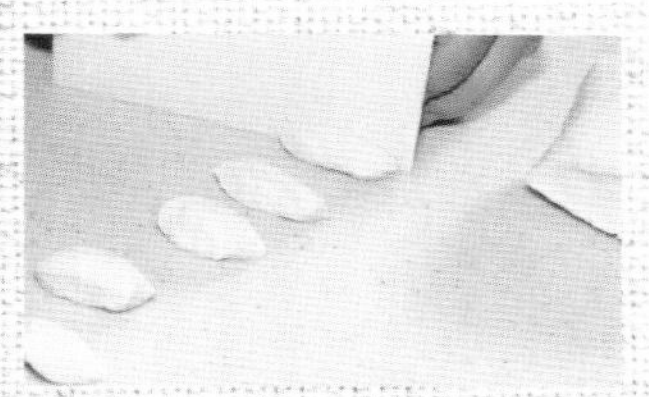

06 在操作台上撒上面粉，用刮片将面团分切成1个小勺的大小。

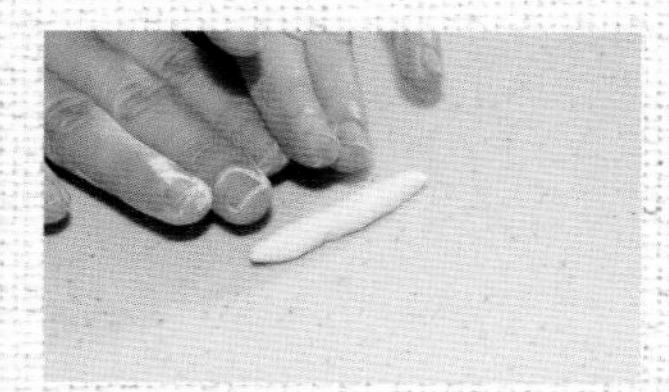

07 将分切好的面段再用手指搓成3厘米长的条状。

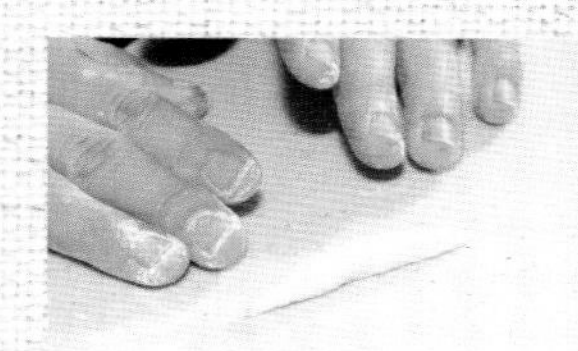

08 如上图，再将面段两头搓细。

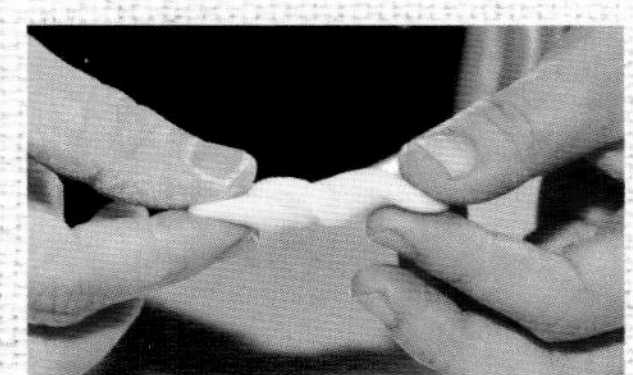

09 被搓细的面段如拧毛巾一样扭一圈，将面的两头轻轻按压在操作台上片刻，即可固定成螺旋形的条状。

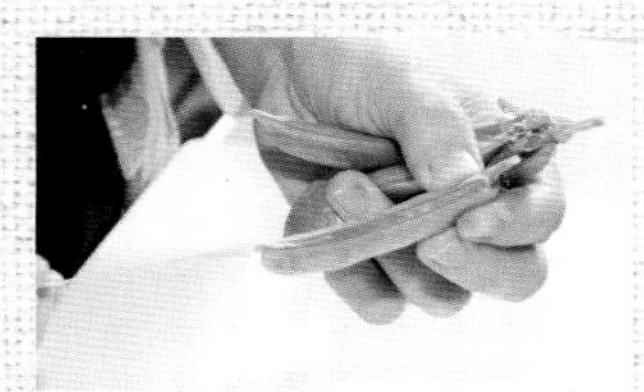

10 扭断甜豆的蒂，将其两侧的筋撕去。

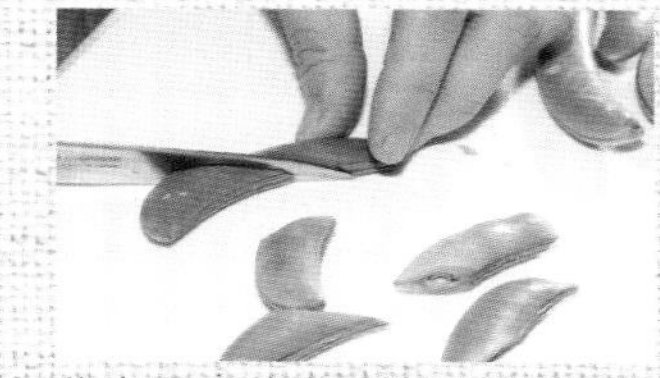

11 将步骤10的甜豆斜切成2段，长度与刚才处理好的面段相当。

12 杏仁和核桃用刀切成粗粒。

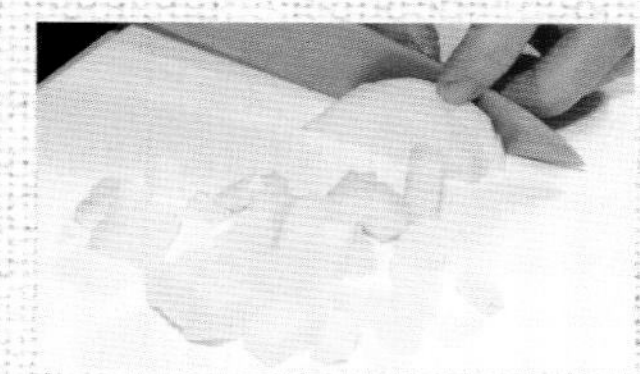

13 刮去土豆皮，将其切成1厘米见方的土豆丁。

14 将切好的土豆丁在装满水的盆中浸泡10分钟，待淀粉析出后捞出，沥干水分。

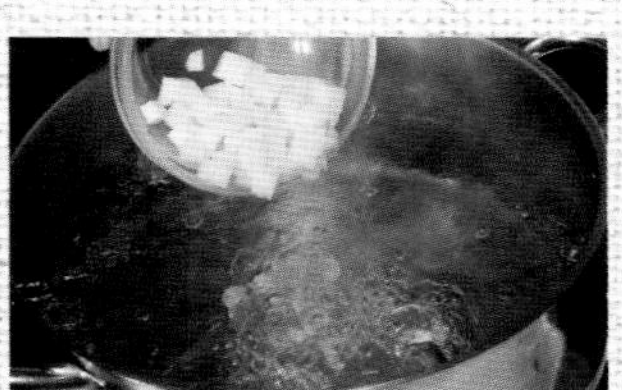

15 锅中放入大量水和足量的盐（参考第22页），将水烧开。放入土豆，煮约10分钟。

16 制作酱汁。平底锅中放入橄榄油、黄油加热，然后再加入杏仁、核桃、鳀鱼翻炒，再倒入白葡萄酒。

17 将土豆放入步骤15的锅中加热6分钟后，加入特飞面。2分钟后再加入甜豆，煮约2分钟。

18 将煮好的特飞面、土豆、甜豆放入步骤16的锅中。

19 在步骤18的锅中放入罗勒酱、煮面汤，轻轻混合搅拌，关火。

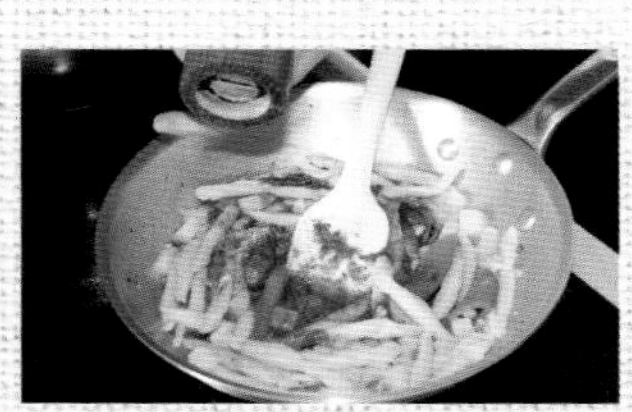

20 加入帕玛森干酪、盐、胡椒，边摇晃平底锅边混合搅拌。盛盘，放上罗勒叶作为装饰。

烹制意大利料理的诀窍与要点㉘

利古里亚大区的料理与特色

意大利北部的里维埃拉（蔚蓝海岸），中东饮食文化色彩浓厚

利古里亚大区的主要特产

1. 罗勒
利古里亚大区出产的罗勒颜色深，气味芬芳，是意大利首屈一指的罗勒产地。

2. 银鱼
在当地被称为"Gianchetti"，1～2月是银鱼最美味的时期。

3. 贻贝
利古里亚大区是意大利为数不多的贻贝产地，贻贝肉质柔软，便于食用。

其他
松子、核桃等坚果也是料理中的常客。另外，此地出产的颗粒小巧、口感细腻的橄榄也很出名。

利古里亚大区的代表性料理

特飞面
短型卷曲的特飞面来自利古里亚大区，一般搭配罗勒酱。

罗勒酱意大利面饺
将罗勒酱包入意式面饺中，浓郁的核桃奶油酱汁令人回味无穷。

烤饼
在一种埃及豆粉中加入橄榄油、盐、水烤制而成。

保留着浓厚的中东及意大利南部饮食文化色彩

利古里亚大区毗邻法国，地形狭长如一张弓，海岸线上绵延着游艇港口与海湾，是意大利屈指可数的休闲度假胜地。大区的首府热那亚，是伟大冒险家克里斯托弗·哥伦布的诞生地。中世纪时期曾是一个强盛的贸易国，以热那亚为中心，与希腊和中东地区以及意大利南部的西西里、萨丁都有密切的贸易往来。

正因如此，利古里亚大区虽地处意大利北部，文化上却带有浓厚的南部色彩。在饮食方面，经常使用采自气候温暖地区的罗勒，南部较常食用的干燥意大利面，以及糖渍水果来制作美食。此外，利古里亚大区到处可以见到来自中东的食物，比如鹰嘴豆、松子等。也许正是这些无所不在的中东风情，才赋予了利古里亚大区美食更大的魅力吧。

Gnocchi di zucca

南瓜面疙瘩

尽享色彩艳丽，风格质朴的美味

南瓜面疙瘩

材料（2人份）

面疙瘩面团的材料

南瓜……1/4个（250克）
低筋面粉……70克
蛋黄……1/2个（10克）
盐……1小撮
肉桂粉……1/2小勺
肉豆蔻粉……1/6小勺

酱汁的材料

鲜奶油……120毫升
帕玛森干酪（磨碎）……10克
鸡汤……50毫升
苹果……1/6个（50克）
黄油……15克
牛至干……1小撮
南瓜子……1大勺
盐、胡椒……适量

要点

面疙瘩与酱汁不可过度混合搅拌

烹调时间
40分钟

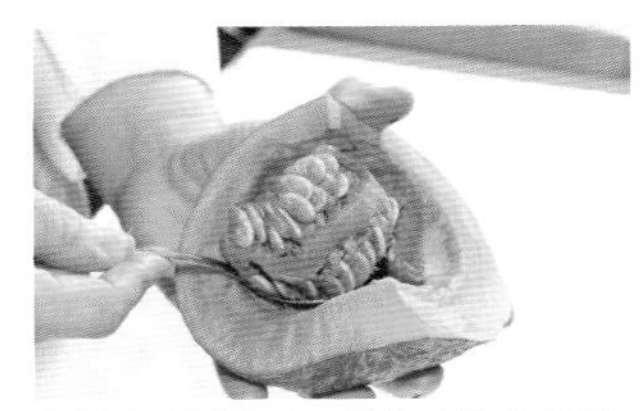

01 制作南瓜面疙瘩。首先去除南瓜子。

02 切去南瓜皮。注意最好要留一层薄薄的皮。

03 去皮后，将南瓜肉切成一口大小的南瓜块。

04 将南瓜块放入蒸锅中蒸煮约15分钟。如果用600瓦的微波炉加热，只需3分钟左右。

05 蒸煮好的南瓜块放入盆中，用擀面杖将其捣烂。㊟如果水分过多，可以开小火在不粘锅中加热，用刮勺搅拌以收干水分。

06 在步骤05的盆中放入蛋黄，用刮勺搅拌。

07 在步骤06的盆中放入低筋面粉，调入盐、肉豆蔻、肉桂粉。

08 用刮勺将盆中的材料搅拌均匀。

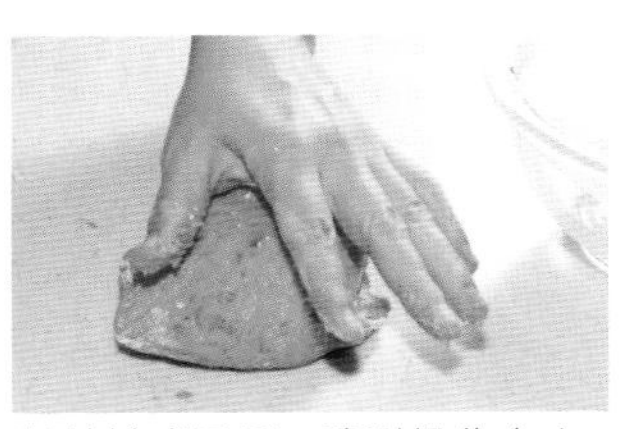

09 当材料成团后，移到操作台上，用手掌轻轻揉搓。准备一个裱花袋，裱花嘴直径1厘米，将面团装入裱花袋。

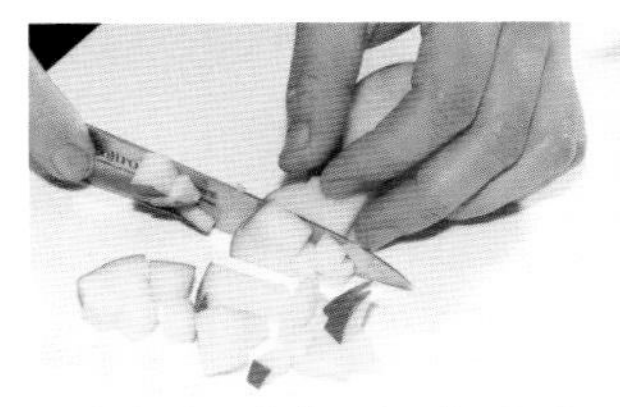

10 制作酱汁。将苹果切成1厘米见方的小块。㊟可以自行决定是否削皮。

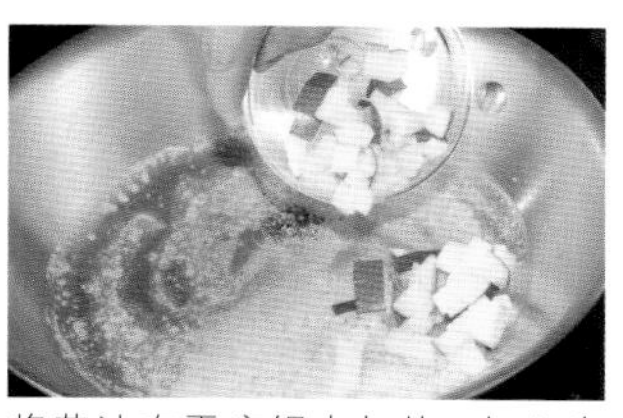

11 将黄油在平底锅中加热，加入牛至与切好的苹果块翻炒。

12 加入鸡汤、鲜奶油、盐、胡椒，用刮勺搅拌均匀。

13 锅中放入大量水和足量的盐（参考第22页），将水烧开。用裱花袋将面团挤出3厘米，用刀将其切断掉入锅中。

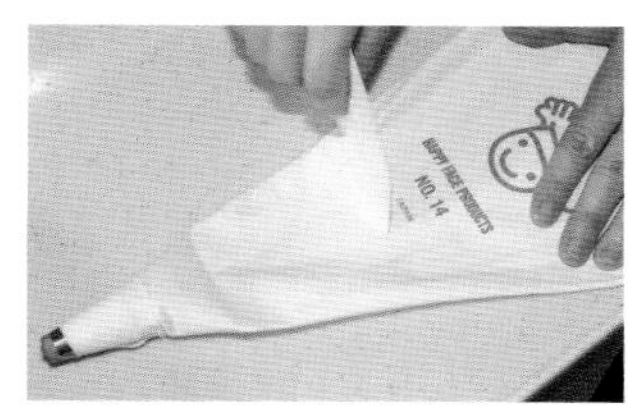

14 当面疙瘩的面团逐渐变少之后，用刮板将面团推挤到裱花袋的下部，全部挤完。

15 当锅中的面疙瘩全部浮到水面时，即表示已经煮好了。

16 用漏勺捞起面疙瘩，轻轻地沥干水分。放入步骤12的平底锅中，用刮勺均匀搅拌。㊟切勿搅拌过度，以免面疙瘩被搅散。

17 关火，将帕玛森干酪加入步骤16的平底锅中，混合均匀。

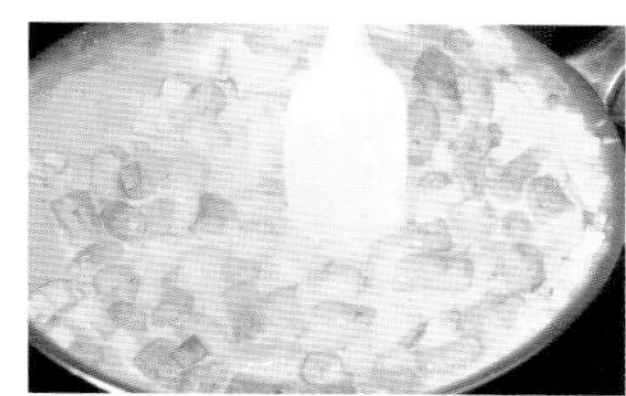

18 如上图所示，当面疙瘩煮到顺滑的程度，即表示已经煮好。装盘，撒上南瓜子。

错误！

如果面疙瘩过分柔软，外观会变得杂乱无章

搓揉面疙瘩时，如果面团粘在手上，或者从裱花袋中挤出时，用刀切不断，就说明面团太软。此时建议加一点低筋面粉来调节软硬度。

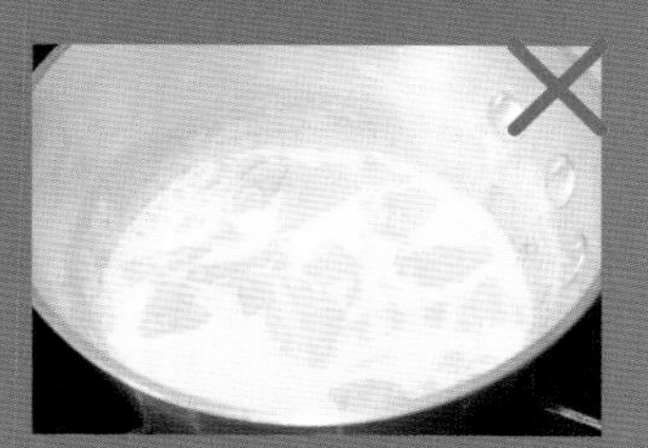

南瓜本身的水分是不同的，可以收干水分来调节。

调节面疙瘩的软硬度

01 按照步骤01～08来制作面疙瘩的面团。此时加入约30克高筋面粉，用刮勺来混合搅拌。

02 用手将面团搓成3厘米的条状。

03 用叉子将条状切成拇指大小。

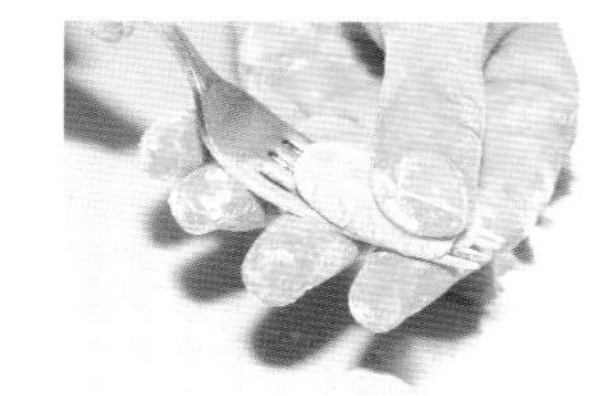

04 将1块面团放在叉子上，用叉子将面团压平。

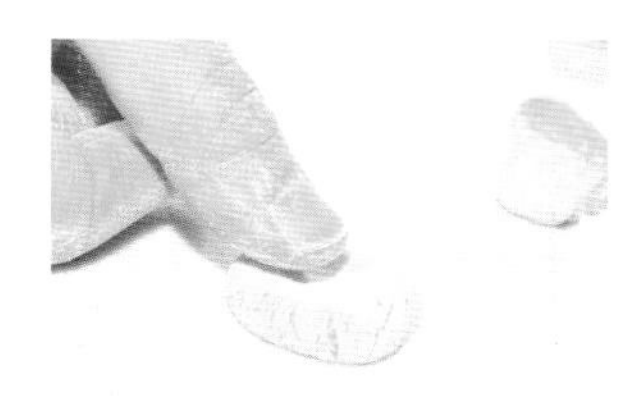

05 也可以在操作台上将面团压平。

烹制意大利料理的诀窍与要点㉙

外形悦目、种类繁多的短意面

短意面的魅力在于其悦目的外形

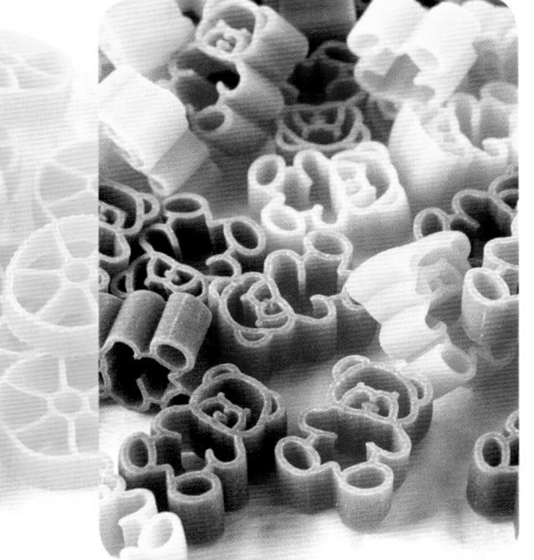

车轮面

形似车轮，发源于西西里大区。因面身上有许多小孔，利于附着酱汁。

搭配酱汁

适合搭配番茄酱汁或奶油类的酱汁。除此之外，还可以撒在汤面上，或用在炖菜中。

通心粉

短管形状的意大利面统称通心粉，也有如左图所示，做成动物形状的。

搭配酱汁

小巧的通心粉可以用来焗烤或做成沙拉的配料，较大的通心粉则可以搭配肉酱汁和番茄酱汁。

笔形面

这是一种中空的意大利面，也有些叫作小弯通形意大利面蜗牛壳面。

搭配酱汁

特别适合搭配奶油或奶酪酱汁，也有的中间会包肉或蔬菜馅料。

彩色意大利面

这类面的颜色来自菠菜或番茄的色素。也有极少数是用裙带菜或墨鱼汁来着色。

搭配酱汁

适合搭配橄榄油酱汁等清爽、简单的酱汁。

方便入汤或制作焗烤料理的意大利面

世界上可以食用的意大利面，据说超过300种。其中，短意面的种类、颜色和形状的多样性又超过了长意面。

短意面的特点是可以在浅锅中烹煮，除了做成普通的意大利面料理之外，还可以用作汤品的配料，或者用于焗烤料理中。在意大利，人们更多食用的是短意面。而且，因短意面比长意面宽，在煮好之后可以在更长时间内保持弹牙的口感。

外形美观也是短意面的特点，动物或字母等独特、可爱的造型在市面上也很常见。

第 4 章

汤、比萨、烩饭

专栏

解读意大利料理中的套餐

头盘之谜

为什么头盘中会有汤品？

意大利料理中的汤品也在述说历史

头盘（Primo Piatto）又可称作“Minestra”，但后者是个只能用于汤品的词汇，意为“意大利蔬菜浓汤”。也许正是词汇的重复使用，才使汤品也位列头盘之中吧。

汤品原是由谷物、豆类、蔬菜等一起熬煮而成的，意大利人食用汤品的历史，比意大利面或烩饭更早。被阿拉伯人带到意大利的意大利面和大米，据说一开始是用来当作汤品的配料食用，后来才逐渐有了收干汤汁的做法，形成了今天的意大利面和烩饭。

正因有着这段典故，头盘才会被称为“Minestra”。如果头盘是烩饭或意大利面料理，称为“干的意大利蔬菜面”（Minestra Asciutta）；如果头盘是汤品，则称为“意大利蔬菜浓汤”（Brodo in Minestra）。

头盘

意大利面

南部流行干燥意大利面，北部则以手工意大利面为多。

番茄酱汁意大利面

奶油风味意大利宽面

烩饭

古罗马人使用猪油和小麦做成类似稀饭的食物，便是意大利烩饭的原型。

菌菇烩饭

汤

配料中一定少不了蔬菜、豆类以及大米和意大利面。

意大利蔬菜浓汤

海鲜汤

比萨

关于比萨的起源，最权威的说法是其诞生于公元前1600年左右。

那不勒斯风比萨

烤厚比萨

Minestrone

意大利蔬菜浓汤

此款最能代表意大利的汤品，荟萃了什锦蔬菜的美味

意大利蔬菜浓汤

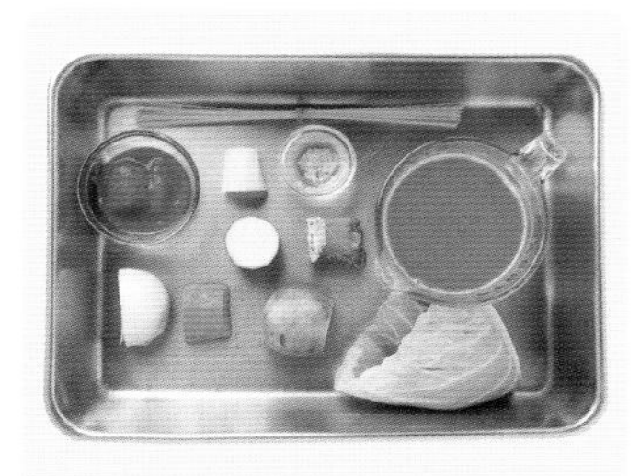

材料（2人份）

意式培根……20克
洋葱……1/4个（50克）
胡萝卜……1/8根（20克）
芹菜……1/10根（10克）
小胡瓜……1/7根（20克）
卷心菜……1/2片（30克）
肉汤……500毫升
水煮番茄……50克
土豆（小）……3/4个（50克）
天使细面……10克
蒜油……1大勺
盐、胡椒……适量

01 水煮番茄过滤备用。

02 将洋葱、芹菜、小胡瓜、胡萝卜、卷心菜、意式培根分别切成1厘米的小方片。

03 土豆去皮，切成1厘米的小方片。浸入装满水的盆中，析出淀粉。

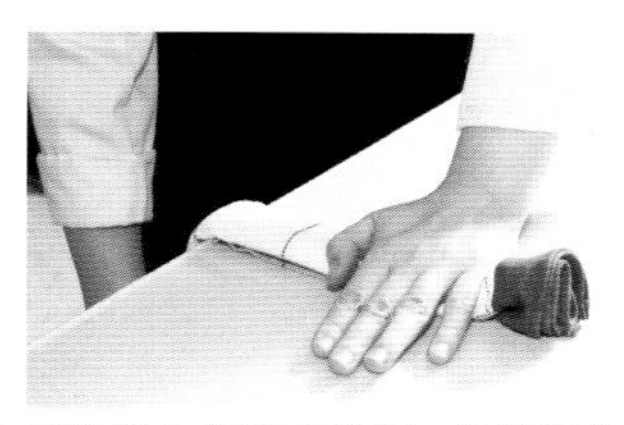

04 用布将天使细面卷起，沿着操作台的边缘向下拉伸，即可简单地折成3厘米长。

05 在锅中加入蒜油，散发出香气之时，倒入步骤02的所有材料翻炒，直至炒出甜味。

06 当蔬菜稍微变色时，加入水煮番茄、肉汤。

07 将步骤03的土豆片捞出，沥干水分，加入步骤06的锅中。

08 在步骤07的锅中加入盐、胡椒。开中火继续煮约15分钟。

09 如汤面上出现浮渣，请用汤勺将其舀去。

10 煮好前5分钟，将步骤04折出的天使细面放入锅中。

要点

蔬菜应先炒出甜味

烹调时间
30分钟

赋予意大利蔬菜浓汤小小的变化

一个荷包蛋，令整碗汤华丽变身！

在意大利蔬菜浓汤中加一个荷包蛋

您需要掌握荷包蛋的制作方法

如何煮荷包蛋

01 在锅中倒入足量水，以没过整个鸡蛋为宜，加热至90℃，再加入少许醋。

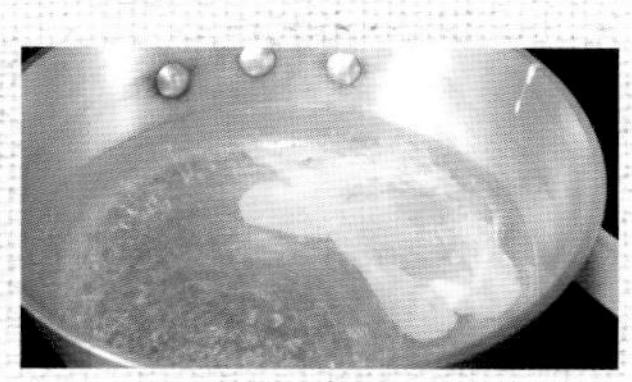

02 在锅中冒泡的位置上，轻轻打一个蛋滑入。气泡的流动可以使蛋白将蛋黄自然包裹。

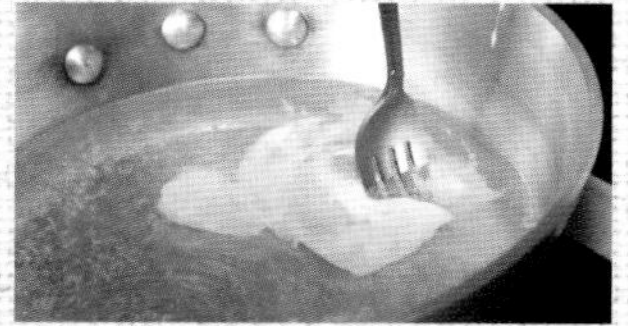

03 为避免蛋白四散开去，可以用叉子将蛋白归拢到荷包蛋的中央，让蛋白覆于蛋黄之上。

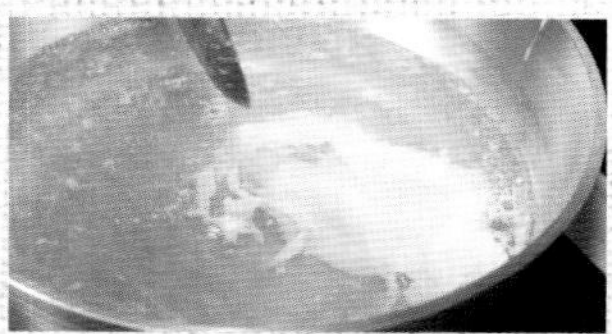

04 当蛋白完全覆盖在蛋黄周围时，用漏勺将其翻面。

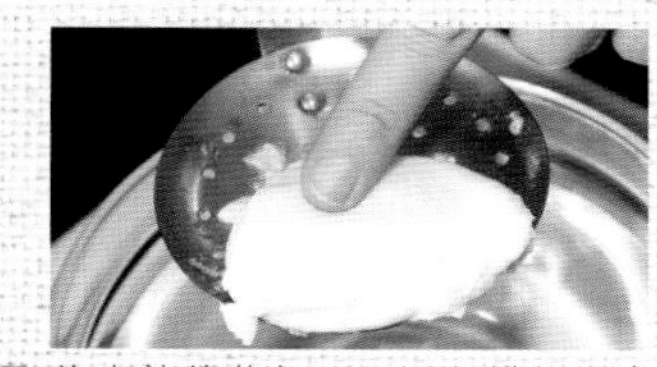

05 将半熟的荷包蛋用漏勺捞起，试着用手指轻轻压蛋黄，如感觉有弹力，即可起锅。

06 将半熟的荷包蛋放进装满水的盆中冷却。

在汤中添加罗勒酱

热那亚风意大利蔬菜浓汤

在第154页的意大利蔬菜浓汤中加一点儿罗勒酱（参考第21页），仅此便可变身为热那亚风蔬菜浓汤。

错误！

蔬菜煮得稀烂，完全不像汤

如果蔬菜切得杂乱无章，无论煮得怎样，卖相都会很差。而且，煮的时间太长也会导致蔬菜水分流失，将一锅蔬菜汤煮成蔬菜糊。这一点务请多加注意。

如果蔬菜的形状杂乱无章，煮出的蔬菜汤便也会令人食欲尽失。

烹制意大利料理的诀窍与要点㉚

利用鸡汤来变化出不同的汤品

除了用于汤品之外，鸡汤在意大利料理中更是不可或缺的材料

鸡汤

大麦蔬菜汤

材料（2人份）

鸡汤……500毫升、大麦……40克、意式腊肠……20克、洋葱……1/3个（80克）、胡萝卜……1/5根（30克）、芹菜……1/5根（20克）、土豆……1/3个（50克）、蒜油、盐、胡椒……适量

制作方法

❶意式腊肠、洋葱、胡萝卜、芹菜、土豆分别切成8毫米的小块。❷蒜油在锅中加热，待散发出香味时，放入意式腊肠、洋葱、胡萝卜、芹菜翻炒。❸加入鸡汤、大麦、土豆，煮约15分钟，直至大麦变软。❹调入盐、胡椒。

意式白芸豆汤

材料（2人份）

鸡汤……400毫升、水煮白芸豆……250克、洋葱、胡萝卜……各20克、芹菜……1/10根（10克）、蒜油……1大勺、迷迭香……1/3根、盐、胡椒……适量

制作方法

❶洋葱、胡萝卜、芹菜切薄片。❷蒜油在锅中加热，将步骤1的材料放入仔细翻炒。❸将迷迭香、230克的水煮白芸豆及鸡汤加入步骤2的锅中，煮约10分钟，直至蔬菜变软。❹从锅中取出迷迭香，其余材料放入食物料理机中搅拌，调入盐、胡椒，再将剩余的水煮白芸豆点缀在汤面上。

意式芙蓉鲜蔬汤

材料（2人份）

鸡汤……400毫升、鸡蛋……2个（120克）、帕玛森干酪（磨碎）……20克、菠菜……1/5把（40克）、盐、胡椒……适量

制作方法

❶盆中放入鸡蛋、帕玛森干酪、盐、胡椒，搅拌至溶化。❷锅中放入鸡汤、盐、胡椒，将水烧开。放入切成5厘米长的菠菜，继续烹煮。❸待再次烧开之后，一边轻轻搅动汤汁，一边垂直滴入步骤1的蛋液，迅速加热即可。

万能的鸡汤

在意大利料理中，鸡汤是最常用的高汤。第154页中的猪肉汤，也可以换成鸡汤。鸡汤还可以用于为肉类或鱼类料理的酱汁提味，在料理制作中扮演着重要的角色。一次性大量制作高汤保存起来，可方便随时使用。

第178页的菜品中虽然使用的是全鸡，但换成鸡架也可以熬出美味的高汤。

如果将鸡汤放在冰柜中冷藏，煮好时就应立即冷却，装入密封容器中，如此可保存约2～3天。如果要冷冻保存，则应将鸡汤装入密闭的塑料袋中，或灌入冰格，可保存约2个月。需要时，只需取出放入锅中加热即可。

Pizza

烤厚片比萨

借鉴正宗做法，做出居家味的比萨

烤厚片比萨

材料（直径24厘米的圆形比萨）

比萨面团的材料

高筋面粉……150克
橄榄油……1大勺
盐……1/2小勺
干酵母粉……2克
水（加热至37℃）……90毫升

装饰配菜的材料

水煮番茄……120克
芦笋……1根（20克）
洋葱……1/2个（100克）
鸡蛋……1个（60克）
蘑菇……2个（16克）
红甜椒……1/4个（35克）
鳀鱼片……1片（5克）
带核黑橄榄……2个
马苏里拉奶酪……1/2个（50克）
干牛至……1小撮
混合香草（参考第20页）……适量
蒜油上层清澈的油分……1大勺
辣椒油……1小勺
盐、胡椒……适量

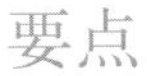

面团应擀得薄厚均匀

烹调时间
160分钟

01 在盆中加入37℃的温水及干酵母，搅拌酵母，使之溶化。

02 在另一个盆中加入高筋面粉、盐、橄榄油，以及步骤01的酵母液，用叉子混合搅拌。

03 搅拌至感觉不出粉末时，再将其移到操作台上。粘在盆壁的面团也要用刮片刮下，粘回面团上。

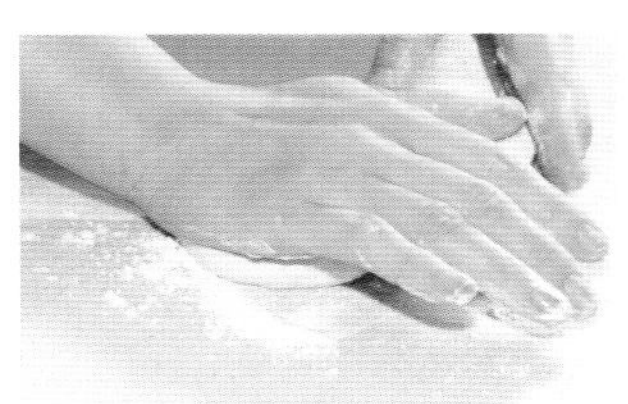

04 用手掌将面团从自己身前向前推，注意面团不可断裂。(要)如面团发生粘连，可在操作台上撒一些面粉。

05 面团揉搓到表面光滑时，移到薄薄涂抹了一层橄榄油的盆中。

06 将步骤05的盆放在装有约40℃温水的大盆中，装入塑料袋，袋口扎紧，放在24℃以上的常温下，发酵约1小时。

07 锅中加热橄榄油，倒入过滤过的水煮番茄、辣椒油、盐、胡椒，用小火将锅中食材煮成泥状。

08 用清水煮鸡蛋，剥去壳，切成5毫米宽的鸡蛋片。

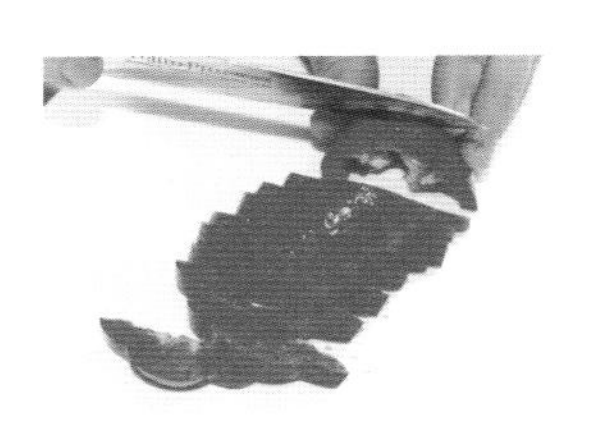

09 将红甜椒切成5毫米厚的片。

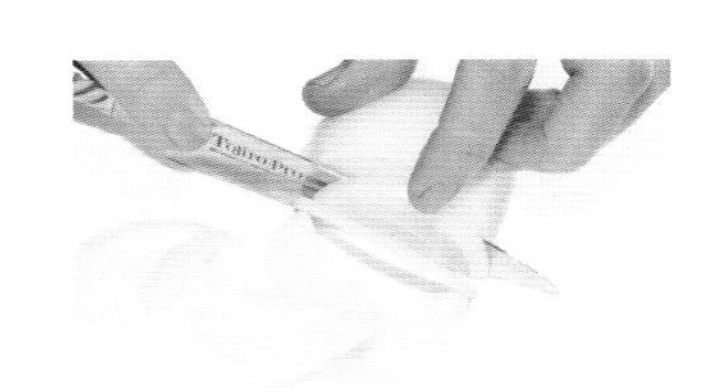

10 切去洋葱的芯，将洋葱切成薄片。

11 刷干净蘑菇的表面，将其切成3毫米宽的薄片。

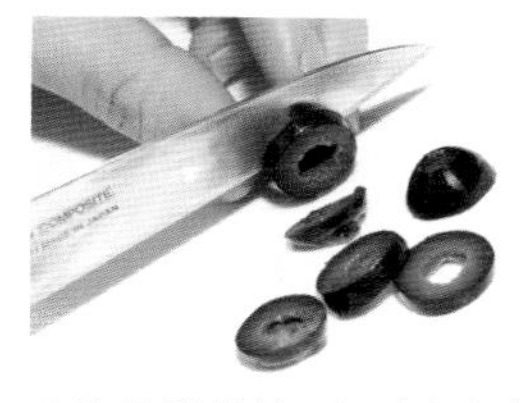

12 去除黑橄榄核，切成3毫米宽的橄榄圈。

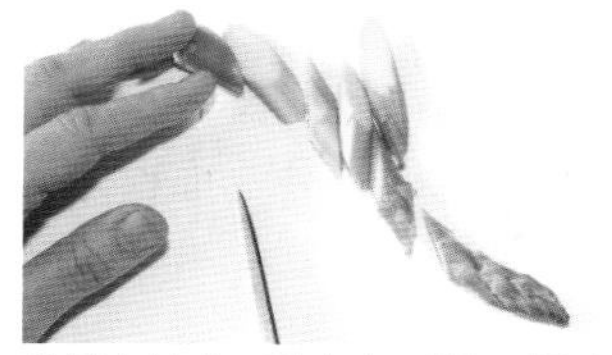

13 芦笋去结节，刮去皮，斜切成3毫米宽的芦笋片。将马苏里拉奶酪切成5毫米的小块。

14 平底锅中加热一半的蒜油，倒入洋葱翻炒，直至浅浅着色，并散发出香气。

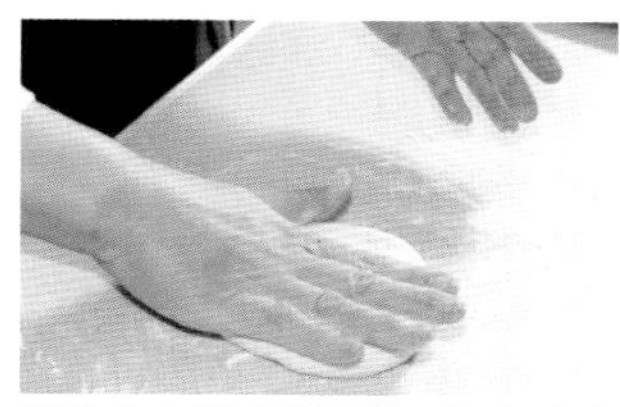

15 操作台上撒少许面粉，将发酵完成的面团置于其上，用手掌将其压平。（要）如手指按压面团时会留下指印，即证明发酵正常。

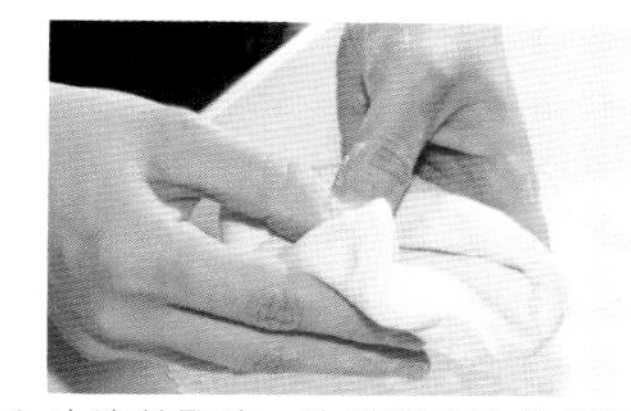

16 边旋转面皮，边将面皮边缘逐渐折向中央，接合面朝下，放置于操作台上。

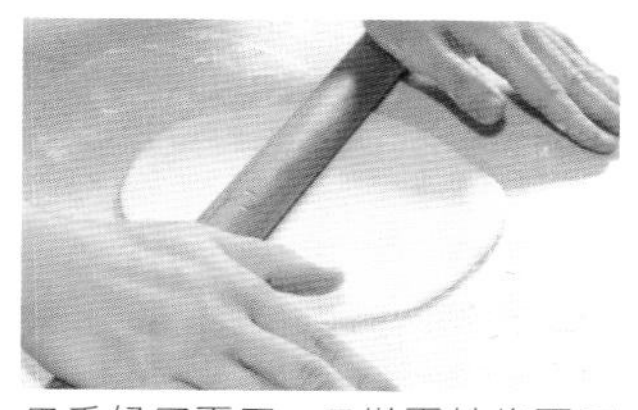

17 用手轻压面团，用擀面杖将面团擀成直径20厘米的圆形面饼。

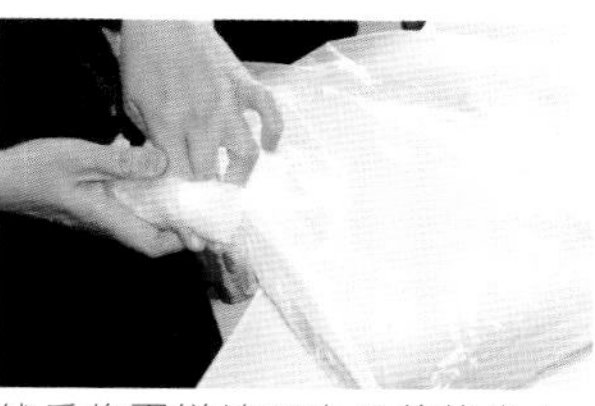

18 然后将面饼放置在平的烤盘上，放入发酵时使用过的塑料袋中，扎紧袋口，在常温下静置约20分钟。

19 当步骤18的面团膨胀到原体积的2倍大小时，将步骤07煮好的番茄酱汁在距离边缘2厘米位置的内侧涂抹出圆形。

20 接着，将步骤14翻炒的洋葱均匀撒在番茄酱汁上。

21 继续撒上蘑菇、芦笋、红甜椒。（准）将鳀鱼切成4等份。

22 将剩余的配料全部摆放在饼面上，再浇上剩余的蒜油，在预热220℃的烤箱中烤制约20分钟。（要）可视个人喜好撒上混合香草。

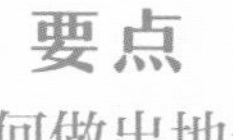

要点

如何做出地道美味的比萨

如果比萨面饼经过了一段时间仍未发酵，可试着移到室温较高的地方。而均匀烤制比萨的秘诀在于将加热所需时间最长的配料放在比萨的最外层。

如果揉面超过5分钟，面团仍然又软又黏，可以试着再添加少量面粉。

清水煮鸡蛋的过程中，必须不时地转动鸡蛋，如此煮出的蛋黄才会在鸡蛋的正中间。

那不勒斯风比萨

Pizza alla napoletana

材料（约25厘米×20厘米）

比萨面团的材料

高筋面粉……50克、低筋面粉……50克、盐……2克、干酵母粉……1克、水（水温37℃）……55毫升

比萨配料的材料

水煮番茄……120克

马苏里拉奶酪……4/5个（80克）

罗勒叶……2片

帕玛森干酪（磨碎）……5克

蒜油……1大勺　盐……适量

烹调时间
40分钟

※面团需另行发酵。

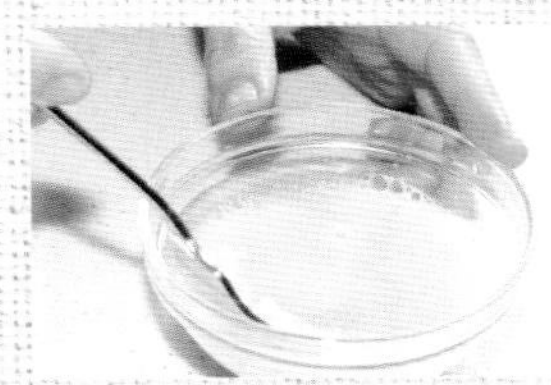

01 盆中加入37℃的温水及干酵母，再用叉子将干酵母搅拌溶化。

02 在另一个盆中加入高筋面粉、低筋面粉、步骤01的材料加以混合搅拌。当搅拌到一定程度后，移到操作台上。

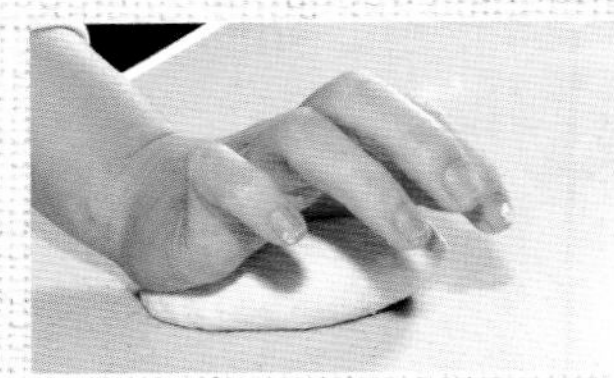

03 用手掌揉搓面团约4～5分钟，直至表面变得光滑为止。

04 将面团揉成圆形，放在涂了橄榄油的盆中，在10℃的室温下发酵8个小时。

05 将马苏里拉奶酪切成5毫米的小块。

06 将水煮番茄过滤。

07 将步骤06过滤好的番茄放入锅中，调入盐后加热。

08 加热至上图中的状态，制成番茄酱汁。

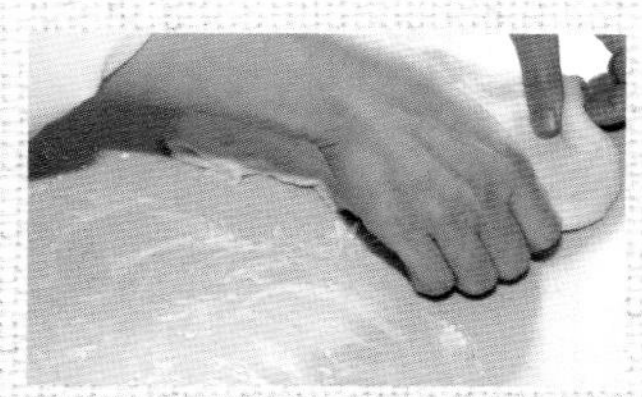

09 将发酵完成的面团置于撒了面粉的操作台上，用手指将饼边调整成四方形。

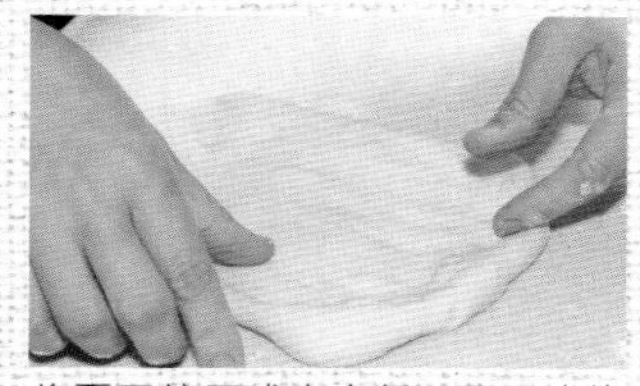

10 将面团按压成中央低、四周边缘隆起形状的面饼。

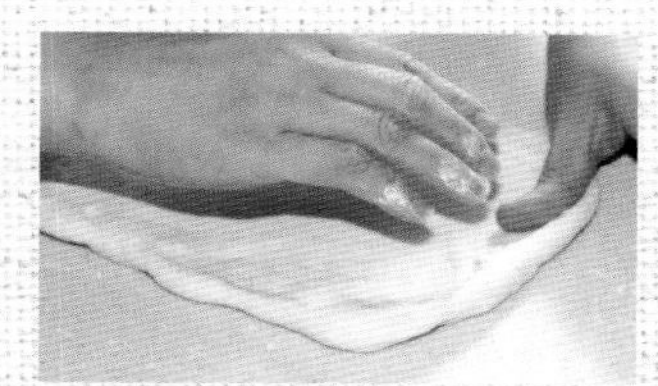

11 在外侧的边缘上，用拇指压出厚度。面饼因是使用烤鱼架烤制，可以根据网格的大小来调整。

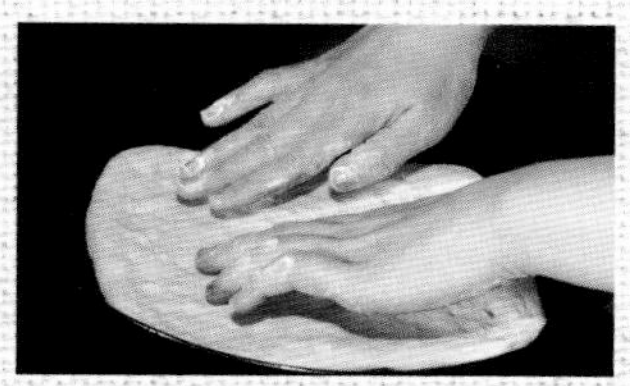

12 加热平底锅至冒烟，压住面团的内侧，按压在锅底烤出烧烤色。

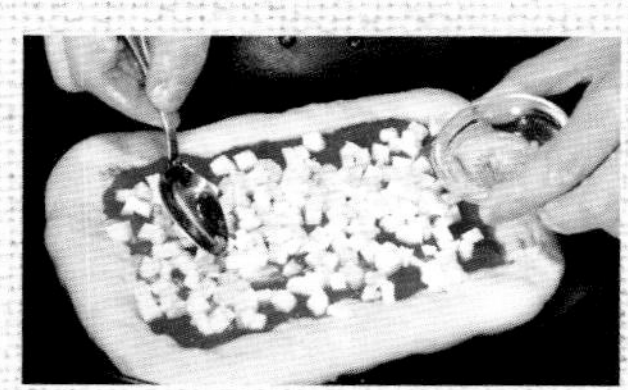

13 将步骤08的番茄酱汁均匀抹在面饼上，撒上马苏里拉奶酪和帕玛森干酪，淋上蒜油。

14 ㊟将烤鱼架用锡箔纸包住，高温预热备用。将步骤13的面饼移到烤鱼架上，烤制约2～3分钟。

15 最后撒上罗勒叶作为装饰，完成。

要点

如何做出最正宗的比萨

那不勒斯风比萨的面团不能使用擀面杖，而应用手来按压，面饼边缘的部分称为比萨饼边(Cornicione)，做出上翘的形状是最地道的。可以沿着面团的边缘，在外侧缓慢、仔细地按压出造型漂亮的饼边。

发酵时，将盆放入一个较大的塑料袋中，可以防止面团变干。

在砧板上撒一层面粉，将面饼置于其上，可以防止面团黏连，难以推开。

如果面团无法顺利膨胀

本书所介绍的是低温缓慢发酵的方法，按照那不勒斯的气温来规定发酵时间。如果实际操作时间不够，可以将面团在35℃的环境中发酵约2个小时。如果面团无法发酵，可以移到温度较高的地方。

如果采取增加酵母液来加速发酵的方法，面团中会带有很重的酵母味。

烹制意大利料理的诀窍与要点㉛

那不勒斯比萨的精髓何在？

追溯比萨发源地——那不勒斯的历史

饼边不规则的隆起，
正是手工揉压面团的实证！

地道那不勒斯比萨的条件

1
面团仅使用面粉、水、
酵母、盐四种材料。

2
面团用手推展。

3
放置于烤炉底部直接烤制。

4
烤炉使用的燃料是柴火木屑。

5
烤好的比萨会膨胀起来，
饼边的隆起犹如画框。

6
精心挑选比萨的配料。

以上条件缺一不可，
否则便称不上地道的
“那不勒斯比萨”

坚守那不勒斯比萨的
金牌品质

比萨行业协会，
传承正宗比萨味道

1984年成立的“那不勒斯正宗比萨协会”，目的是为了传承那不勒斯比萨的传统技术，并传播到世界各地。该协会对那不勒斯比萨的制作制定了数条严格规定，只有严守这些规定的比萨店才会获颁资格认证书与招牌（即上图所示）。招牌下方的数字，表示被认证的顺序。

号称世界最美海岸线的阿玛菲海岸上，别墅鳞次栉比。

比萨发源于那不勒斯，确立地位于那不勒斯

比萨的原型，是将面团展平，抹上橄榄油加以烤制而得到的“香草橄榄油面包”(Focaccla)。而今天所看到的，在面团上码放配料的比萨，则出现在17世纪中期的那不勒斯。进入18世纪后半期，制作比萨必需的材料——以番茄酱汁及橄榄油制成的“意大利红酱”(Marinara Sauce)，也在那不勒斯登上历史舞台。

发生在19世纪后期的一件事，促使比萨成为意大利全国街谈巷议的话题。当时，为了招待出访那不勒斯的玛格丽特王妃，比萨厨师使用番茄酱、奶酪、罗勒叶，做出了象征意大利国旗的“玛格丽特比萨”。王妃品尝之后便为之倾心，从此之后，比萨成为意大利尽人皆知的食物。今天，比萨作为意大利最具代表性的料理，已走向了世界各地。

Risotto ai funghi

菌菇烩饭

以乳化方式料理出一份弹牙的烩饭

菌菇烩饭

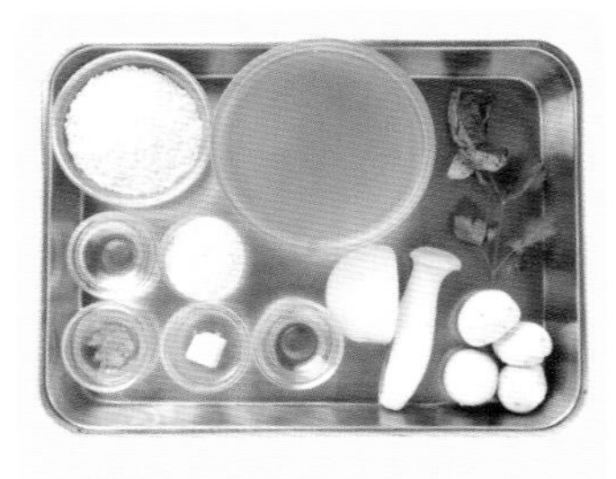

材料（2人份）
日本米（勿水洗）……4/5杯（120克）
牛肝菌干……2克
蘑菇……4朵（32克）
杏鲍菇……1根（30克）
洋葱……1/3个（70克）
肉汤……约500毫升
黄油……15克
帕玛森干酪（磨碎）……15克
白葡萄酒……25毫升
蒜油……1大勺
橄榄油……1大勺
意大利香芹……1根
盐、胡椒……适量

※如选择意大利米也是同等分量。

要点

大米如搅拌过度，会产生黏性，务请注意

烹调时间
50分钟

01 杏鲍菇切成1厘米见方的小块。

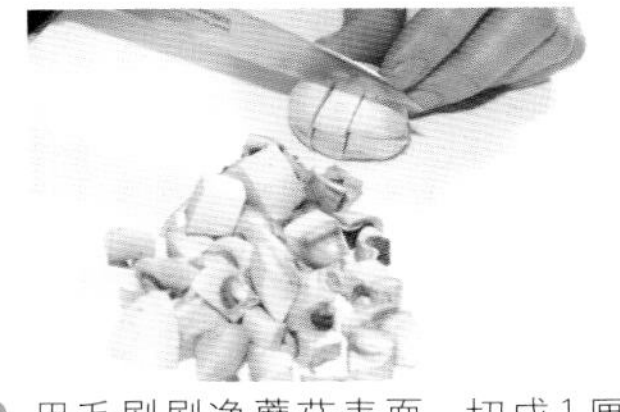

02 用毛刷刷净蘑菇表面，切成1厘米见方的小块。

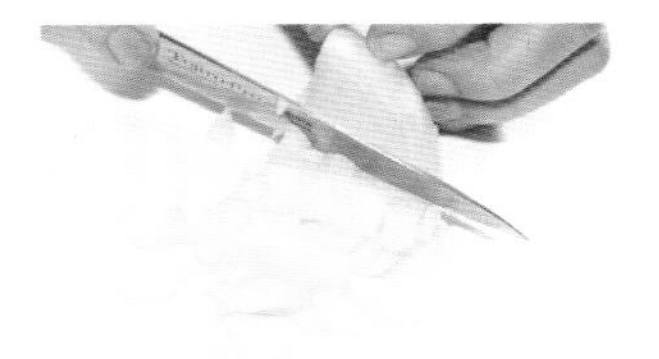

03 洋葱切成8毫米见方的小块。

04 将牛肝菌干浸在100毫升的水中，泡发约30分钟。

05 牛肝菌干泡软之后，挤干水分，切成1厘米的小方块。泡发水留下备用。

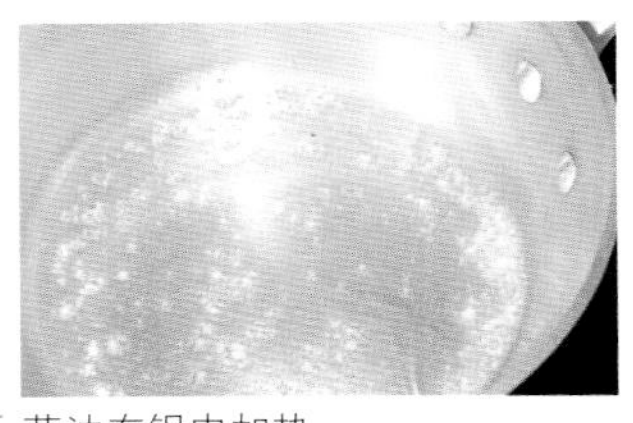

06 蒜油在锅中加热。

07 待散发出香味之后，加入洋葱翻炒。

08 轻轻翻炒洋葱之后，将未水洗过的大米加入锅中混合搅拌。

09 待米加热之后，加入白葡萄酒，待酒精挥发。

10 锅中倒入热高汤，直至淹没大米，煮15～18分钟。㊟请不要使用刮勺，而是将锅身摇动进行混合。

11 橄榄油在平底锅中加热，加入所有的菇类加以翻炒。(要)菇类含水较高，应开大火翻炒。

12 如上图所示，将菇类炒至呈现茶色。(要)必须均匀地翻炒，注意菇类不要相叠在一起。

13 在平底锅中撒入盐、胡椒调味，轻轻混合搅拌。(要)菇类一经调味就不会析出水分，鲜味也就被调出来了。

14 在步骤10煮烩饭的过程中如果水分减少，可以添加高汤，以保持水始终没过米饭。

15 烩饭煮好之前，将牛肝菌干泡发水上层清澈的部分加入其中。(要)请不要将泡发水下层的沉淀物也倒入饭中。

16 步骤13中炒锅的菇类倒入步骤15的锅中。

17 当米粒煮成中间留有白芯的状态时，调入黄油、盐、胡椒。迅速摇晃炒锅，令锅中的烩饭发生乳化。

18 步骤17的锅中加入帕马森干酪，用刮勺轻轻搅拌。(要)如水分不足，应随时补充热高汤。

19 盛盘，点缀上香芹。(要)轻敲盘子底部时，如果烩饭能够向两边摊开，如此硬度即为最佳。

要点

如何用剩饭制作烩饭

将高汤在锅中煮开，倒入剩饭，倒入炒过的菌菇，加入黄油、盐、胡椒、帕马森干酪，煮2～3分钟即可。操作过程非常简单。

冷冻的米饭可以先在冰柜中解冻之后，再与其他材料一起下锅。

错误！

是什么令烩饭的口感不够完美

如果米粒未能充分翻炒，在混合搅拌时又翻搅过度，就容易造成口感不佳。日本米混合搅拌过度容易产生黏性，因此煮的过程中不可过度搅拌。在煮好盛盘之际，加入黄油再仔细混合使之发生乳化，这一步的操作非常重要。

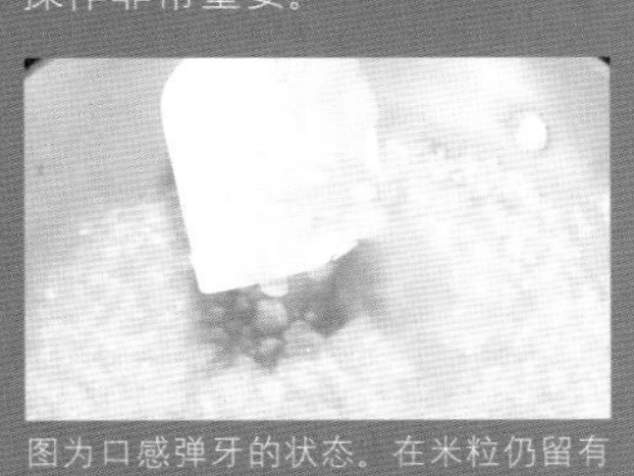

图为口感弹牙的状态。在米粒仍留有稍许白芯时即可起锅，利用余温继续加热。

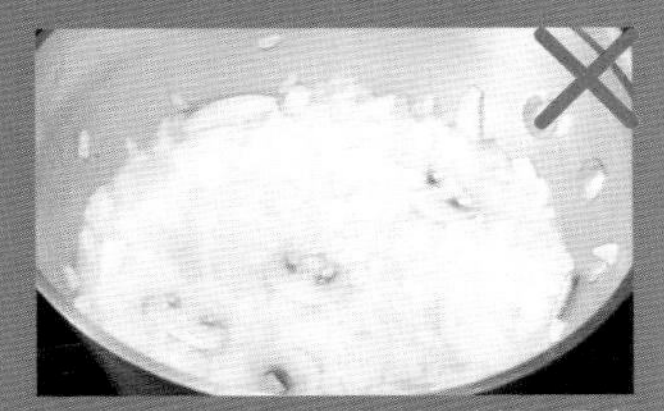

加入过多水分，煮的时间过长，混合搅拌过度，都会将烩饭煮成稀饭。

烹制意大利料理的诀窍与要点㉜

意大利米与日本米的不同

无论意大利还是日本，大米都是一种非常重要的食材

意大利米与日本米

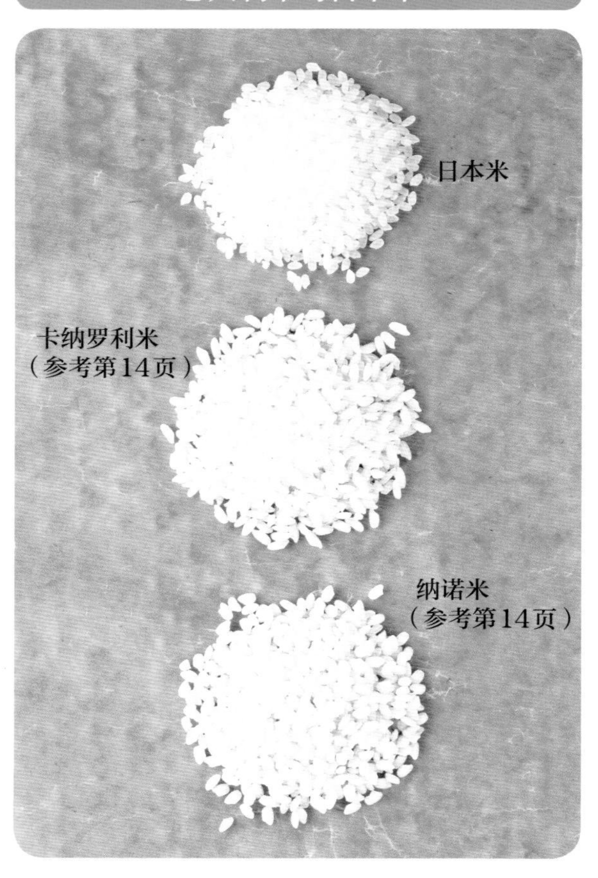

使用日本米烹制烩饭的重点

1. 不可过度搅拌

加入高汤烹煮时，应将木勺伸到锅底不时加以搅拌。请勿过度搅拌，以免将米粒捣碎。

2. 陈米的口感优于新米

陈米的黏性比新米低。新米含水分较多，因此煮出来较为柔软，含水多。

意大利米的种类

名称	大小	加热时间
Superfino	最大	16～18分钟
Fino	稍大	14～15分钟
Semifino	小	13～15分钟
Comune	最小	12～13分钟

意大利米根据米粒大小来进行分类

意大利虽然地处欧洲，却大量食用大米。意大利北部的波河流域是意大利境内屈指可数的大米产区，流域附近的大区也经常使用大米来制作料理。日本人是将大米作为主食直接食用，而意大利人则喜欢将大米做成烩饭，或用在汤、沙拉中作为配料来食用。意大利米品种以粳米为多，而细长型的籼米数量则非常少。

日本的大米按照品种分为笹锦米、越光米，而意大利米则按照米粒从大到小大小分为Superfino（最大）、Fino（稍大）、Semifino（小）、Comune（最小）。其中Superfino因其黏性较小，较多用来制作烩饭。

Zuppa di pesce

海鲜汤

鱼贝类荟萃的香浓海鲜汤，令人吮指回味

海鲜汤

材料（2人份）

小银绿鳍鱼……1条（250克）
草虾……2只（80克）
贻贝……2个（60克）
洋葱……1/7个（30克）
胡萝卜……1/8根（10克）
芹菜……1/10根（10克）
鱼汤……800毫升
水煮番茄……80克
大蒜油、橄榄油……各1大勺
黄油……10克
藏红花……1小撮
高筋面粉、盐、胡椒、莳萝……各适量

鱼汤的材料

鱼骨……从上述材料而来
洋葱、芹菜、红葱头……各10克
蘑菇……2个（14克）
白葡萄酒……100毫升
水……1升
白胡椒粒……2粒
百里香、月桂叶……各少许

要点

小银绿鳍鱼身上残余的血块、内脏必须清理干净

烹调时间 60分钟

01 制作鱼汤。将洋葱、芹菜、红葱头、蘑菇分别切成薄片。白胡椒粒敲碎。

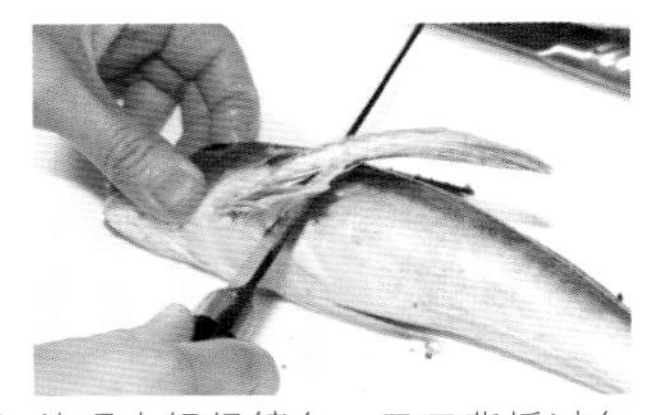

02 处理小银绿鳍鱼。用刀背捋过鱼皮以去除鱼鳞。将胸鳍与鱼头一起斜切下来。

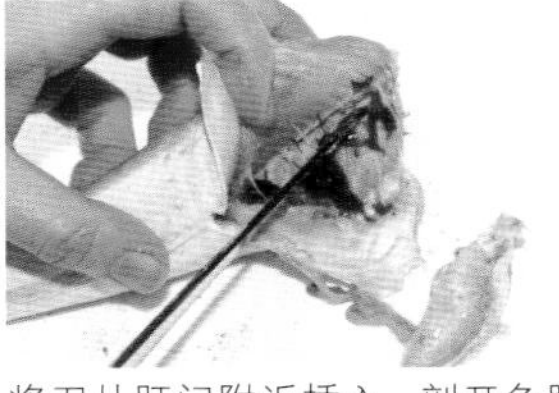

03 将刀从肛门附近插入，剖开鱼腹。用刀刮出内脏，捅破腹内带残血的部分。

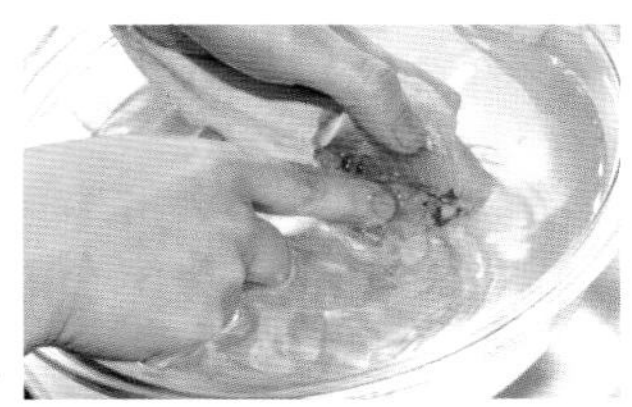

04 盆中装满冷水，将鱼身没入其中，清洗残血。再用布将鱼身上的水分擦干。

05 用汤匙柄或刮皮刀将鱼眼睛挖出。接着将手指深入鱼鳃底部，将鱼鳃掏出。㊟如鱼鳃、鱼眼未处理干净，鱼汤会变得浑浊。

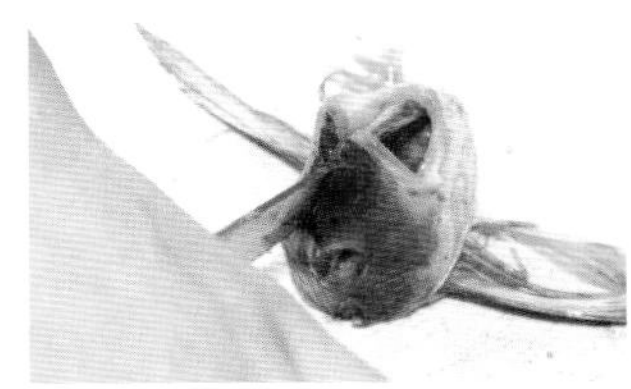

06 将鱼头朝上置于砧板之上，将鱼头竖切成两半，将残留在鱼头内的内脏清洗干净。

07 在鱼腹之上5毫米处切入，沿着鱼脊骨深切而下，将鱼调一个头，在背鳍之上5毫米处也切入，片下鱼肉。

08 也用步骤07的方法，将另一面鱼身的鱼肉也片下。

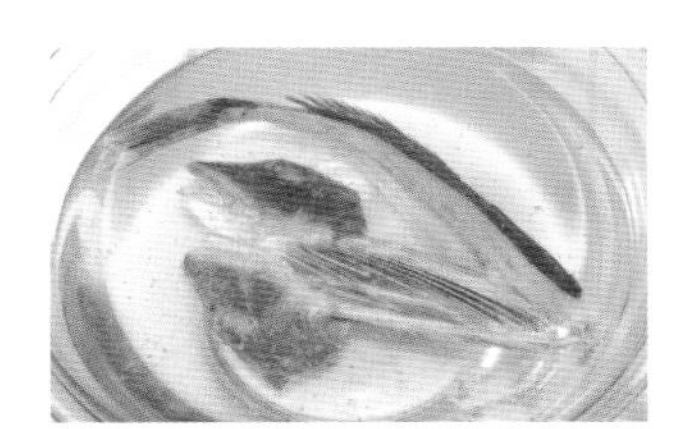

09 鱼骨浸没在装满冷水的盆中，清洗血水。

10 取出残留在鱼身上的小刺，将鱼刺拔除干净。㊠边用左手摸索鱼刺，边将其仔细拔出，注意不可将鱼刺拔断。

11 将鱼肉切成一口大小。准保留草虾头，在虾背上划一道口，挑出虾线（参考第123页步骤13）。

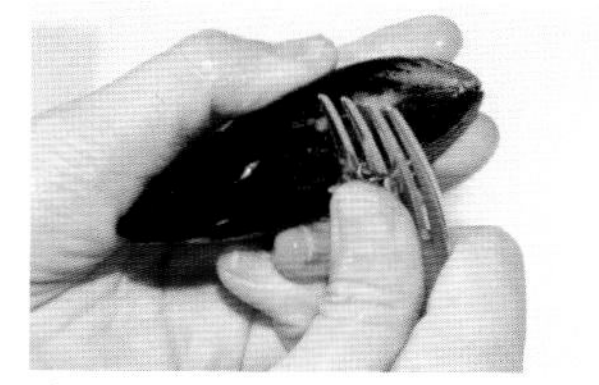

12 贻贝用刷子刷干净，贻贝的足丝用叉子向铰合部的相反方向拉扯、清除。

13 将步骤09的鱼骨沥干水分，放入锅中。再加入步骤01的材料、水、白葡萄酒、百里香、月桂叶，加热烹煮约20分钟。

14 汤表面的浮沫用汤勺舀去。注如不清除浮沫，汤汁中会留有腥味。

15 切好煮汤的材料。胡萝卜、洋葱、芹菜分别切丝，水煮番茄过滤备用。

16 锅中加热蒜油及5克的黄油，放入切成丝的胡萝卜、洋葱、芹菜、盐，仔细翻炒。

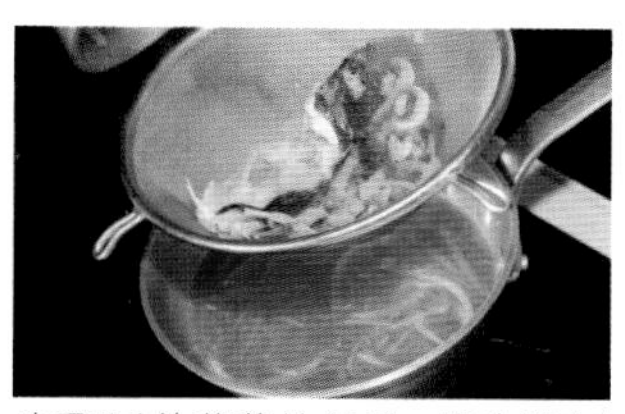

17 步骤16的蔬菜炒好后，将步骤14的鱼汤用筛网过滤进锅中。

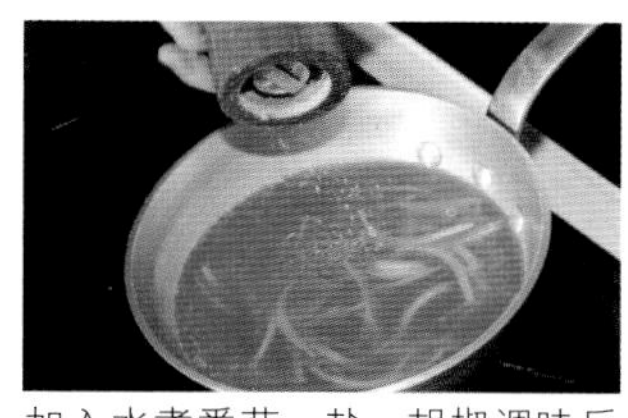

18 加入水煮番茄、盐、胡椒调味后继续烹煮。

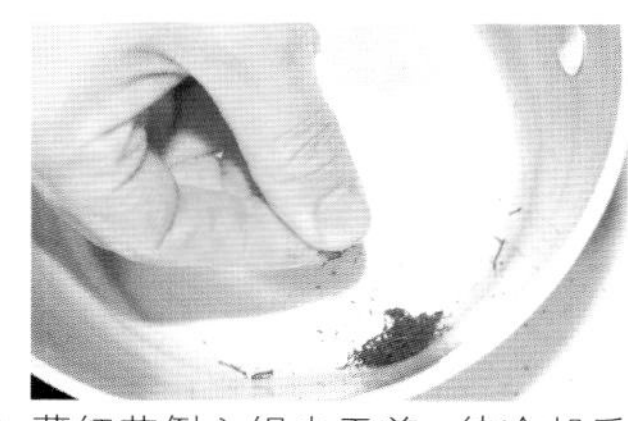

19 藏红花倒入锅中干煎，待冷却后用手指将其碾压成粉末。要如果没有碾压成粉末，则无法释放出颜色与香气。

20 在步骤19的锅中倒入步骤18的汤汁，待藏红花溶化之后，再加入步骤18的汤锅以上色。

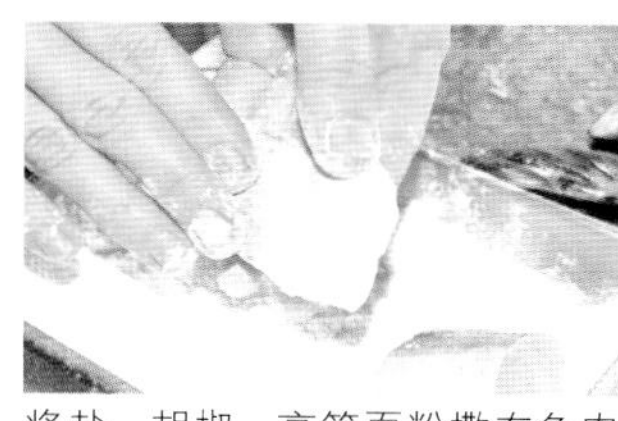

21 将盐、胡椒、高筋面粉撒在鱼肉上，拍去多余的粉末。要鱼皮上沾少许粉，可以煎得比较完整，且不会粘锅。

22 锅中加热5克的黄油和蒜油，放入草虾及鱼肉，转大火煎出香味。

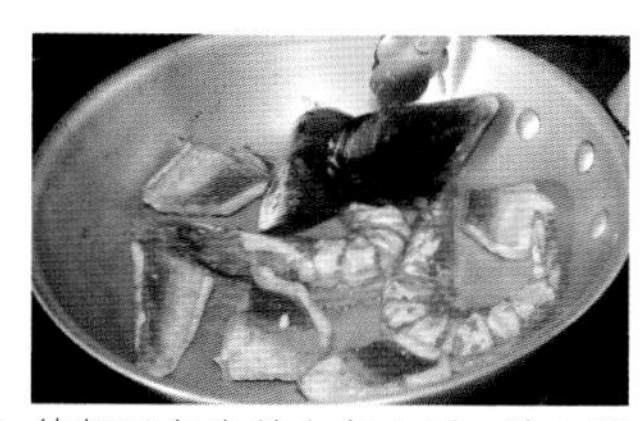

23 待虾及鱼肉煎上色之后，放入贻贝，改小火。注如继续用大火，倒入汤汁时会溅出。

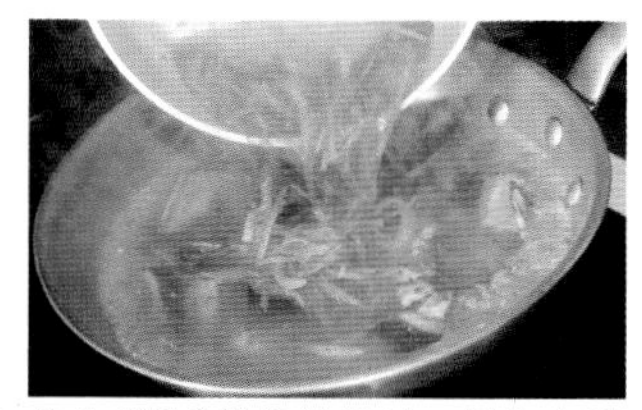

24 将步骤20做好的汤汁，倒入步骤23煎鱼贝类的平底锅中，稍微煮2～3分钟。

25 待贻贝壳完全打开之后，盛盘，撒上莳萝作为装饰。

烹制意大利料理的诀窍与要点33

如何初加工鱼贝类

对新鲜鱼类进行仔细初加工，方为地道做法

虾

使用竹签、叉子或其他尖锐的工具，从虾背上挑出虾线。用带虾壳的虾煮出的汤汁更为鲜美。

墨鱼

捏住墨鱼须，将其拉出墨鱼的身体。带皮食用会影响口感，因此应用湿毛巾慢慢将外皮剥去。

三枚切

首先切开鱼头与鱼身。接着在腹鳍处切入，浸入装满水的盆中，将残血、内脏清洗干净。

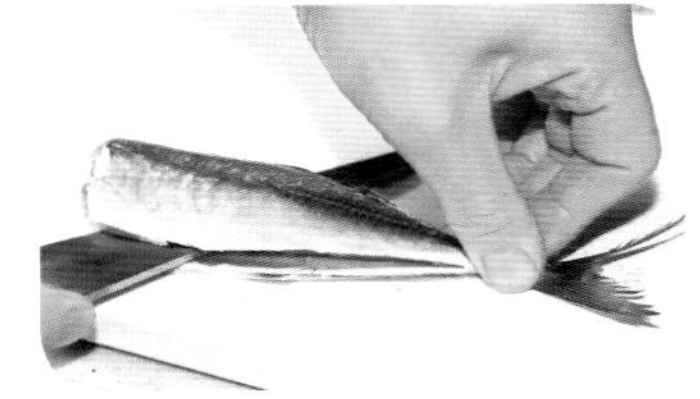

取出内脏，用湿毛巾将鱼身擦干。参考第79页的做法，将其切成鱼肉2片，鱼骨1片。

贻贝

用刷子刷去贻贝壳上的污物。足丝用叉子缠住，向铰合部的反方向拉扯、清除。

蛤蜊

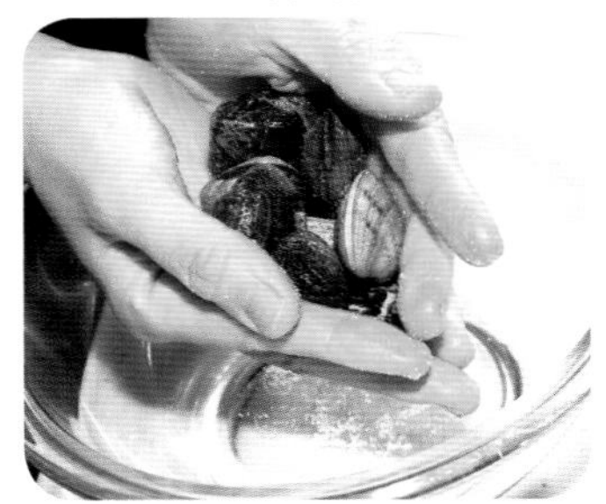

将盐撒在蛤蜊上，双手捧着蛤蜊用力互相摩擦，以去除蛤蜊壳上的污物。接着浸入装满水的盆中清洗干净。

从朴素的鱼贝类料理中，品出食材的原汁原味

在意大利，几乎所有的鱼贝类都必须煮熟后食用。主要利用烤、炸、炖、煮等简单的烹饪方法。特别是用烤箱或烤架烤制食材时，会撒上香料，淋上橄榄油，来激发出食材的原汁原味。

而食材的味道在料理中充分展现的先决条件是，食材必须非常新鲜。在家中烹制意式鱼贝类料理，必须准备新鲜的食材。无论选择哪一种鱼，都必须用水清洗，刮去鱼鳞，去除鱼鳃及内脏。

接下来的初加工就要根据料理的特点来进行了。但三枚切、挑鱼刺等细致的初加工都是不可省略的。只有注重细节，谨慎操作，方能做出最接近正宗意大利风味的料理。

第 5 章
主菜

专栏

意大利料理与酒类

意大利的酒类

酒精升级美食的乐趣，酒精激发意大利的个性

如何为意大利料理选择佐餐的酒类

带有酸味或苦味的酒类，适合用来作为餐前酒饮用。因为甜味酒一旦进入胃里，就会将饱腹感传递给大脑，降低食欲。而餐后酒则以甜度适当，酒精度略高的酒类为宜，以此促进消化，放松心情。

在所有的酒类中，葡萄酒是最百搭的佐餐酒。意大利的20个大区都在酿造葡萄酒，产量可与法国匹敌，争坐全球第一、第二位的交椅。以白葡萄酒为基底酒、散发药草香的苦艾酒、常用于调制鸡尾酒的金巴利酒都带着苦味，口感清爽，非常适合在餐前饮用。

用餐完毕，建议您品尝使用柠檬调制而成的利口酒、柠檬酒、杏仁酒等甜利口酒。这类酒可以直接饮用，也可以调成鸡尾酒来饮用，非常适合作为餐后酒。

餐后酒推荐

格拉帕酒

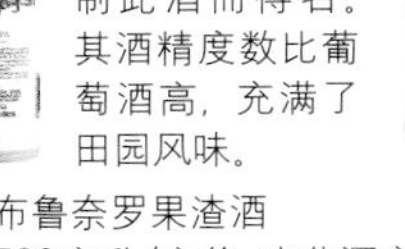

此款酒用葡萄酒酿制后残留的葡萄渣蒸馏而成，因威内托大区的格拉帕村大量酿制此酒而得名。其酒精度数比葡萄酒高，充满了田园风味。

布鲁奈罗果渣酒
700毫升/市价 班菲酒庄/孟德物产（monte）

柠檬酒

此酒不添加任何保鲜剂及色素，仅选取手摘柠檬，利用特殊秘方酿制。无论是直接饮用，还是浇在果子露冰激凌上食用，都是不错的选择。

柠檬酒
700毫升/3300日元
维拉马萨公司/高濑物产

杏仁酒

这是杏仁利口酒的前身，将杏仁核萃取出的油脂与17种香草、水果共同蒸馏而成。味甜，口感柔和、绵密。

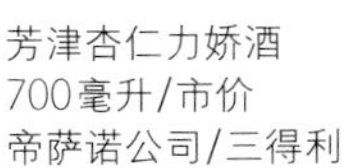

芳津杏仁力娇酒
700毫升/市价
帝萨诺公司/三得利

马沙拉酒

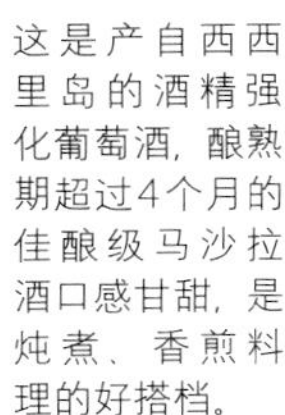

这是产自西西里岛的酒精强化葡萄酒，酿熟期超过4个月的佳酿级马沙拉酒口感甘甜，是炖煮、香煎料理的好搭档。

佳酿级马沙拉酒品牌“主厨” 750毫升/市价 英翰公司（Ingham, Inc.）/孟德物产（monte）

餐前酒推荐

金巴利酒

此酒的原料中含有苦橙、藏茴香、胡荽等药草和香料，建议与柑橘类水果搭配调制成鸡尾酒或加冰块饮用，尽情享受其清爽口感。

金巴利酒
1000毫升/市价
戴维·金巴利公司（Davide Campari, Inc.）/三得利

苦艾酒

这是1757年始创于都灵的苦艾酒名牌，在白葡萄酒中浸泡药草、香草以添加香味，辛辣中略带甘甜。

仙山露白美思
1000毫升/市价
戴维·金巴利公司（Davide Campari, Inc.）/三得利

意大利起泡酒

产自威内托大区的辛辣起泡酒。使用白皮诺、霞多丽等品种的葡萄酿制，酒中带有果香，口味清爽、辛辣，无论享用何种料理，这都是一款值得推荐的餐前酒。

蒙特贝洛绝干高泡葡萄酒
750毫升/市价
蒙特贝洛公司/孟德物产（monte）

Saltimbocca alla romana

罗马风味煎小牛肉火腿卷

这是一道罗马风味浓郁的地方料理

罗马风味
煎小牛肉火腿卷

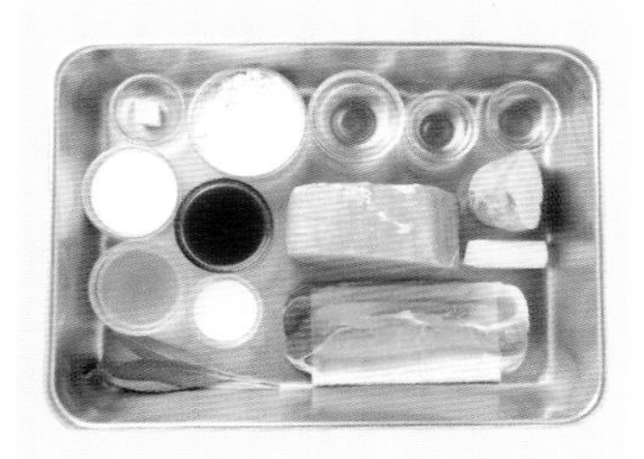

材料（2人份）

小牛腿肉（可用牛肉或猪肉代替）……180克
生火腿……4片（32克）
鼠尾草……6片
鸡汤……50毫升
小牛肉汤……30毫升
黄油……5克
黄油（酱汁用）……5克
白葡萄酒……25毫升
橄榄油……1大勺
高筋面粉、胡椒……各适量

芹菜泥酱汁的材料

土豆……1/2个（80克）
芹菜……1/5根（20克）
牛奶……50毫升
鲜奶油……2小勺
EXV橄榄油……2小勺
盐、胡椒……适量

要点

小牛肉应在短时间内烤香

烹调时间
30分钟

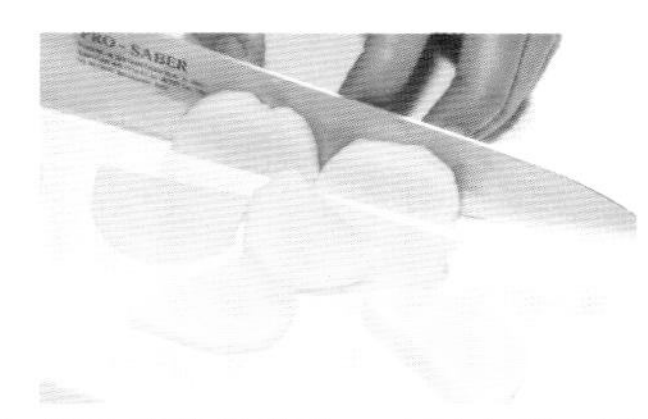

01 制作芹菜泥酱汁。土豆去皮，切成1厘米的厚片。

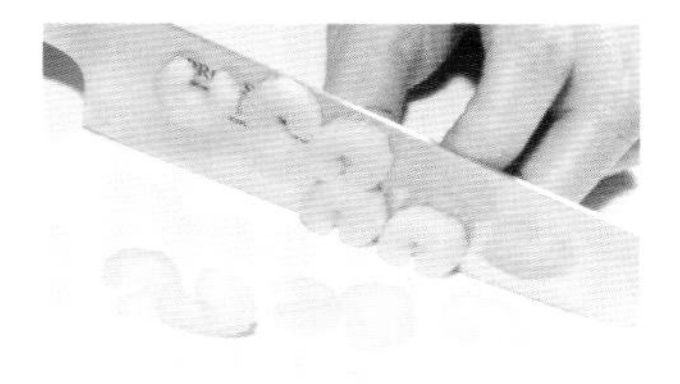

02 剔去芹菜的粗纤维，切成1厘米的厚片。

03 在锅中放入步骤01的土豆片、步骤02的芹菜片、牛奶。倒入水直至没过所有材料，煮约15分钟。

04 用竹签戳入土豆片，如能穿透即可关火。汤汁留起备用。

05 用筛网来过滤土豆和芹菜。㊡左手压在木勺上帮助过滤。

06 将过滤好的土豆和芹菜放入锅中，加入鲜奶油、EXV橄榄油、盐、胡椒，同时加入1勺汤汁。

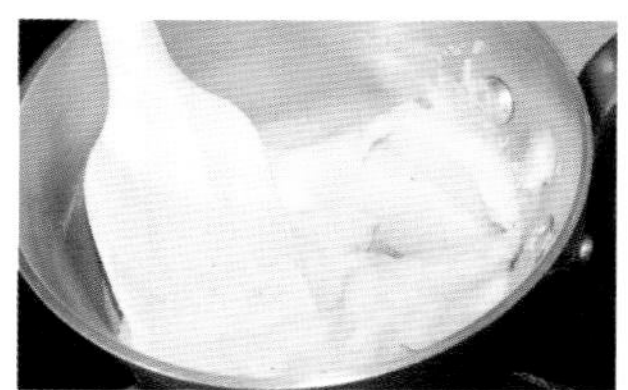

07 转小火，用刮勺将锅中材料混合搅拌至泥状。如果太干，可加入一些汤汁来稀释。㊡盖上锅盖，使锅内材料不致太干。

08 制作煎火腿卷。将小牛肉切成4片薄片。

09 将牛肉薄片摆放于砧板上，并在其上各放一片鼠尾草。

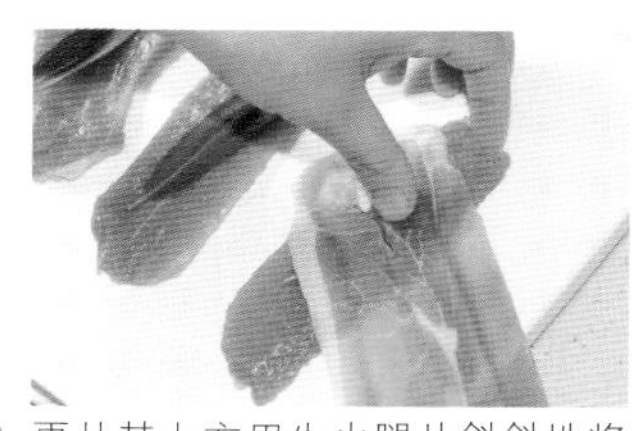

10 再从其上方用生火腿片斜斜地将其卷起。㊡可卷得较松，因接下来还要拍打牛肉片。

11 生火腿本身含有盐分，因此只需在其上撒胡椒即可。用保鲜膜将砧板覆盖住，再将牛肉片摆放在保鲜膜上，接着再将保鲜膜紧密地包覆住牛肉片。

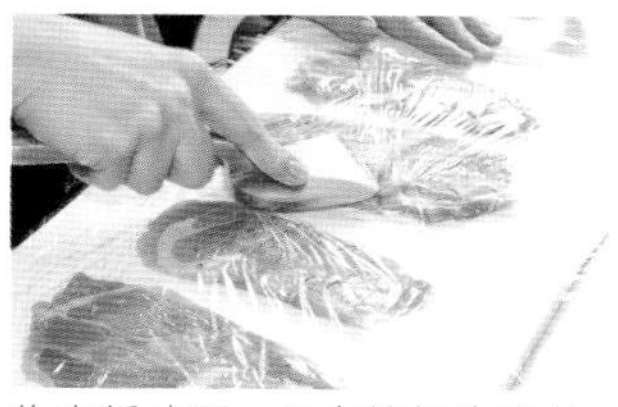

12 将肉锤沾湿，用来敲打牛肉片。㊣利用敲打让生火腿与小牛肉片贴合得更加紧实，不易脱离，同时肉质也会变得更加柔软。

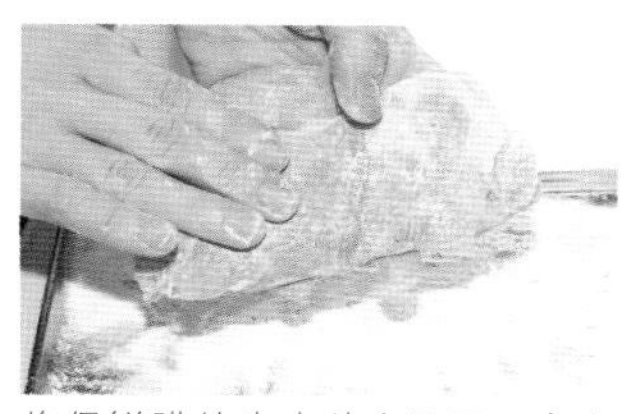

13 将保鲜膜从牛肉片上取下，裹上高筋面粉，拍落多余的粉末。㊣裹上面粉可以在煎的过程中，对肉片均匀上色，也可以适度加稠酱汁。

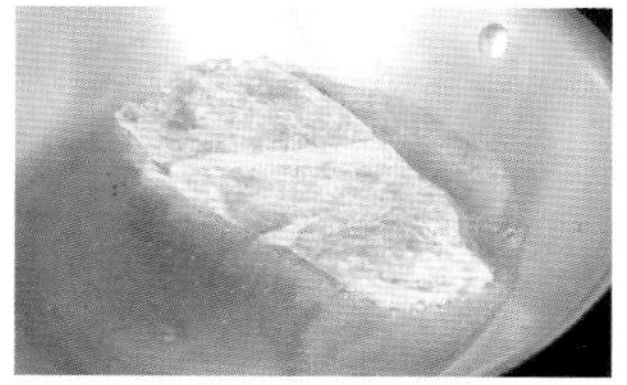

14 平底锅中加热橄榄油和黄油，待其颜色略变深之后，将小牛肉粘着鼠尾草的面朝下放入锅中煎。

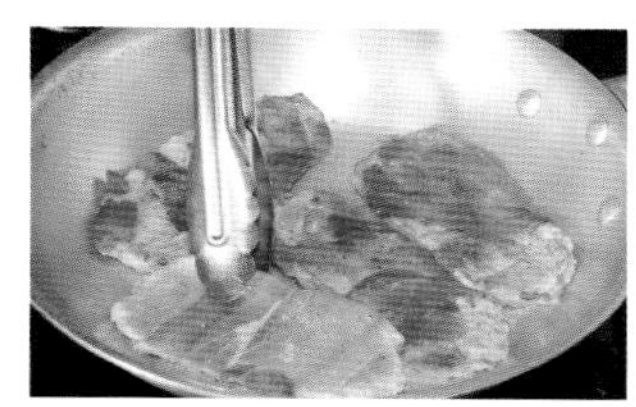

15 单面煎至金黄之后，用夹子翻面继续煎。

16 所有的牛肉片都翻过之后，倒入白葡萄酒，待其酒精挥发。

17 接着加入牛肉汤和鸡汤，边晃动平底锅，边加以混合搅拌。

18 再次将所有肉片翻面，使之完全浸透酱汁，再煮约1～2分钟后出锅。

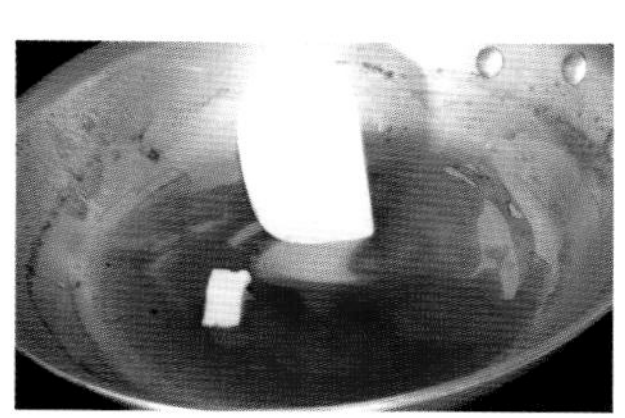

19 锅中剩余的汤汁要用来制作酱汁，此时放入黄油加热，煮至浓稠。

20 将芹菜泥酱汁在盘中摊平，再将煎火腿卷置于其上。最后将步骤19熬煮的酱汁浇在表面，用鼠尾草加以装饰。

要点

肉锤应用水沾湿

敲打肉片之前，应将肉锤用水沾湿，如此才不易将保鲜膜敲破，也不容易打滑。另外，鼠尾草的香味也能更好地渗透进肉中，令成品风味更佳。而敲打肉片还可使肉片厚薄达到均匀，煎出美味的肉片。

敲打肉片时不宜用力过大，否则容易将肉片敲打得支离破碎。

如何煎出柔软、喷香的肉卷

煎小牛肉火腿卷（Saltimbocca）直译为“跳进嘴里”，说明这是一款可以快速出锅的料理。因是用大火在平底锅中煎制，要在肉片背面的肉汁被煎干之前翻面，煎出金黄色，所以做此道料理时速度必须特别快。

用大火煎成两面金黄、中间多汁的肉卷。

烹制意大利料理的诀窍与要点34

拉齐奥大区的料理与特色

古都罗马的饮食与文化

罗马 拉齐奥大区

拉齐奥大区的主要特产

1. 意式培根

将五花肉盐腌、干燥而成的加工食品。使用意式培根和黑胡椒做出的"奶汁培根意大利面"是罗马的特色料理。

2. 佩科里诺罗马诺羊奶酪

在羊奶做成的佩科里诺奶酪中，佩科里诺罗马诺羊奶酪也是意大利最古老的奶酪。至少熟成8个月，特点是含盐高，且口味略呛。

3. 洋蓟

洋蓟是罗马的代表性特产。每年5月，洋蓟最好的季节来临之际，人们还会为其举办庆典。在洋蓟中夹肉的料理"罗马式洋蓟"是当地的特色食品。

其他

古罗马时期便开始使用的梦幻调味料——鱼酱（Garum），以及平原地区的土豆、西兰花也都是此地的特产。

拉齐奥大区的代表性料理

煎小牛肉火腿卷

用生火腿片包裹此地特产的小牛肉煎制而成的主菜，是一款要求迅速烹调的料理。

面疙瘩

将牛奶加进硬质小麦粉加以揉搓，加入帕玛森干酪、黄油烤制而成。

培根番茄意大利面

将意式培根、盐腌猪颊肉加入番茄酱汁料理而成的意大利面。

历史文化之都罗马，饮食文化不偏不倚

全世界天主教的中心，罗马教廷所在地，独立国家梵蒂冈正位于拉齐奥大区。拥有3000多年历史的罗马是意大利共和国的首都，也是拉齐奥大区的首府，有着"永恒之都"的美誉。罗马斗兽场、万神庙、奥古斯都神殿等无数的历史建筑，无不在讲述荣耀的历史。在罗马，神圣星期五的前日——星期四，人们会进食土豆面疙瘩，星期五是简单的鳕鱼干，星期六则进食牛肚以滋补身体。正是当地神圣的风俗造就了特殊的饮食习惯。

Pollo alla cacciatora

意式猎人烩鸡肉

使用带骨全鸡烩制而成的料理中，蕴藏着无穷的美味

意式猎人烩鸡肉

材料（2人份）

全鸡（小）……1只（700克）
洋葱……1/3个（80克）
胡萝卜……1/8根（25克）
鸿禧菇……1/4袋（25克）
鸡汤……200毫升
白葡萄酒……25毫升
番茄酱汁……80毫升
带核黑橄榄……4个
蘑菇……2个（16克）
切碎的欧芹……1小勺
橄榄油、蒜油……各1大勺
黄油……15克
面粉、盐、胡椒……各适量

要点

掌握切分整只鸡的技巧

烹调时间
45分钟

※整只鸡需另行切分。

01 将洋葱和胡萝卜切碎，切除鸿禧菇蒂，蘑菇切6等份。

02 锅中加热蒜油，待散发出香味后，加入切碎的洋葱、胡萝卜仔细翻炒。

03 在鸡腿、鸡翅中、鸡胸肉上撒盐、胡椒，用手轻轻揉搓。(要)鸡腿肉、鸡胸肉较厚，应多用调味料。

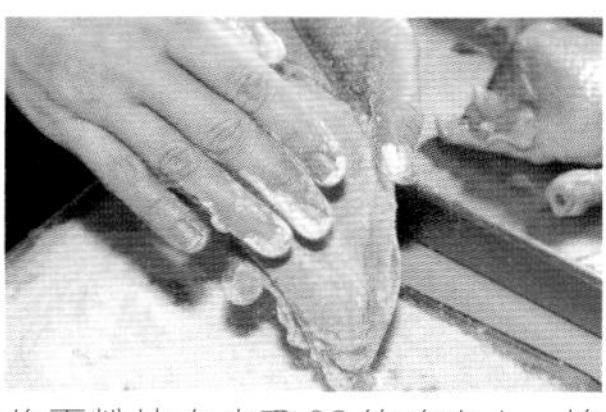

04 将面粉抹在步骤03的鸡肉上，拍落多余面粉。(要)拍落多余的面粉，有助于将皮煎得更漂亮，也不容易粘锅。

05 在另一个较大的平底锅中，加热橄榄油和5克的黄油，将鸡肉两面煎出金黄色。(要)也可以将鸡肉和鸡皮之间多余的油脂煎出来。

06 煎骨头转角处的鸡腿肉和鸡胸肉时，可以将平底锅略略倾斜，让肉与大量的油接触，效果如同油炸。鸡肉起锅后放在铺着网架的托盘上沥干油分。

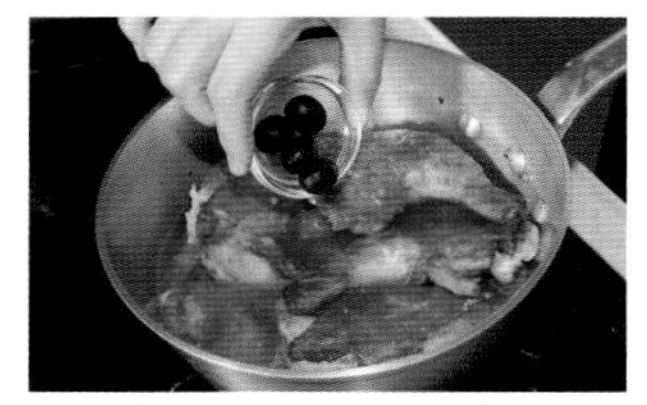

07 在步骤02的锅中放入鸡肉、白葡萄酒、番茄酱汁、鸡汤、黑橄榄，调入盐和胡椒。

08 盖上锅盖煮约10分钟。表面出现浮沫，应立即舀去。锅中保持微微沸腾的状态。

09 将剩余的10克黄油放入锅中加热，再放入鸿禧菇、蘑菇，用大火翻炒至颜色加深，并散发出香味。

10 在步骤08的锅中，放入步骤09的所有食材，鸡肉翻面，将其煮透即告完成。盛出装盘，撒上欧芹末以做装饰。

如何切分全鸡

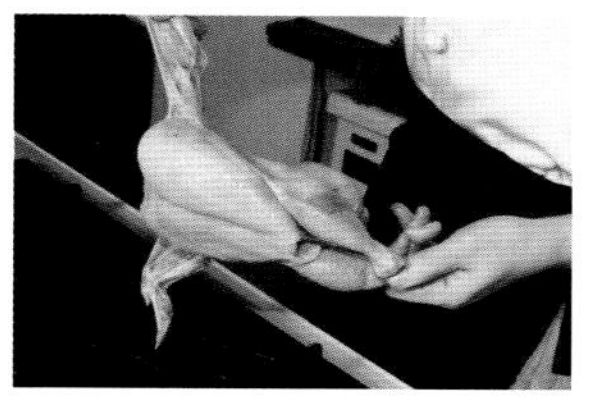

01 将整只鸡拉开，靠近炉火，烧去鸡皮上的细毛。

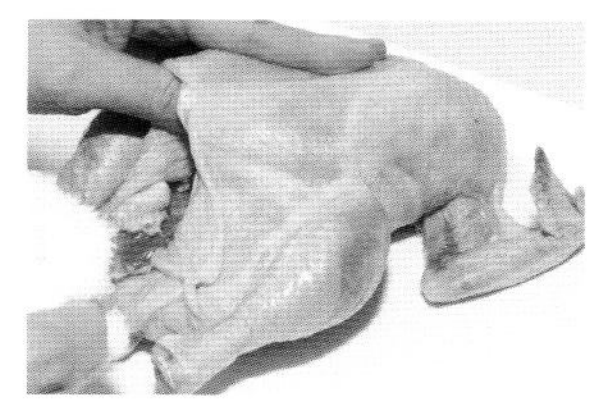

02 用湿布将鸡擦干净，再将鸡屁股下端奶油色的油脂和内侧的油脂切除。

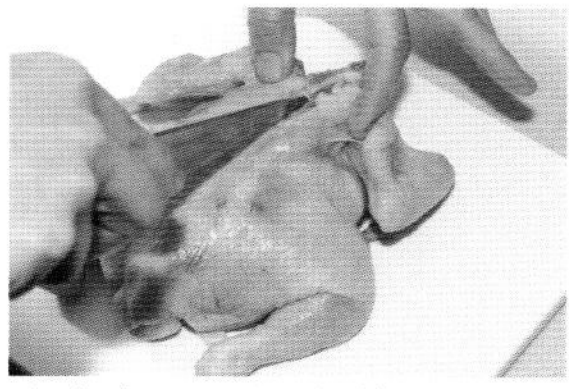

03 从鸡脖子开始，朝着鸡屁股的方向，用刀切入鸡皮之下约5厘米。

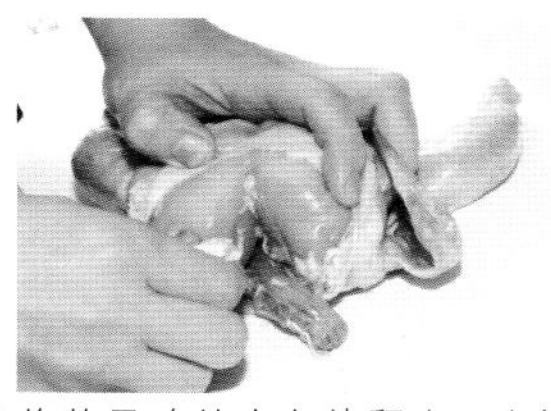

04 将整只鸡从内向外翻出，胸部一侧朝上放置。将鸡脖子周围的白色油脂用湿布擦去。

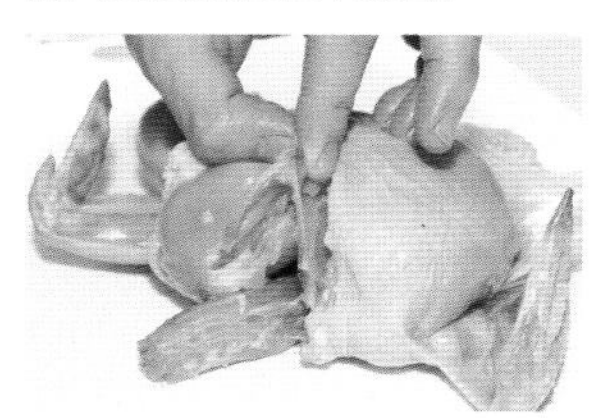

05 将刀切入呈V字形的锁骨部分，用手指拨开鸡肉，拉出鸡骨头。

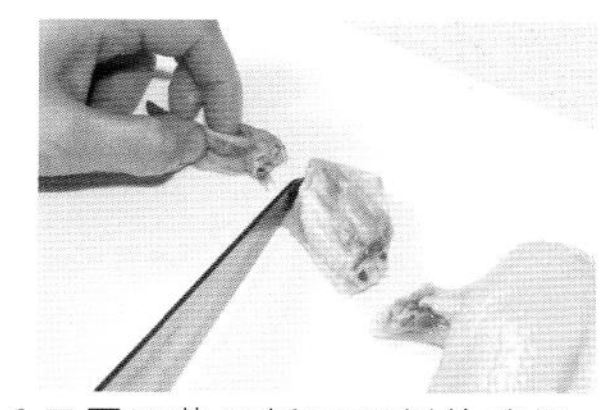

06 用厚刃菜刀斩下两侧的鸡翅，再分别切下翅中和翅尖。

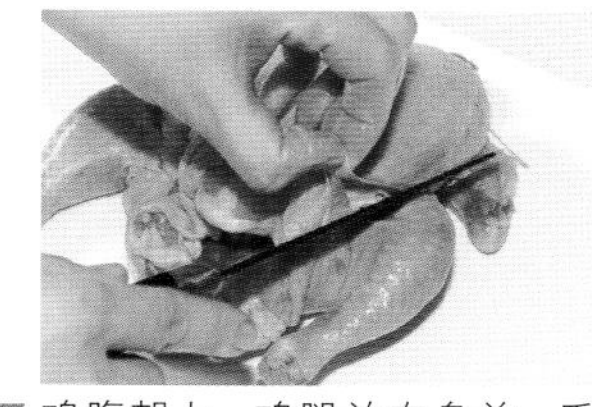

07 鸡腹朝上，鸡腿放在身前，手指抓起两侧鸡腿与鸡胸之间的皮，用刀在相连处划出切口。

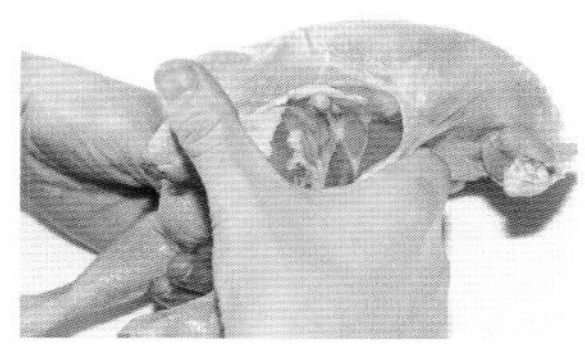

08 将手指伸进步骤07划出的切口，两手拇指按住鸡腿根部，如同将鸡腿折断般，使腿骨脱位。

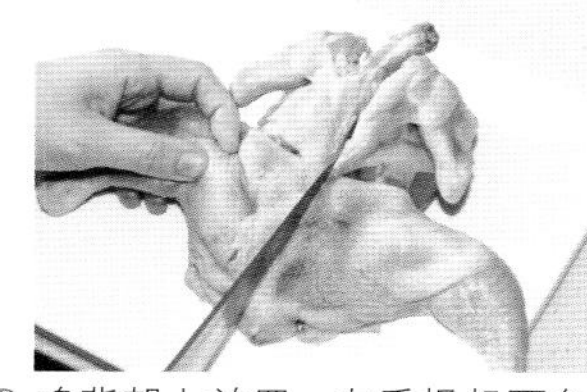

09 鸡背朝上放置，左手提起两条鸡腿，横、竖各切一刀，如同划一个十字。

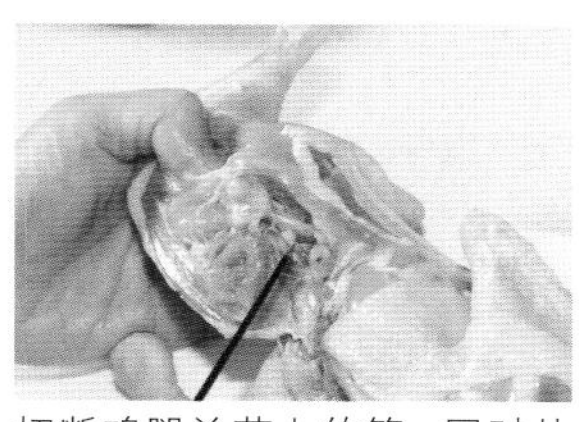

10 切断鸡腿关节上的筋，同时从腰骨处将鸡腿卸下。

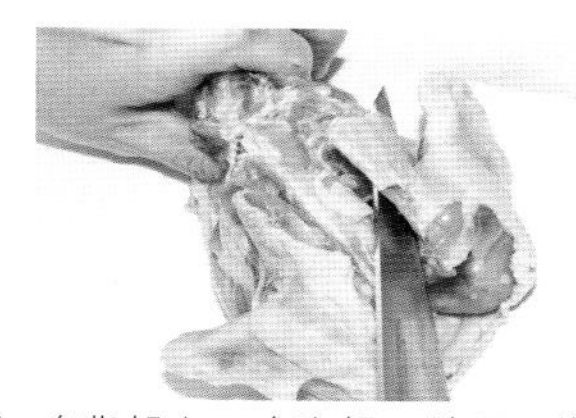

11 鸡背朝上，鸡胸朝下放置，将刀沿着肩胛骨切入，直至底部。

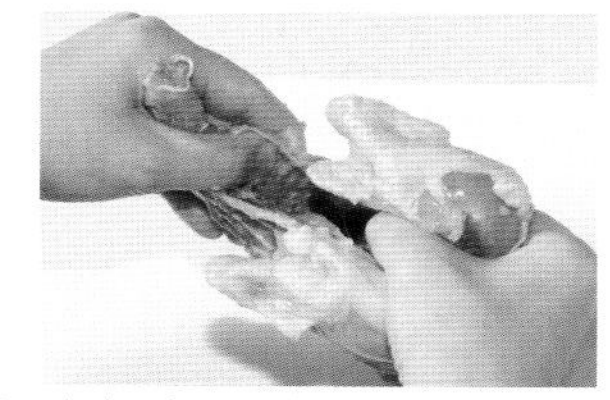

12 鸡脖子朝上，左手抓住脊骨，右手抓住鸡胸，将二者水平拉开，用刀将连在脊骨上的筋切断。

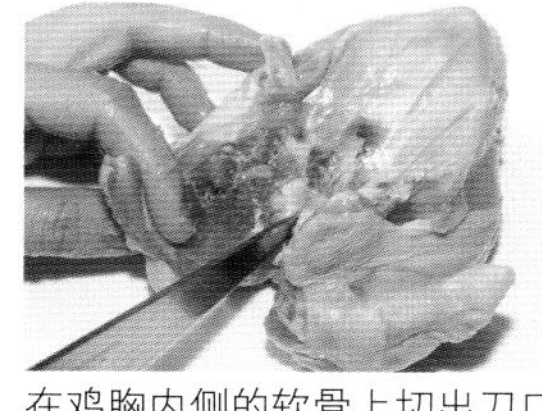

13 在鸡胸内侧的软骨上切出刀口。

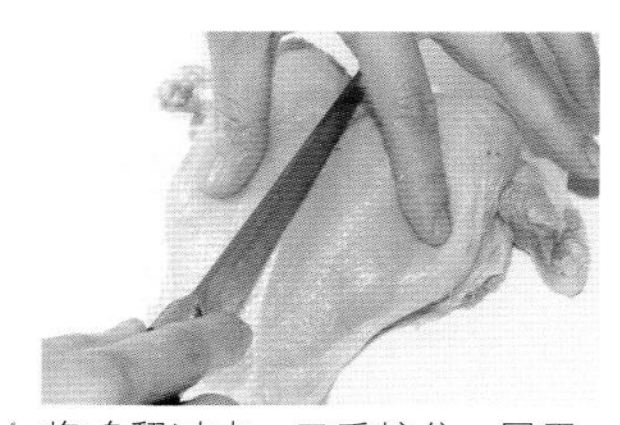

14 将鸡翻过来，用手按住，展平。刀沿着胸骨将鸡胸对半切开。

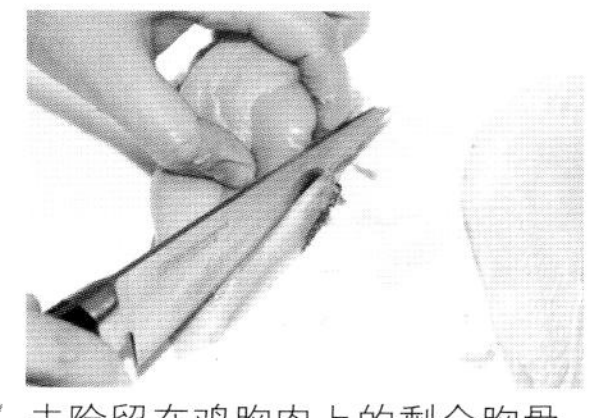

15 去除留在鸡胸肉上的剩余胸骨。

烹制意大利料理的诀窍与要点35

切分全鸡的技巧

使用整只鸡烩制而成的料理中，蕴藏着无穷的美味。

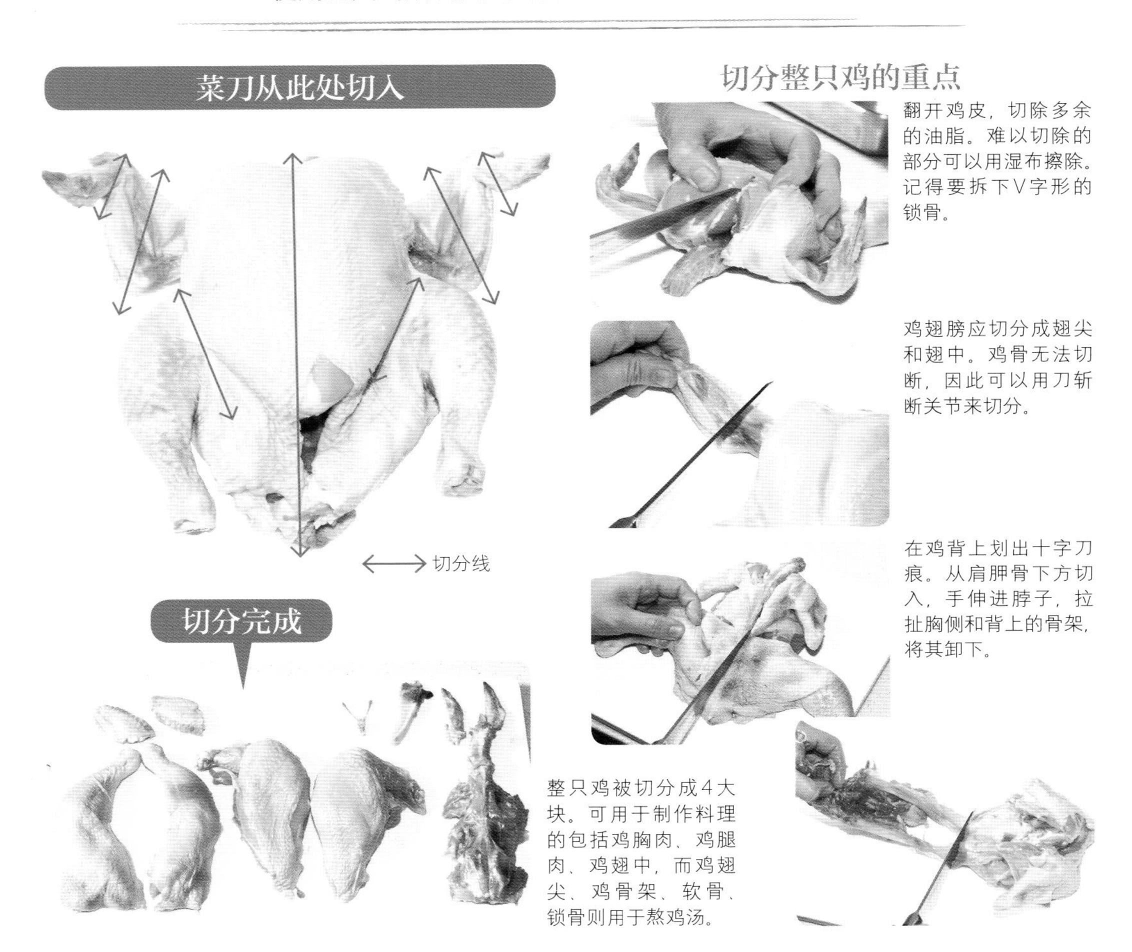

翻开鸡皮，切除多余的油脂。难以切除的部分可以用湿布擦除。记得要拆下V字形的锁骨。

鸡翅膀应切分成翅尖和翅中。鸡骨无法切断，因此可以用刀斩断关节来切分。

在鸡背上划出十字刀痕。从肩胛骨下方切入，手伸进脖子，拉扯胸侧和背上的骨架，将其卸下。

整只鸡被切分成4大块。可用于制作料理的包括鸡胸肉、鸡腿肉、鸡翅中，而鸡翅尖、鸡骨架、软骨、锁骨则用于熬鸡汤。

掌握拆分整只鸡的技巧，从理顺切分顺序开始

鸡肉在意大利料理中是主要的食材。以整只鸡为材料的意式猎人烩鸡肉（第178页）既可以煮，也可以烤，烹制方法多种多样。料理中使用整只鸡，鸡翅尖、鸡肉、鸡皮各部位所释放出的风味各不相同，为料理增添了无穷的回味。如果您有时间，不妨从切分整只鸡开始尝试。

适合用来切分整只鸡的工具是厚刃菜刀。拆分之前，可以提起鸡腿，将鸡皮靠近炉火，将鸡皮上的细毛烧净。

切分从鸡腿开始，接着是鸡翅、鸡胸。而鸡骨架、软骨、锁骨则可以用来熬制鸡汤。

Fritto misto di pesce con salsa verde

油炸海鲜

尽情享受玉米粉炸出的香酥口感

油炸海鲜

材料（2人份）

草虾……2只（80克）
望潮鱼（小）……2条（40克）
南瓜……40克
杏鲍菇……1根（30克）
茄子……1/2根（35克）
甜豆……4根（20克）
罗勒叶……2片
柠檬……1/3个（30克）
玉米粉……1杯
面粉、蛋液……各1/2杯
盐、胡椒……适量

酱汁（青酱）的材料

大蒜……1/2瓣（5克）
意大利香芹叶……10克
酸黄瓜……15克
醋浸刺山柑……10克
鳀鱼片……1片（5克）
白酒醋……1大勺
鸡汤……30毫升
EXV橄榄油……30毫升
盐、胡椒……适量

要点

海鲜下锅炸之前应彻底擦干水，否则容易油星四溅

烹调时间
30分钟

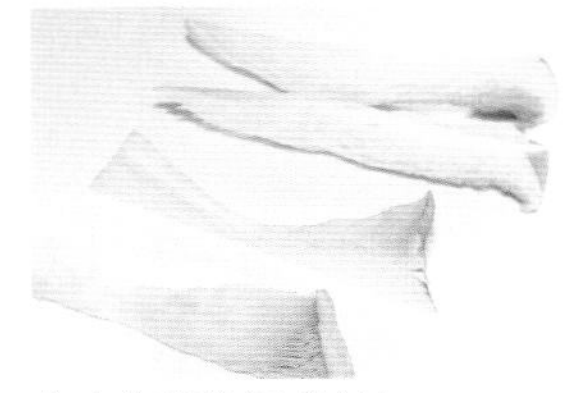

01 将杏鲍菇竖切成4片。

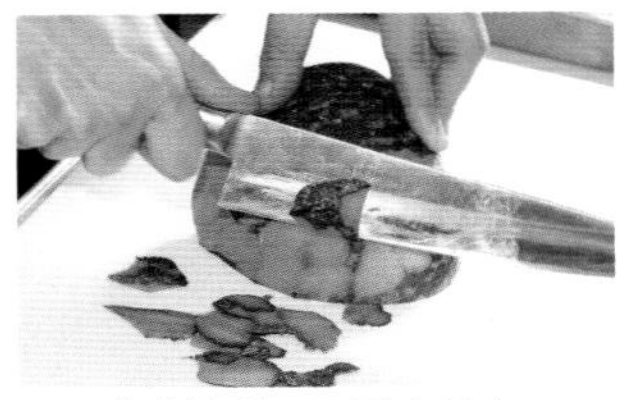

02 用刀薄薄地削下一层南瓜皮。

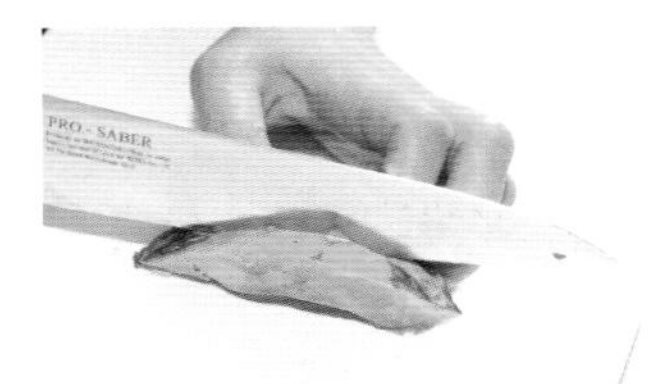

03 将南瓜切成8毫米的厚片。剥下甜豆两侧的粗纤维。

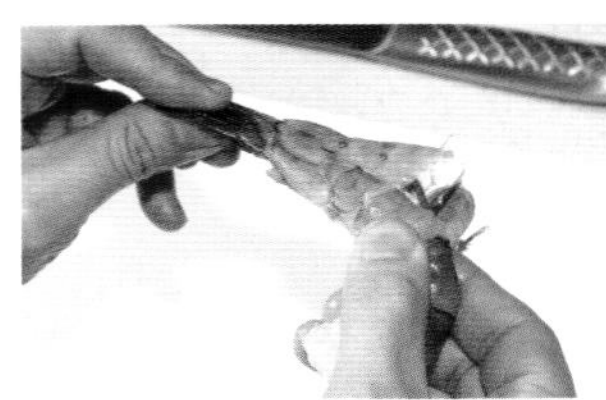

04 挑去草虾背上的虾线，剥去虾壳，尾部也一并留下。

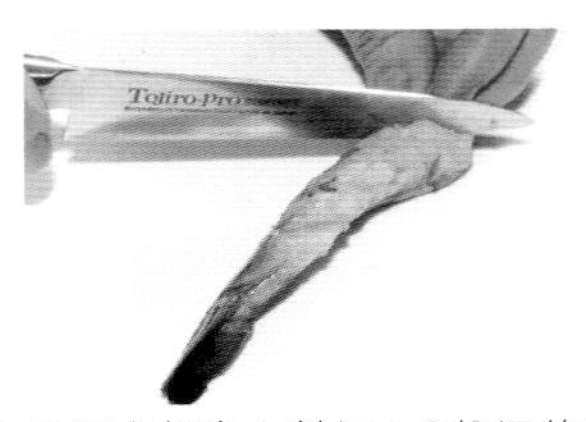

05 用刀在虾身上斜切入2/3深的位置。（要）如此可避免在虾在油炸时变得弯曲。

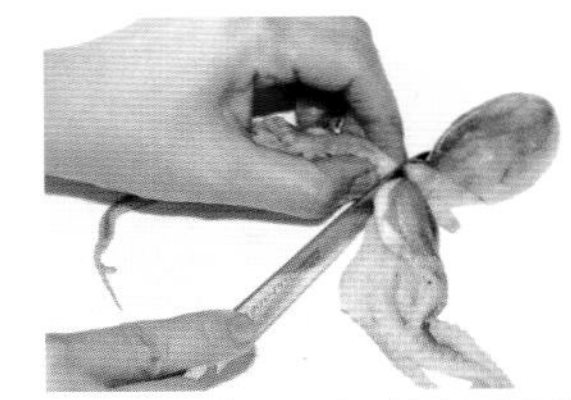

06 将望潮鱼的四足分别竖切成2等份。

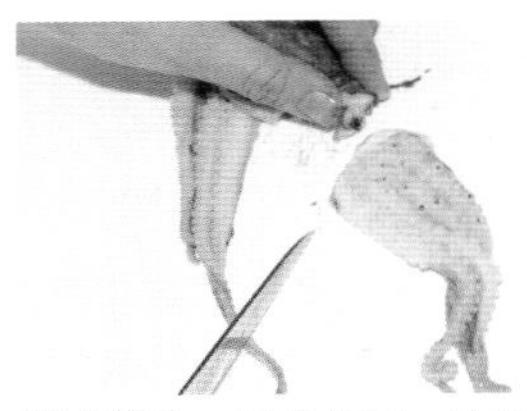

07 用刀将头、足分切开，足再切成两根相连的状态。

08 茄子竖切成2等份，再横切成2等份。浸入装满水的盆中，去除茄子的涩味，用厨房纸巾擦干水。

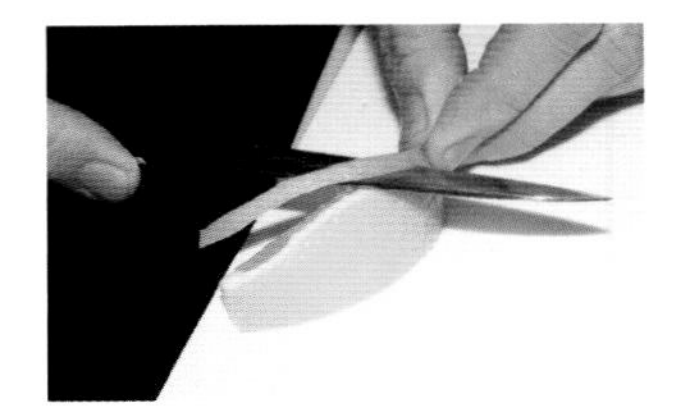

09 将柠檬切成2等份的半月形，将刀插入果皮和果肉之间的白膜，切出一片果皮，注意不可切断。

10 将切除的果皮打出一个装饰结。（要）在果肉上斜切出2～3道刀痕，目的是在挤出柠檬汁时不致四溅。

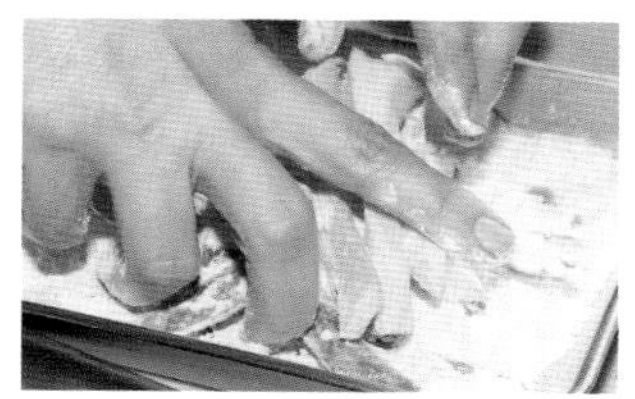

11 在托盘上铺满面粉，将杏鲍菇、茄子、南瓜、甜豆撒上盐和胡椒之后，在盘里裹上面粉。

12 裹了面粉的蔬菜类食材放在筛网中，筛落多余的面粉。㊀多余的面粉会使蛋液无法很好地裹住食材。

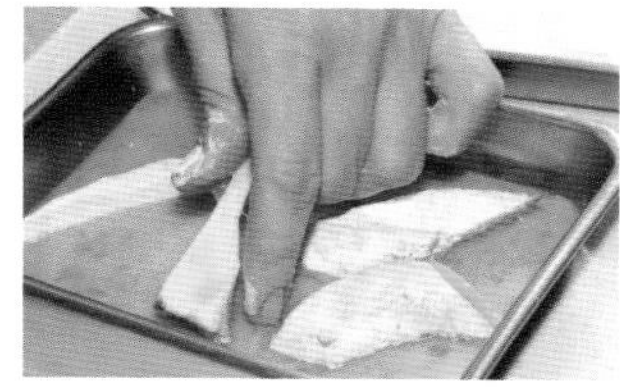

13 在另一托盘中放入蛋液，将食材裹上蛋液。㊀可以在蛋液中撒上盐、胡椒、油、水以调味。

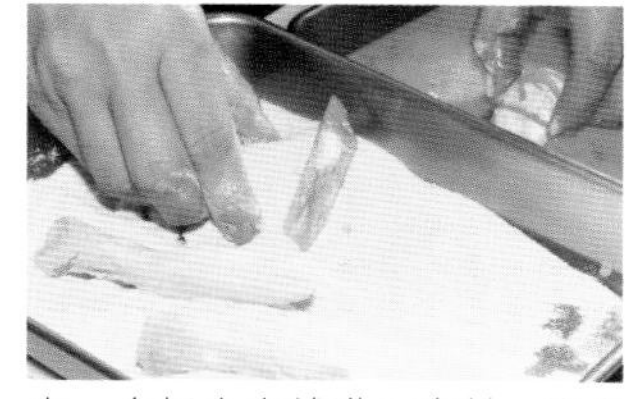

14 在一个托盘中铺满玉米粉，将步骤13的食材放在托盘中，均匀地裹上玉米粉。㊀也可以在食材上撒玉米粉，再轻轻按压。

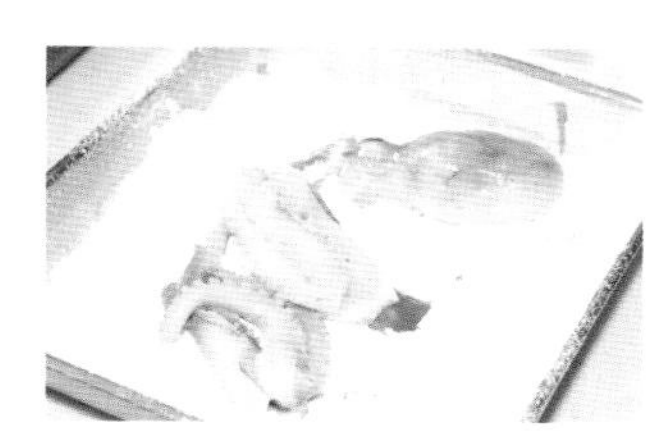

15 将海鲜食材的水分擦干，将其移到铺满面粉的托盘中，充分地裹上面粉。抖落多余的面粉。

16 将步骤15的海鲜食材移到装有蛋液的托盘中，裹上蛋液后再移到铺满玉米粉的托盘，裹上玉米粉。

17 将锅中的油加热至170℃，罗勒叶入锅油炸，以炸出酥脆口感为宜。㊀建议拿起锅盖，挡住四溅的油星。

18 当油温升至180℃时，蔬菜入锅油炸。㊟食材一入油锅就会溅起油星，因此请在将其伸入油中1/3处时立即松手。

19 将所有食材炸至金黄色。㊀将炸网提起，上下抖动几次即可沥干油分。

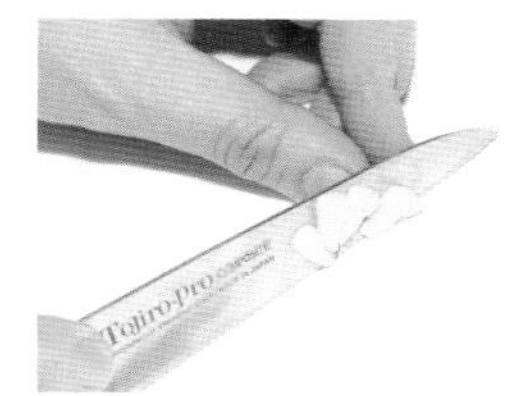

20 制作酱汁。将大蒜和酸黄瓜切成粗粒。

21 将步骤20的大蒜、酸黄瓜、罗勒叶、鳀鱼、刺山柑一起放入食物料理机。

22 接着倒入鸡汤、白酒醋。

23 再滴入EXV橄榄油，开始搅拌。㊀如搅拌动力不足，可再倒入稍许鸡汤或橄榄油。

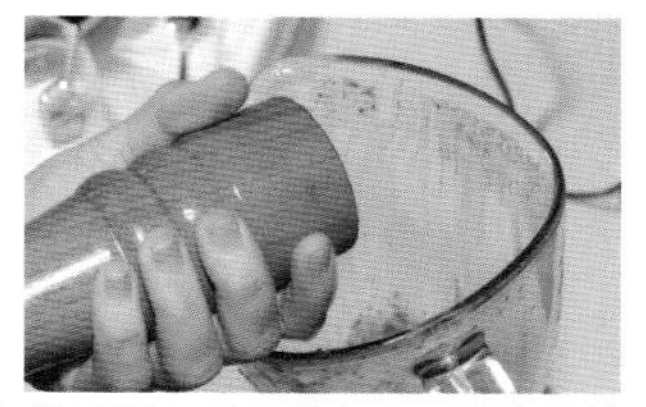

24 搅拌到一半时撒入盐、胡椒，继续搅拌。将油炸海鲜盛盘，放上柠檬，再淋上酱汁。

烹制意大利料理的诀窍与要点㊱

威内托大区的料理与特色

种类丰富的食材，考究的家常菜

威内托大区的主要特产

1. 玉米粉

玉米在过去是人们的主食，现在则作为料理的配料来使用。

2. 鳕鱼（鳕鱼干）

鳕鱼干只需用水泡发即可变得柔软，一般会与牛奶或葡萄酒一起煮。也可以放入食物料理机中搅拌，制成酱汁。

3. 格拉帕酒

这是用酿葡萄酒后残留的葡萄渣进行发酵，蒸馏后得到的白兰地酒。以巴萨诺-德尔格拉帕村出产的格拉帕酒最为有名。

其他

除甜菜、大豆、鸡蛋、白芦笋外，还大量种植茴香、红洋葱等。

威内托大区大区的代表性料理

鳕鱼干慕斯

鳕鱼干浸泡2天，使之恢复柔软后，和牛奶一起煮制成慕斯。而与烤玉米饼一起食用，也是威内托大区的特色。

玉米饼

玉米粉和水、橄榄油、盐混煮而成，建议趁热食用。

意大利粗面

将全麦面粉做成的面团放入压面机中，可以做出形似凉粉的意大利粗面。

沿袭贵族传统，融合家常味道

位于北意大利的威内托大区的首府威尼斯，被称为“水城”，城中的街道和狭窄的水路已载入世界文化遗产名录。中世纪时期的威尼斯因海运贸易而积累了庞大的财富，一度成为威尼斯共和国，达到繁盛的顶峰。

据说在威尼斯共和国时代，贵族们夜夜笙歌，使用来自世界各国的食材和香料，制作出极尽奢华的料理。今天威尼斯人使用香煎小牛肝和胡椒制成口味浓郁的酱汁，或许正是当年贵族奢华料理的沿袭。

然而现代威尼斯不仅仅只有奢华料理，更多出现在人们餐桌上的，还是产自肥沃土地的蔬菜、谷物，以及从亚得里亚海运送而来的海鲜做成的家常菜。贵族专享的奢华料理与淳朴的家庭料理相融合，这才是威内托大区饮食的特色。

Arrosto di grugnitore

烤石鲈

选用整条石鲈烘烤而成，赋予料理以质朴的风味

烤石鲈

材料（2人份）

石鲈……1条（400克）
紫洋葱……1/2个（75克）
土豆（小）……4个（320克）
柠檬……1/2个（50克）
橄榄油……2大勺
百里香……3根
月桂叶……3片
迷迭香……2根
盐、胡椒……适量
罗勒酱（参考第21页）……4大勺

要点

石鲈的内脏应彻底洗净

烹调时间
40分钟

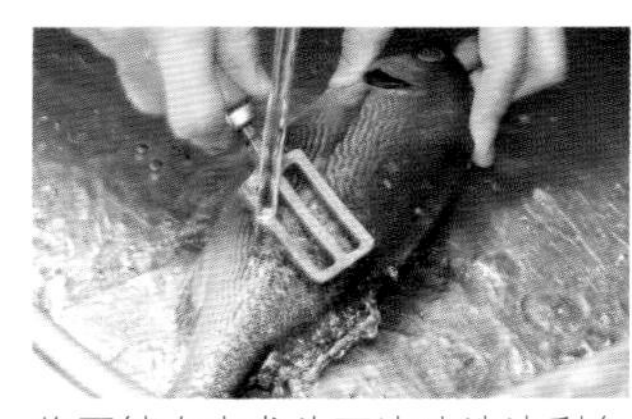

01 将石鲈在水龙头下边冲洗边刮鱼鳞。鱼鳍周围的鳞片用菜刀刮去。㊟边冲水边刮鳞片，可防止鳞片四溅。

02 将石鲈移到托盘上，用手提起背鳍，用剪刀从鱼尾向鱼头方向剪下背鳍。

03 去除石鲈的内脏。将剪刀从肛门插入1厘米深，将与肛门相连的鱼肠剪去。

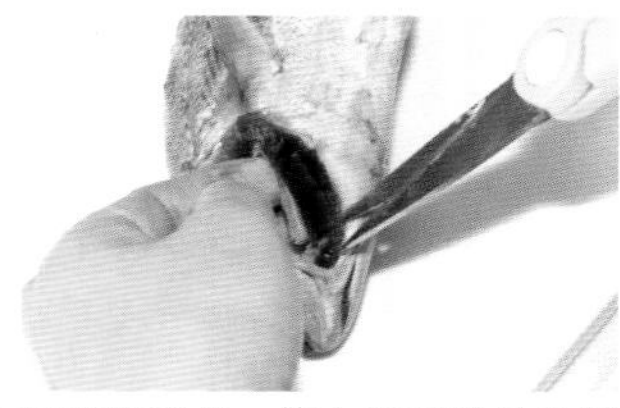

04 打开鳃盖骨，伸入剪刀剪开鱼鳃两侧的底部。

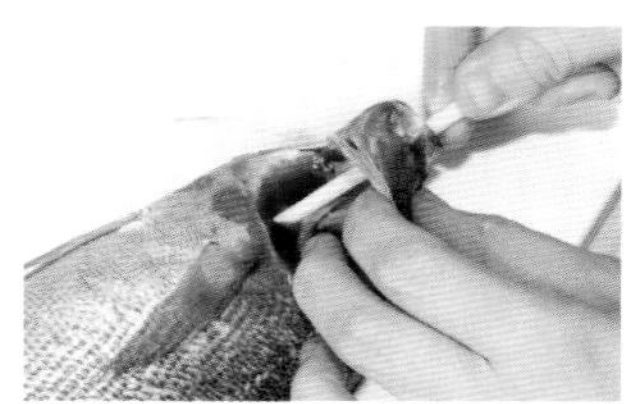

05 打开鱼嘴，插入一根竹筷，从鱼鳃之上插入内脏，另一侧也用同样方法插入另一根竹筷。

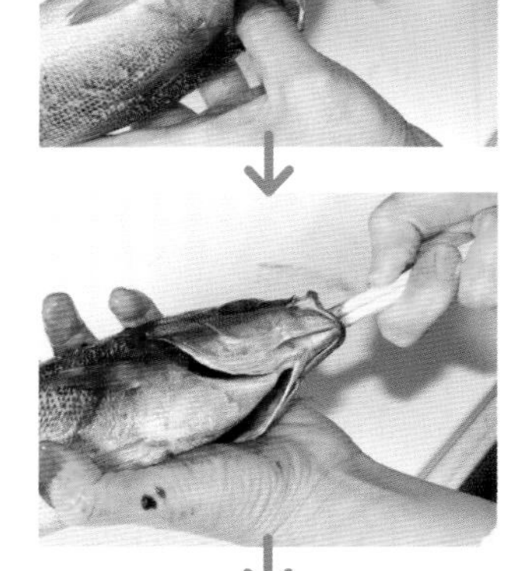

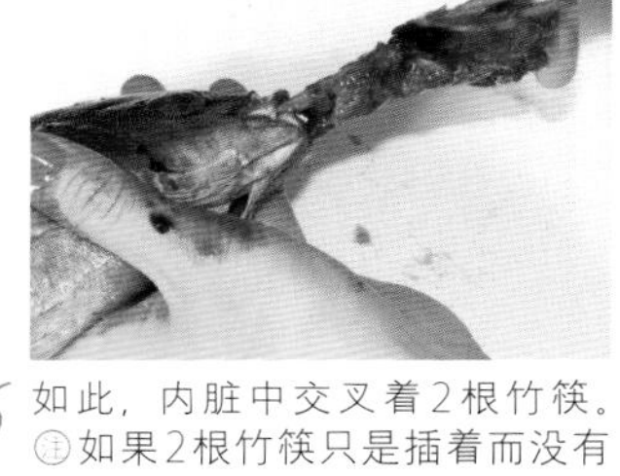

06 如此，内脏中交叉着2根竹筷。㊟如果2根竹筷只是插着而没有往外拔，就无法取出内脏。
左手压在石鲈的鱼鳃上，右手握住竹筷，旋转着竹筷往外拉，内脏便缠在竹筷上被拉出体外。

07 将石鲈放在水槽里，将水注入鱼嘴。拉动竹筷，以此清洗石鲈体内残留的血块。用清水持续冲洗，直至内脏和血不再从肛门流出为止。

08 提起鱼尾，让水从鱼嘴流出。将石鲈放平，用毛巾将鱼擦干。

09 用菜刀在石鲈表面斜切出切口，将石鲈放在托盘中，撒上盐和胡椒，在切口抹上橄榄油。

10 将百里香、月桂叶、迷迭香裹在整条鱼身上。

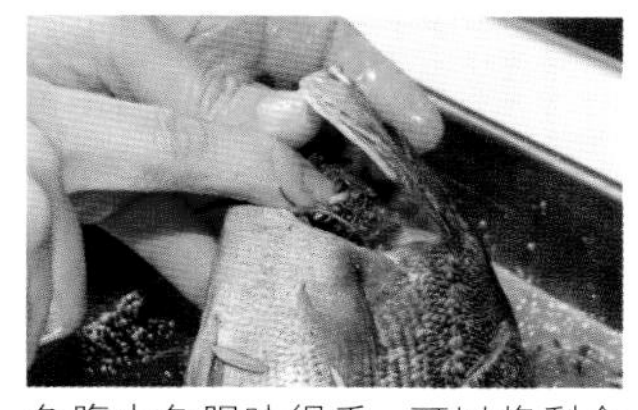

11 鱼腹中鱼腥味很重，可以将剩余的香草塞入鱼鳃。㊥如此可以去除鱼腥味。

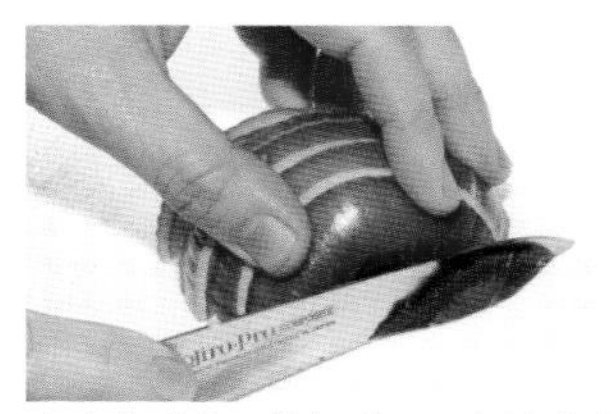

12 洗净紫洋葱，横切成1厘米的洋葱条。土豆也洗净，带皮对半切开。

13 将紫洋葱和土豆裹上橄榄油、盐、胡椒，铺在耐热盘上，将石鲈置于其上，放入预热220℃的烤箱中，烤制约15分钟。

14 制作罗勒酱（参考第21页）。切开柠檬，准备将其作为成品料理的装饰。

15 将烤好的石鲈切分开，分别放在盘子上。首先将刀从鱼头和胸鳍右侧插入。

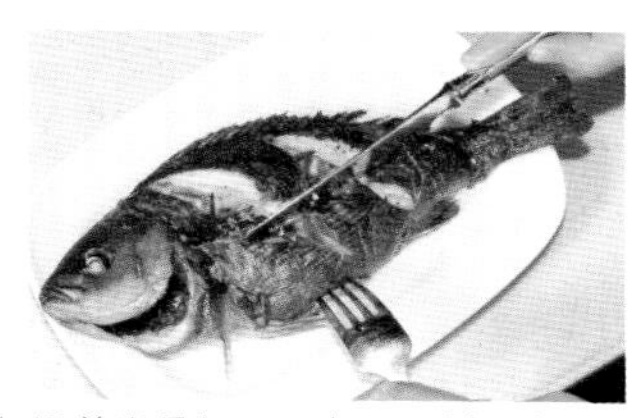

16 沿着脊骨切入，直至刀划至鱼尾。

17 将鱼肉翻到自己面前。用同样方法将上半身的鱼肉切分开。沿着脊骨滑切，可将鱼肉切得十分完整。

18 切去鱼尾，将脊骨提起，取下。

19 将鱼头和脊骨放在盘子边缘，将下方的鱼肉和腹骨拆下，放到另一个盘子上。

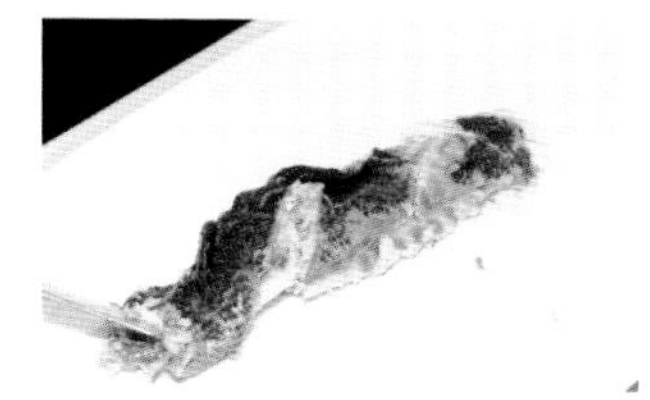

20 盛盘时，将鱼皮摆放在上方以保持美观。烤制过的鱼皮香酥脆嫩。

21 将烤箱中烤好的紫洋葱和土豆也码放在鱼肉的周围，淋上罗勒酱，摆上香草和柠檬以做装饰。

错误！

切开石鲈时才发现鱼肉没有烤透

如果能够一下子拉出石鲈腹鳍肛门附近的粗鱼骨，就说明鱼肉已经烤透。如果不能顺利拉出，请回炉重新烤一会儿。

如果鱼肉已烤透，抽出鱼骨时就很轻松，无须用力。

烹制意大利料理的诀窍与要点㊲

意大利海鲜料理的特色

利用食材的原汁原味加以简单烹制，正是意大利料理的特色

大部分需煮熟食用

也可以食用生鲜鱼肉，上桌前要在薄切生鱼片上淋柠檬汁或葡萄酒醋。

利用食材的原汁原味

即使是煮熟食用，也是采用水煮、烘烤等简单的方式来烹调，因此保持了食材的原汁原味。不花费太多时间来制作料理，这是烹饪意大利海鲜料理的特点。

使用橄榄油和香草

在鱼身上淋橄榄油，或在整条鱼身上撒香草后烤制，让香草的风味渗入鱼肉之中。

不同地区的人们食用不同的海鲜

北部

中部

南部

内陆地区

河鱼

北部—中部地区

南部地区

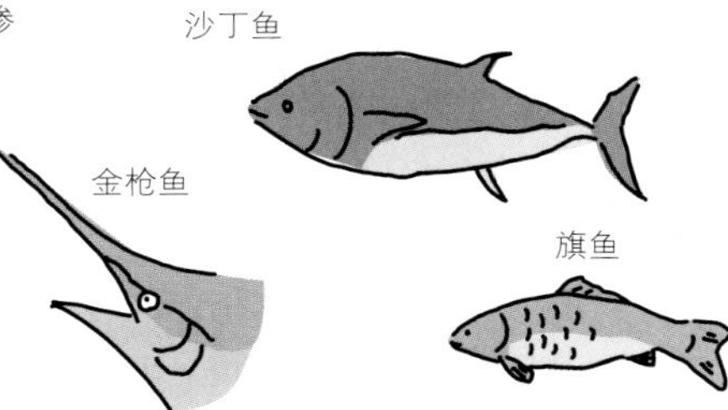

金枪鱼

旗鱼

丰富的食材以白肉鱼为主，加热后食用

意大利国土南北狭长，每个地区的人们食用的鱼也各不相同。经常出现在人们餐桌上的有比目鱼、鲈鱼、鲷鱼等各种白肉鱼。而挪威龙虾则属于昂贵的高级食材。中部意大利的人们喜欢食用鲤鱼、鳗鱼。但无论哪一种鱼类或甲壳类海鲜，都以水煮、烘烤等简单的烹饪方法为主。

除了新鲜鱼类之外，意大利的加工食品也非常丰富，其中具有代表性的是鳕鱼干和鳀鱼干。较为少见的是鱼酱，也是古罗马时代人们使用的调味料，是将鲭鱼用盐腌渍熟成之后，漂浮在表面的清澈的汁水。今天意大利南部的渔村切塔拉（Cetara）仍在制作这种鱼酱，在市面上也可买到。

Abbacchio alla griglia

香烤小羊排

肉质细嫩的小羊排经过烘烤，散发着诱人的香气，是烘烤料理中的精品

香烤小羊排

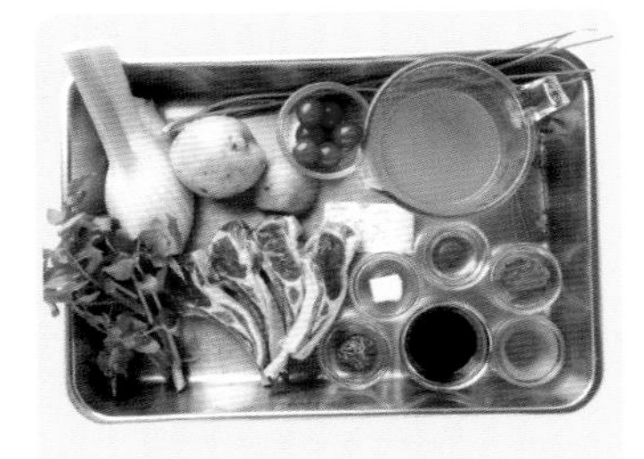

材料（2人份）

带骨小羊排（或羊里脊）……4根（400克）
小番茄……6个（60克）
水芹菜……2根
EXV橄榄油、橄榄油……各1大勺
盐、胡椒……适量

巴萨米克醋酱汁的材料

巴萨米克醋……30毫升
黄芥末粒……1小勺
柑橘果酱……1小勺
切碎的意大利香芹及百里香……各1小勺
EXV橄榄油……1大勺

土豆泥的材料

土豆……$1^1/_3$个（200克）
古贡佐拉奶酪……50克
香葱……1大勺

水煮茴香的材料

茴香茎……1/2个（70克）
鸡汤……300毫升
黄油……5克
盐、胡椒……适量

01 制作水煮茴香。将茴香茎切成半月形。

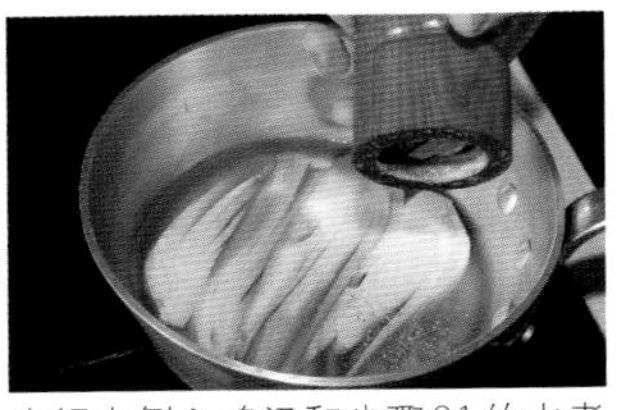

02 在锅中倒入鸡汤和步骤01的水煮茴香、黄油、盐、胡椒，开火加热。待汤汁沸腾之后，改小火继续煮约15分钟。

03 煮好的茴香捞起，放在铺有厨房纸巾的托盘上。

04 制作土豆泥。将土豆切成2厘米的小块。泡在水中，析出淀粉。

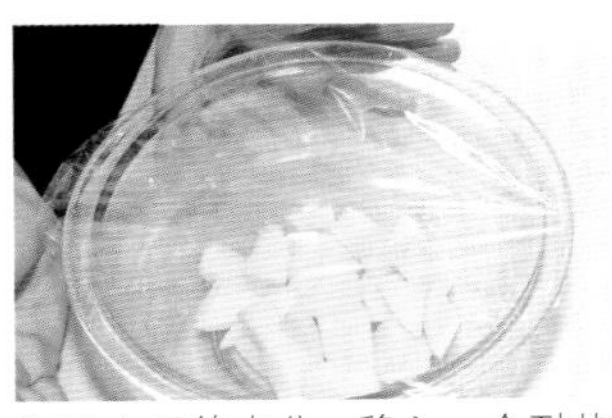

05 沥干土豆的水分，移入一个耐热盆，用微波炉加热约3分钟。

06 将香葱切成葱花。㊟请注意不要把葱花切烂。

07 步骤05的土豆用微波炉加热到可以穿透竹签的程度，取出后用瓶底将土豆块碾成泥状。

08 步骤07的土豆泥趁热加入古贡佐拉奶酪，用刮勺将二者混合搅拌在一起。

09 加入EXV橄榄油和步骤06切好的葱花，继续搅拌。

10 将整个小番茄放入盆中，滴上橄榄油、盐、胡椒，用手将调味料在小番茄上抹匀。

要点

在烤架上烤出的纹路应大小均匀

烹调时间
40分钟

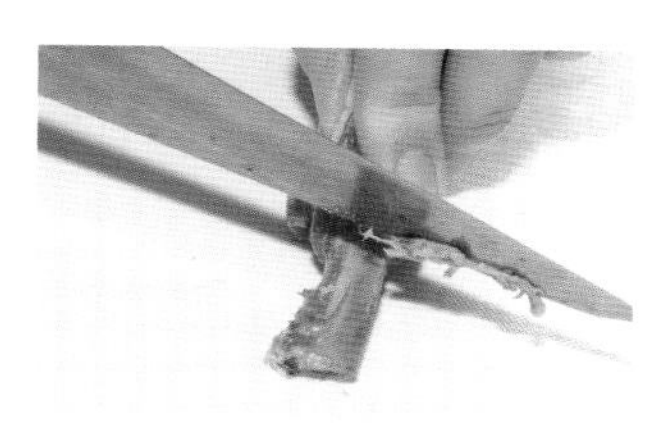

11 用刀背将小羊排肋骨上的筋刮去。㊟筋如果留在骨头上会烤焦，影响料理的外观。

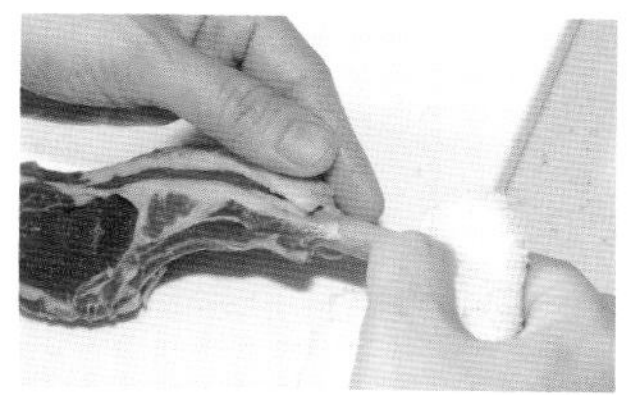

12 用湿布将骨头擦净。

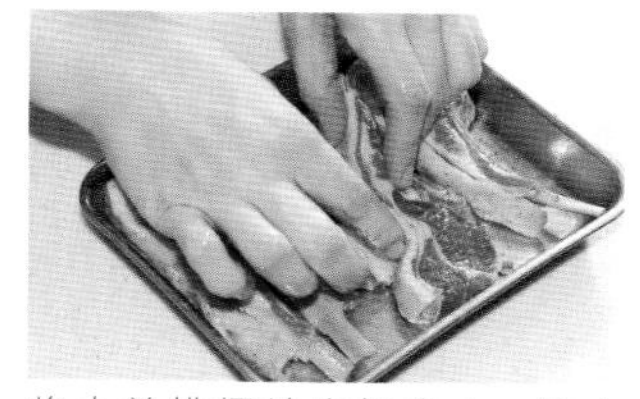

13 将小羊排摆放在托盘上，撒上EXV橄榄油、盐、胡椒，用手均匀地抹在羊排上。㊖如果羊排是冷冻状态，应在室温中静置一段时间，待变为常温之后再烘烤。

14 烧烤锅用大火加热后，将小羊排置于烤架上。使用平底锅或烤鱼锅亦可。㊖小羊排应斜放在烤架的横杆上。

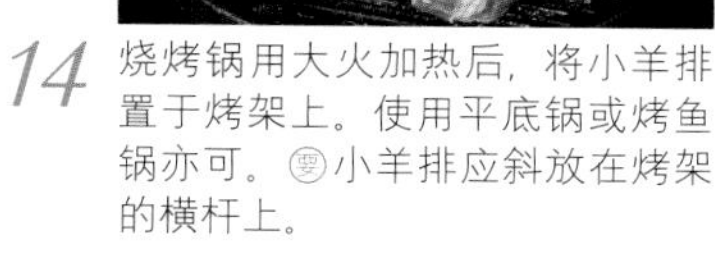

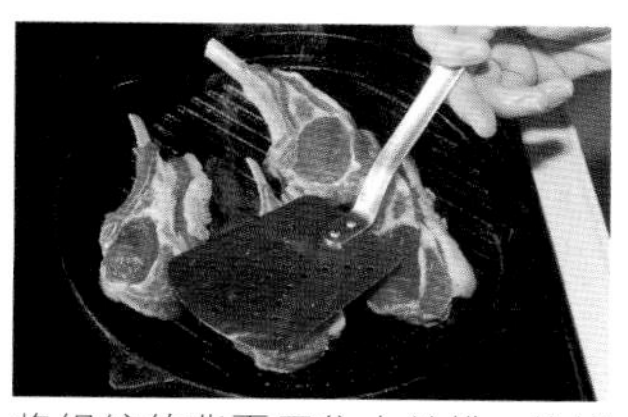

15 将锅铲的背面压住小羊排，使烤架横杆痕烙印在其表面。然后再90°翻转小羊排，使烙印于其上的烧烤痕呈现网格状。

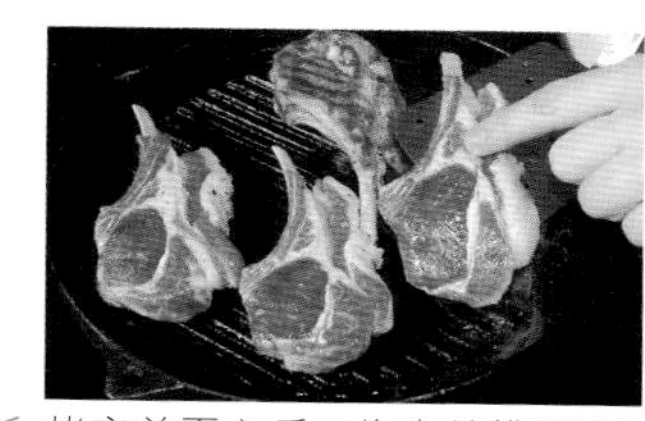

16 烤完单面之后，将小羊排翻面。按照步骤15的做法烧烤另一面。

17 待两面都完成之后，将小羊排移到带网架的托盘中，沥干油分。㊖小羊排的表面如有淡淡血色渗入其中的印记，即表示烧烤得宜。

18 将步骤10的小番茄蒂朝上置于烤架之上，用大火烤制。

19 待烙出烧烤痕之后，转动小番茄，使烧烤痕呈现网格状。㊖可以抓住番茄蒂，查看底部烧烤的情况。

20 烧烤完成的小番茄移到步骤17的托盘上。

21 制作巴萨米克醋酱汁。将巴萨米克醋倒入锅中，煮到原分量的一半。

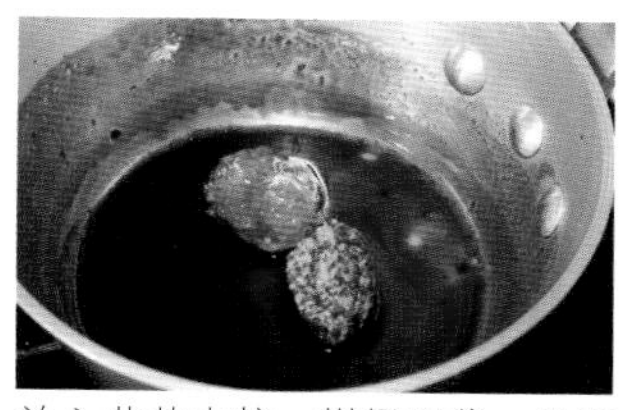

22 放入黄芥末粒、柑橘果酱，用打蛋器混合搅拌。

23 在步骤22中加入香芹、百里香、EXV橄榄油加以混合搅拌。烧烤完成的小羊排装盘，浇上酱汁，撒上水芹菜做装饰。

错误！

小羊排上无法烙印出漂亮的烧烤痕！

高温烘烤的肉片会卷曲起来，为免于此，必须用锅铲背面稍加按压，在表面烙出烧烤痕。另外，如果肉片卷起，切忌用力拉扯，而应将肉片抬起再加以按压。

如果没有用锅铲背面稍加按压，烙印出的烧烤痕便不太美观。

烹制意大利料理的诀窍与要点38

意大利人何以为他们的葡萄酒感到自豪?

意大利葡萄酒产量连年增长，赶超法国跃居世界葡萄酒大国之位

意大利两大葡萄酒

托斯卡纳大区

以选用桑娇维塞品种葡萄酿造的红葡萄酒“基安蒂/古典基安蒂”两种品牌最为有名。其他如“莫雷利诺”也是值得一提的品牌。

代表品牌葡萄酒

蒙塔希诺·布鲁奈罗

750毫升
班菲酒庄/
孟德物产
(monte)

力宝山路

750毫升
花思蝶酒庄/
梅西亚公司

古典基安蒂

750毫升
奇迹酒庄/
三国葡萄酒

其他大区出产的葡萄酒

意大利南部唯一获得D.O.C.G.认证的“图拉斯葡萄酒”品味高雅。

艾米利亚-罗马涅大区出产的“蓝布鲁斯科红葡萄酒”，在夏天很适合搭配桃子享用。

马尔凯大区出产的“维蒂奇诺白葡萄酒”，辛辣中还带着酸味。

普里亚大区出产“蒙特堡红葡萄酒”中，以辛辣的红酒最为知名。

皮埃蒙特大区

选用产量很低的纳比奥罗葡萄酿制的“巴罗洛”“巴巴莱斯科”，是闻名世界的葡萄酒品牌。都林东南部酿造的“阿斯蒂甜白起泡葡萄酒”等也很有名。

代表品牌葡萄酒

莫斯卡托甜白起泡酒

750毫升
贝萨诺酒庄/
梅西亚公司

巴巴莱斯科

750毫升
贝萨诺酒庄/
梅西亚公司

巴罗洛

750毫升
普鲁诺托酒庄/
朝日啤酒

意大利葡萄酒的等级

D. O. C. G.
意大利葡萄酒的最高等级，目前获此认证的有35个品牌。

D. O. C.
次于D.O.C.G.的葡萄酒等级，目前获此认证的有270多个品牌。

Vino da Tavola
等级最低，属于佐餐酒，无需标注葡萄产地、品种。

意大利南北狭长的国土，孕育着多种多样的风味

意大利和法国都是世界上屈指可数的葡萄酒产地，长期以来争坐全球葡萄酒品牌第一、第二把交椅。意大利国土南北狭长，多样的气候与土壤条件，适合种植各种各样的葡萄，目前已知的葡萄品种就已超过了1000种。因此，意大利的葡萄酒被称为“世界上最复杂、最多姿多彩的葡萄酒”。

意大利全国20个大区都在酿造葡萄酒，其中皮埃蒙特大区和托斯卡纳大区被认为是意大利两大葡萄名酒产地。

Calamari ripieni in umido

五彩镶墨鱼

烹调时间不可太长，以免墨鱼变硬

五彩镶墨鱼

材料（2人份）

墨鱼（20厘米左右大小）……2只（500克）
水芹菜（装饰用）……2根

馅料的材料

法式硬面包片……30克
鸡蛋（取蛋液）……1/4个（15克）
醋浸刺山柑、蒜油……各1小勺
帕玛森干酪（磨碎）……10克
松子……1大勺
盐、胡椒……适量

酱汁的材料

带核黑橄榄……2个
鳀鱼片……1片（5克）
白葡萄酒……50毫升
鸡汤……150毫升
番茄……1/2个（100克）
意大利香芹……2根
蒜油（汤汁用）……1大勺
盐、胡椒……适量

01 将墨鱼身上的软骨与身体之间的筋拉开，握住墨鱼须，将其从身体上拉出。

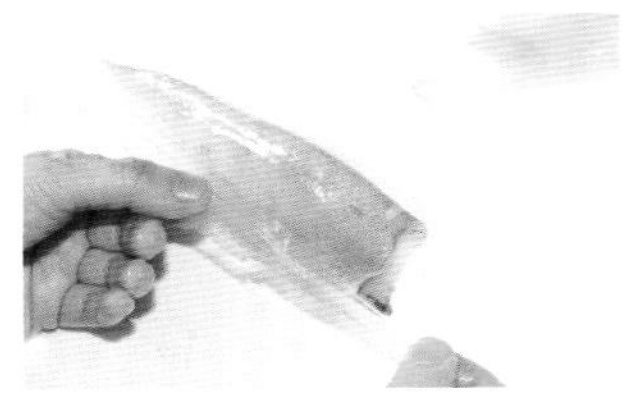

02 用手指将身体内的软骨拔出。

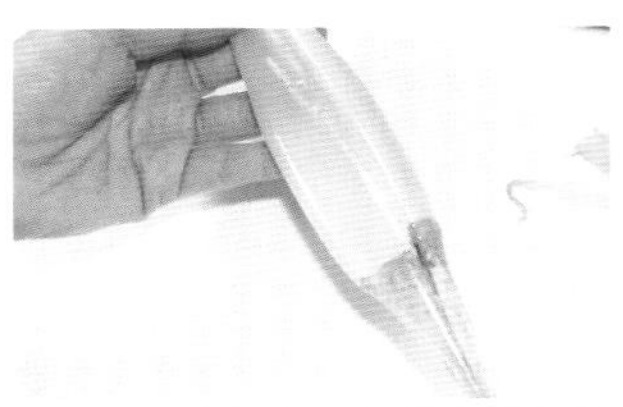

03 利用毛巾将墨鱼尾部的肉鳍和身体上的薄膜剥下。洗净墨鱼身体内部，用毛巾将水分擦干。

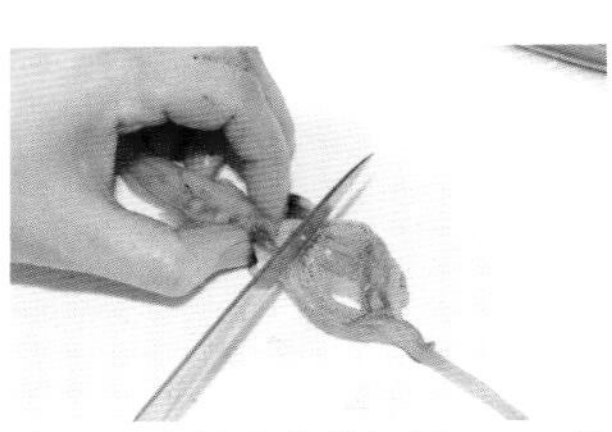

04 步骤01中拉出的墨鱼须，用刀从眼睛下方切开。切下墨鱼嘴，抓住墨鱼，边用刀背刮去吸盘和外膜。

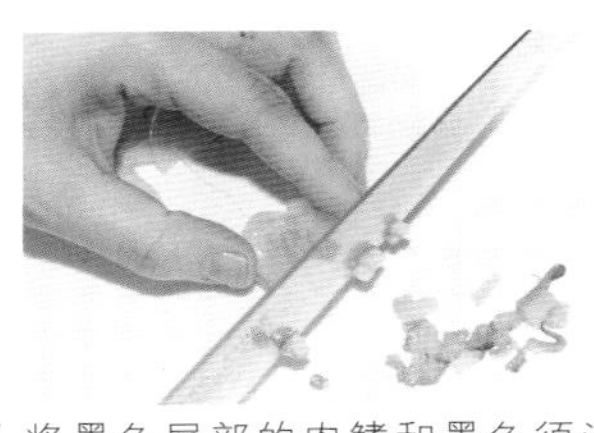

05 将墨鱼尾部的肉鳍和墨鱼须洗净、擦干，切成丁。

06 将法式硬面包片磨成粉末。如果面包较软，可以手撕成小片。

07 香芹切碎。

08 黑橄榄去核，切成环状后再切碎，刺山柑切碎。

09 盆中放入步骤06的法式硬面包，步骤05墨鱼尾部的肉鳍、墨鱼须，帕玛森干酪。

10 在步骤09的盆中，放入蒜油，切碎的刺山柑。

要点

墨鱼体内不可塞入过多材料

烹调时间
60分钟

11 烤箱预热170℃，将松子烤制约8分钟后取出，放入步骤10的盆中，再加入蛋液，调入盐、胡椒。

12 用手将盆中的材料搅拌均匀。

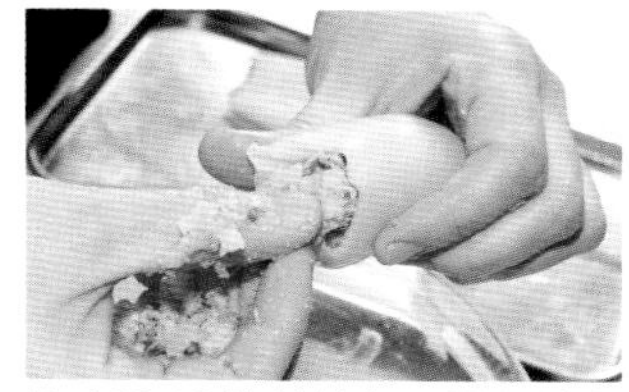

13 将步骤12的材料塞入墨鱼的身体，塞至8分满，用手刮平。

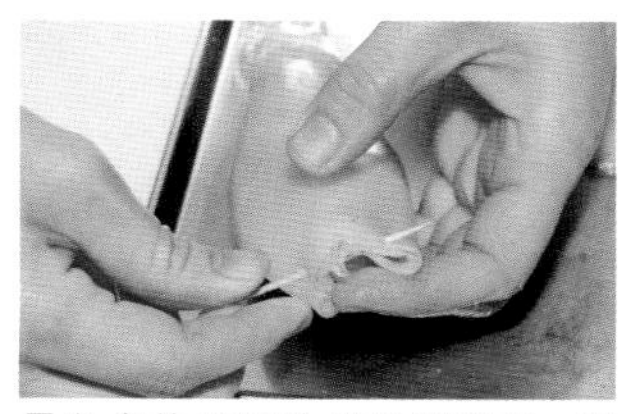

14 墨鱼身体开口处用牙签穿起，固定住。㊙如果墨鱼身体太硬，牙签无法穿透，可使用针线缝起，装盘后再拆下。

15 番茄汆汤剥皮（参考第122页），再切成番茄丁。

16 在平底锅中加入蒜油，直至散发出香气。

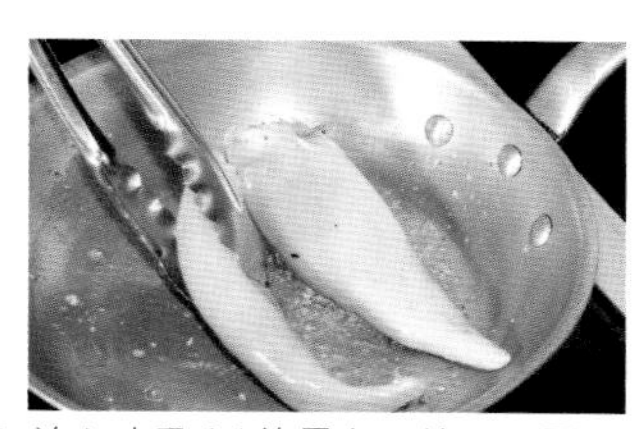

17 放入步骤14的墨鱼，煎至两面呈白色。㊙墨鱼会收缩，因此煎时需不停翻动。

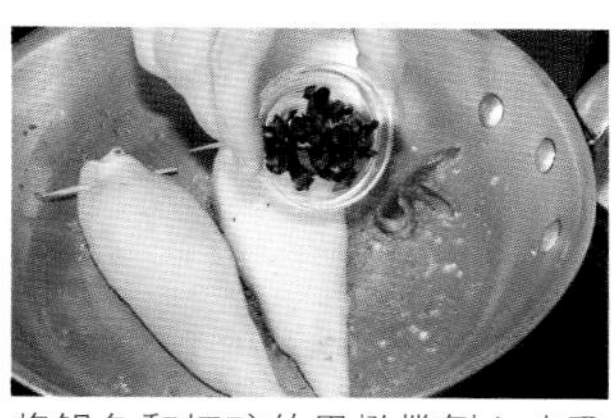

18 将鳀鱼和切碎的黑橄榄倒入步骤17平底锅中空出的位置，用刮勺将鳀鱼压碎，翻炒。

19 倒入白葡萄酒，待其酒精挥发。

20 接着倒入鸡汤，调入盐、胡椒。

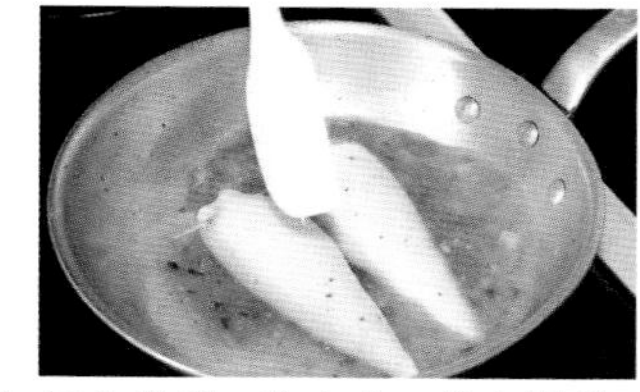

21 加入番茄，改小火，盖上锅盖，煮约25分钟。

22 墨鱼煮熟后，放到托盘上，拔去牙签。静置片刻后，切成环状（适合入口的大小），盛盘。

23 在步骤21的酱汁中放入切碎的香芹，轻轻混合搅拌。尝过味道之后，淋在墨鱼上，再撒上水芹菜作为装饰。

错误！

墨鱼的身体在煮的过程中破裂！

墨鱼如果被填充得太满，就容易破裂。填至8分满为最佳。牙签应像缝线一样穿过墨鱼肉并缝紧，以防材料掉出。

牙签应在距离身体边缘约8毫米的位置穿透墨鱼肉并缝紧。

烹制意大利料理的诀窍与要点39

各式各样的意大利面包

市面上常见的是各种制作简单、保质期长的面包

夏巴塔面包（Ciabatta）

此款面包名意为"拖鞋"，形状细长，是伦巴第地区的面包。

面包棒

来自都灵地区的面包棒，种类各异，是意大利的代表性食品。

玫瑰面包

玫瑰形状、中空的小型面包，以专用的磨具来制作。

塔拉利面包

将条状的面团做成面包圈，煮过之后再烘烤而成，特点在于其点心般的口感。

佛卡恰面包

由高筋面粉、天然盐、橄榄油混合烤制而成，是深具意大利特色的扁平形面包。

意大利面包是比意大利面、大米更不可或缺的主食

395年罗马帝国灭亡，意大利全国统一之时，意大利各地就已孕育出多种多样的饮食文化。无论是意大利面包还是意大利面，在全国各个地区都各有特色，其中又以佛卡恰面包和玫瑰面包等小巧的佐餐面包最受欢迎。北部的人们喜欢在面包上涂抹黄油，南部的人们则喜欢将面包蘸橄榄油食用。

意大利面包的共同特点是制作简单。各地的面包店或家庭中制作的面包虽然种类各异，但基本上都是以面粉、盐、水、酵母烘焙而成，特点是材料极简，极易保存。

意大利人虽然经常食用米饭和意大利面，但如果少了面包，便不能成就一桌完美的料理。

Salsiccia fatto in casa

自制手工香肠

自制的手工香肠口味浓厚，口感爽脆

自制手工香肠

材料（以直径1.5厘米的香肠灌嘴制作6根的分量）

猪腿肉糜……300克
猪皮……100克
意式腊肠……40克
洋葱……1/4个（50克）
鸡汤……500毫升
盐……3克
胡椒……1/2小勺
迷迭香（干燥）……1/3小勺
猪肠衣（天然/人工）……1米
橄榄油……1大勺
黄油……10克
装饰用迷迭香（新鲜）……1根

蒸卷心菜和苹果的材料

卷心菜……1/7个（200克）
苹果……1/5个（60克）
葡萄干……1大勺
鸡汤……100毫升
黄油……8克
盐、胡椒……适量

要点

猪肠衣可泡在水中，以防变干

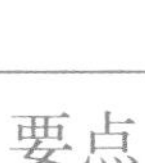

烹调时间
170分钟

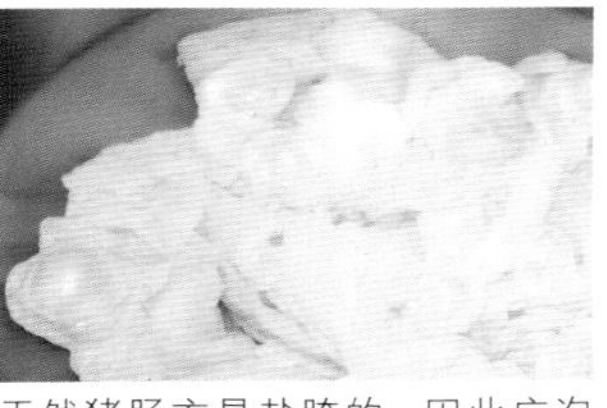

01 天然猪肠衣是盐腌的，因此应泡在水中，以洗去盐分。人工猪肠衣也必须泡水。

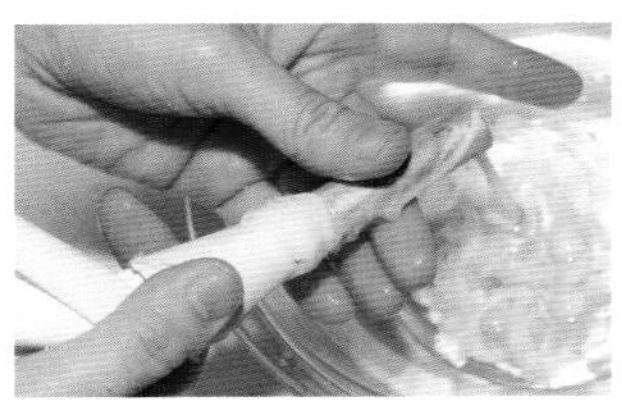

02 在灌肠袋的下部，安上制造香肠专用的灌嘴。在步骤01的泡着肠衣的水中，将猪肠衣套到灌嘴上。

03 套上灌嘴的肠衣仍然要泡在水中，以免变干。(注)变干的肠衣会破裂。(要)多余的肠衣将水分挤干之后，用盐腌起保存。

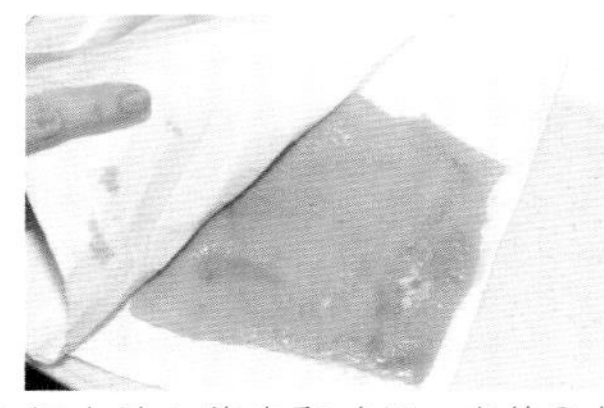

04 锅中放入猪皮和鸡汤，煮约2小时。待猪皮变软之后，用厨房纸巾将其擦干。留下3大勺的汤汁备用。

05 将猪皮和意式腊肠切成3毫米的小块，洋葱切碎。(准)将用作配菜的卷心菜切成细丝，苹果切成5毫米的块状。

06 平底锅中加热蒜油，加入步骤05的洋葱末翻炒。待炒出颜色之后，倒入盆中，隔着冰水冷却。

07 将步骤06的洋葱、意式腊肠、猪皮、猪腿肉糜、迷迭香、盐、胡椒加入盆中，用手混合搅拌均匀。

08 将步骤07的盆放在另一个装满冰水的盆中，倒入步骤04的汤汁，搅拌至完全被肉糜吸收。

09 将步骤08的材料装入步骤03的灌肠袋，往下挤压灌肠袋，以排出空气。

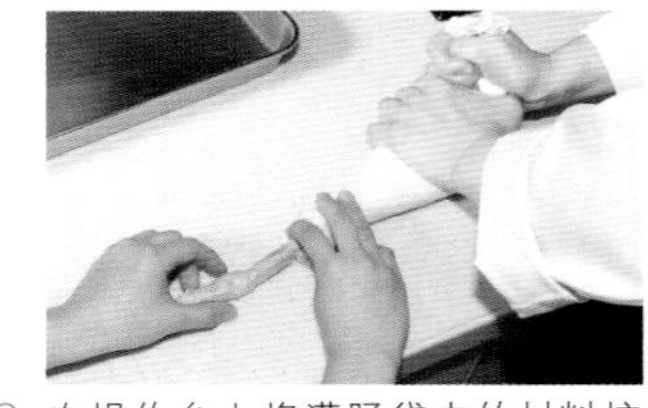

10 在操作台上将灌肠袋中的材料挤入肠衣。(要)需2个人共同操作此步骤。

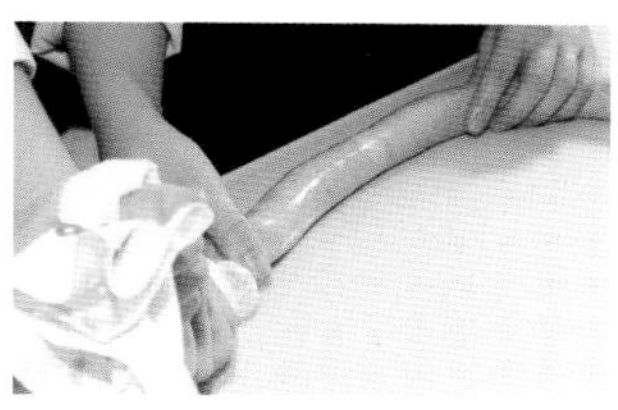

11 ㊟材料在肠衣中不可填充得太满，排出空气，填到7分满即可。

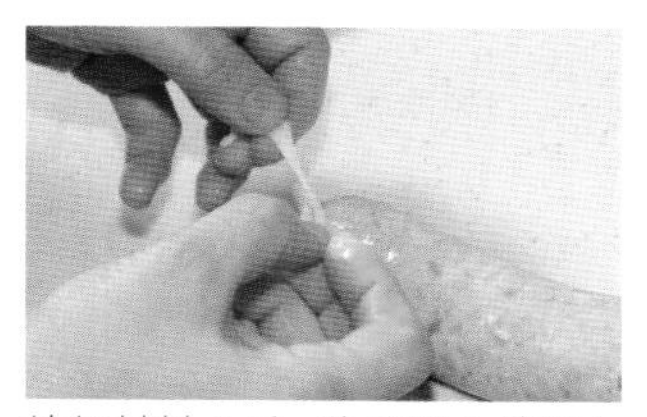

12 填好材料之后，将肠衣从灌嘴上卸下，排净空气之后，将肠衣底部扎紧。

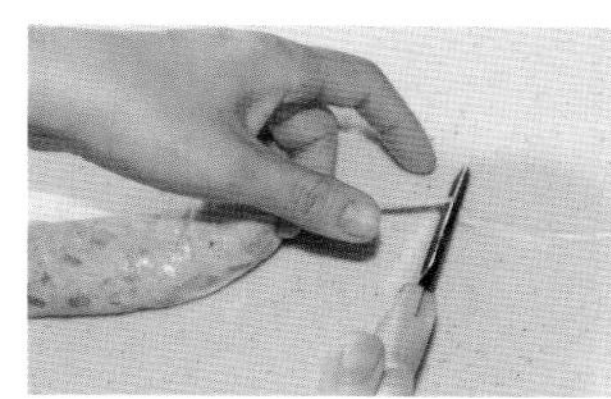

13 另一端多余的肠衣，在扎紧之后剪下。

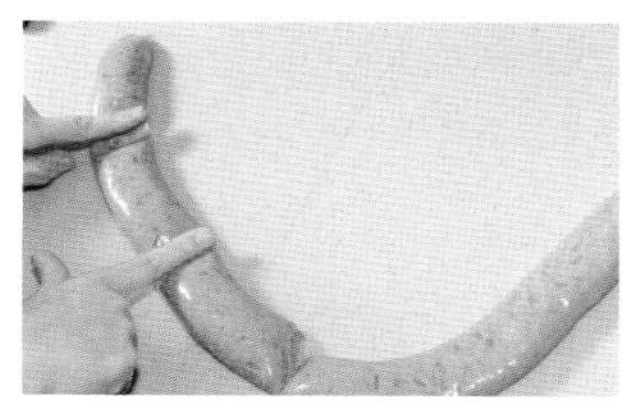

14 用手轻压香肠表面，将其压平。香肠的中央用手指竖向按压，将整根香肠压出6等份的压痕。

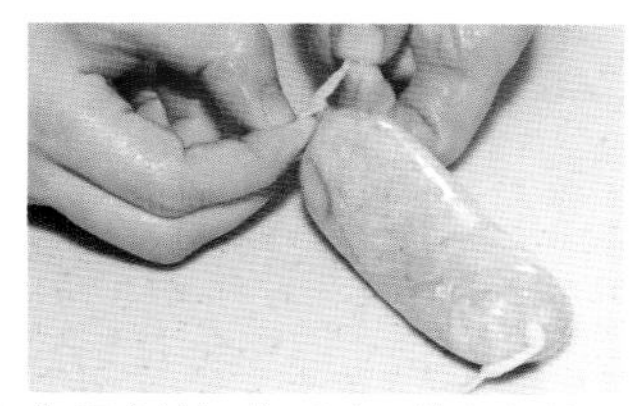

15 将压痕处扭转10次，算好打结所需的长度，将香肠一段段固定，用剪刀分切，扎紧两端。

16 开中火，在平底锅中加热黄油，将香肠表面煎出金黄色。㊟大火加热可能导致肠衣破裂。

17 制作配菜。将扁豆放入锅中，加水，放入月桂叶和百里香，煮至扁豆变软。

18 如图所示，扁豆煮好之后，均匀地淋上EXV橄榄油，调入盐、胡椒，轻轻搅拌。

19 锅中加热黄油，放入卷心菜丝和苹果丁翻炒。加入葡萄干、鸡汤、盐、胡椒，盖上锅盖继续煮。

20 步骤19的材料煮约10分钟之后，加入盐、胡椒调味。配菜和香肠盛盘，用迷迭香作为装饰。

要点

将材料挤进肠衣时如果有空气进入

将材料挤进肠衣时如有空气进入其中，可以用针或其他尖锐的工具刺入肠衣，以排出空气。扎进肠衣时，应注意材料不可漏出。

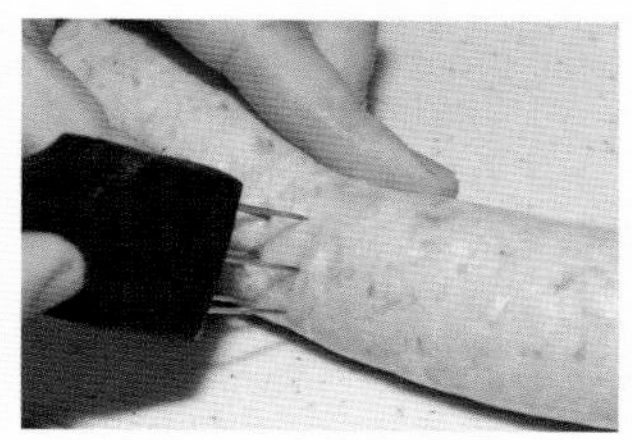

针扎肠衣之后，用手将香肠表面抚平，排出空气，整理香肠的外观。

错误！

香肠表面凹凸不平，卖相不佳

请自查一下，套在灌嘴上的肠衣是否一点点拉出？材料是否只填充了7分满？如果填充过满，可能将肠衣撑破，用来打结的肠衣可能长度不足。填充之后应一个个分开，下锅煎之前，应用手轻轻抚平其表面。

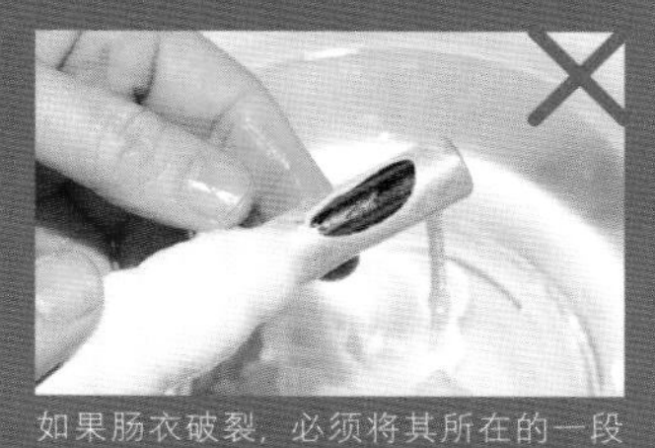

如果肠衣破裂，必须将其所在的一段切除，先打结后再继续往里挤。

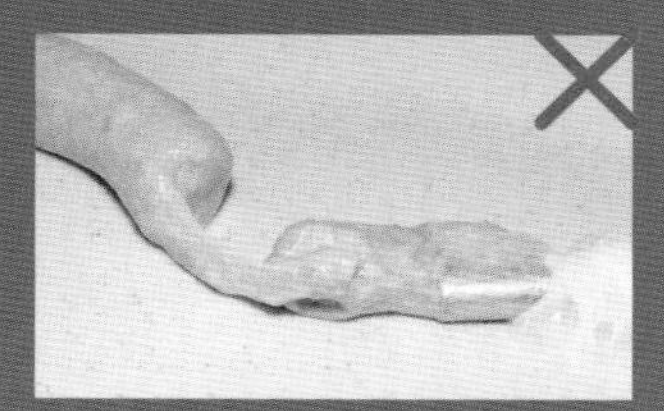

如果材料挤入不均匀，会严重破坏卖相。

烹制意大利料理的诀窍与要点40

借助专用工具来制作香肠

猪肠衣、灌嘴、灌肠袋都是必不可少的工具

称手的工具让香肠制作事半功倍!

1. 胶原肠衣
成分为胶原蛋白，比天然肠衣更结实，制作的香肠粗细均等。

2. 天然肠衣
天然肠衣有羊肠和猪肠两种。肠衣薄，难处理，也容易破裂。但也只有天然肠衣才能吃出爽脆的口感。

3. 香肠灌嘴
有直径10毫米的专用灌嘴，也有更大尺寸的适合灌法兰克福香肠。

4. 灌肠袋
建议选用塑料的灌肠袋。使用前应根据灌嘴的直径，将灌肠袋的底部剪开。

准备工作要点

1 肠衣使用之前应泡在水中直至变软。

2 将肠衣卷在灌嘴上，检查是否有破裂。如有破裂应剪去。

何不尝试亲手制作香肠

家庭自制香肠既可以使用天然肠衣，也可以选择胶原蛋白制成的人工肠衣。市面上出售的天然肠衣有盐腌、冷冻两种。肠衣的大小既有标准尺寸，也有较大的法兰克福香肠尺寸。然而只有天然肠衣做出的香肠，才能吃出爽脆口感。您可以根据实际需要加以选择。

无论天然肠衣还是人工肠衣，使用之前都必须泡水保持湿润，否则变干的肠衣容易破裂。灌肠时，应用右手压住灌肠袋，左手在灌醉处挤压、调整，以使灌出的香肠粗细均匀。

如果操作无法顺利进行，可将灌肠的材料调整成条状，不装入灌肠袋，而是直接在平底锅中煎烤。

意式烩牛肚

煮至口感软嫩的牛肚，配以格莱莫拉塔混合香料，
烩出一道至美料理

意式烩牛肚

材料（2人份）

牛肚……400克
醋……1大勺
白葡萄酒……50毫升
炒杂蔬（参考第21页）……150克
肉汤……300毫升
番茄酱汁……200毫升
百里香……1根
月桂叶……1片
蒜油……2大勺
黄油……5克
盐、黑胡椒……适量

混合香料的材料

柠檬皮……1/4个
帕玛森干酪（磨碎）……20克
迷迭香……1根
大蒜……1/2瓣（5克）

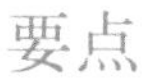

要点

牛肚应用大量的热水将腥味彻底清洗干净

烹调时间
240分钟

01 选用一个直径较大的锅，放入大量水，开大火将其烧开，将醋倒入。

02 在步骤01的锅中放入牛肚，改中火加热，锅中的水分保持微微沸腾的状态，煮约30分钟。

03 将煮好的牛肚连锅一起放在水龙头下，用自来水仔细冲洗。㊙如果牛肚腥味较重，应在水龙头下冲洗较长时间。

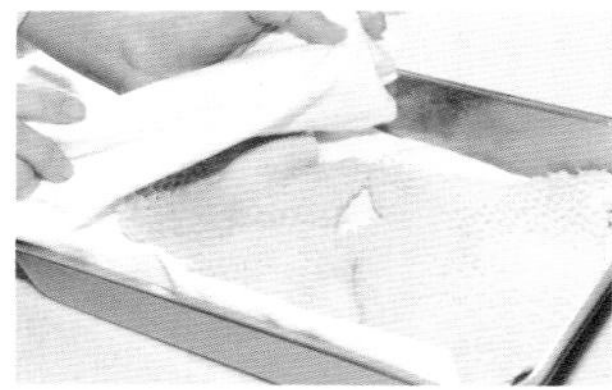

04 在托盘上铺一块毛巾，牛肚捞起置于毛巾上，擦干水。㊙牛肚上如有水分残留，下油锅后会导致油星飞溅。

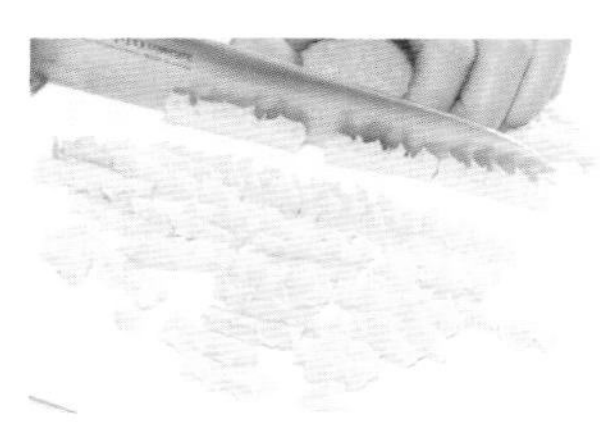

05 将牛肚切成长4厘米，宽1厘米的条状。㊙切得太大会不方便食用。

06 将切好的牛肚放进托盘，撒上盐、黑胡椒，用手将调料均匀地抹在牛肚上。

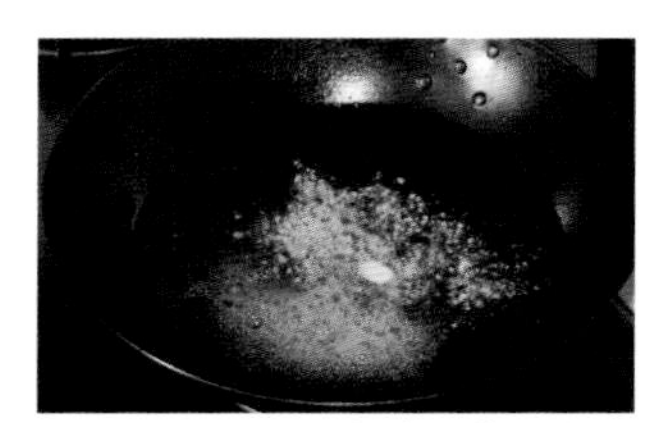

07 开大火，平底锅中放入黄油和一半的蒜油，炒香。

08 在步骤07的锅中放入牛肚，炒出香味。㊙注意不可将牛肚炒得太干。

09 制作配料。将柠檬皮切碎，放进托盘中。

10 将大蒜、迷迭香叶切碎，放入步骤09的托盘中。㊙部分用来制作酱汁，部分留下备用。

11 将剩余的蒜油在锅中加热，将备好的炒杂蔬（参考第21页）放入锅中炒香，炒至颜色如上图。

12 将步骤08中炒制的牛肚放入步骤11的锅中，倒入白葡萄酒。

13 等待白葡萄酒的酒精挥发。

14 改中火，在步骤13的锅中加入番茄酱汁，倒入肉汤。

15 在步骤14的锅中放入盐、胡椒、百里香。

16 在月桂叶上划出刀口，放入锅中。

17 待汤汁沸腾之后，用汤勺舀去表面的浮沫，继续煮约3个小时。如果使用高压锅，只需煮30分钟。

18 煮好之后，捞出百里香和月桂叶。

19 在盛盘之前将一部分的混合香料撒进锅中，以免香味流失。

20 轻轻搅拌，完成。盛盘之后，将剩余的混合香料撒在表面上。

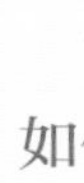

要点

如何最大限度地消除牛肚的腥味

牛肚一定要用大量的热水煮，然后再在自来水下，仔细清洗牛肚面上的褶皱。如此处理可以去除牛肚的腥味，还可以多加入一些混合香料，借助其清爽的香味来消除腥味。

除了醋还可以加入白酒醋、香草、带香味的蔬菜一起煮。

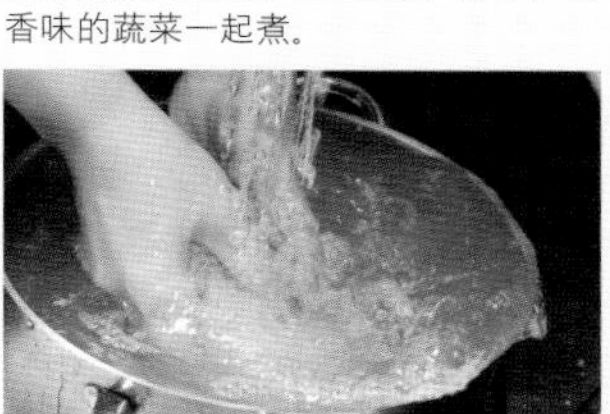

如果煮过一次之后仍然觉得腥味很重，可以再煮一次。

烹制意大利料理的诀窍与要点41

托斯卡纳大区的料理与特色

艺术气息吹拂过的质朴大地，自然条件得天独厚

托斯卡纳大区的主要特产

1. 猪肉加工食品
托斯卡诺腊肠是一种含盐量极高的大型腊肠。混合了茴香籽的茴香腊肠也是该大区的特产。

2. 豆类
在托斯卡纳大区，人们经常食用扁豆、鹰嘴豆、白芸豆等豆类，通常是做成汤或炖菜。

3. 葡萄酒
此地种植葡萄的历史长达2500余年，“基安蒂”“蒙塔希诺·布鲁奈罗”葡萄酒是代表该大区的葡萄酒品牌。

其他
该大区也出产橄榄油、紫洋葱、羽衣甘蓝（Cavolo Nero）。同时，牛排等加工肉类食品也发源于此。

托斯卡纳大区的代表性料理

烩牛肚
这是用牛肚制作的日常家庭料理，烹制之前要将牛肚的腥膻味处理干净，然后佐以番茄酱汁烹煮而成。

红烩海鲜
此款用墨鱼和章鱼烹制的海鲜料理，在意大利各地十分常见，其中又以托斯卡纳大区的最为有名。

煮白芸豆
常常用作肉食的配菜或前菜来食用。

质朴的料理源自原汁原味的食材

托斯卡纳大区的首府佛罗伦萨在美第奇家族统治时期是文艺复兴运动的腹地，曾经十分繁荣。该大区地处意大利中部，得益于海洋性气候，农业和畜牧业都十分发达。在托斯卡纳的土特产中，值得一提的是用猪背油、香草、盐腌制的食品“香草猪油膏”。而使用扁豆、鹰嘴豆等豆类制作的料理也不少，托斯卡纳人因此而被赋予“食豆人”的别号。

托斯卡纳大区的料理还大量使用了硬面包，牛、猪的内脏为材料，注重在料理中保留食材本身的味道。

托斯卡纳大区也以出产意大利葡萄酒而著称，与皮埃蒙特大区并称两大葡萄酒产地，在世界上有着很高的声誉。

第 6 章

甜品

专栏

庆典之日享用的点心

探寻基督教与意大利点心的渊源

质朴的美味根植于意大利各地的传统

在砂糖尚未漂洋过海传入欧洲的古希腊、罗马时代，意大利人只能用水果和蜂蜜来代替甜品。当时，人们用鸡蛋、牛奶、葡萄等材料，制作成动物形状的点心，以此作为祭神的供品。

到了中世纪，由于修道院盛行养蜂，人们渐渐养成使用蜂蜜来制作甜品的习惯，点心制作工艺便在修道院中应运而生。据说这些点心会当作礼物，赠送给前来修道院做礼拜的信徒。

也许正因有着这样的渊源，意大利的甜品至今仍与基督教有着紧密的联系。基督教庆典之日到来之时，全国各地的点心店里都能看到与传统宗教相关的点心。特别是在12月25日圣诞节，人们会在午餐时享用意大利圣诞面包。

带有基督教渊源的点心

意大利圣诞面包

意大利黄金面包

意大利复活节蛋糕

←圣诞节夜景。在意大利语中，圣诞节被称为“Natale”。

↓圣诞期间的梵蒂冈。

资料来源：意大利国家旅游局（ENIT）

Tiramisu

提拉米苏

口感醇厚的冷加工甜品，是世界各国甜品爱好者的心头好

提拉米苏

材料（2人份）

马斯卡彭奶酪的材料

蛋黄……1个（20克）
细白糖……10克
马沙拉酒……20毫升
马斯卡彭奶酪……100克
鲜奶油……40毫升
蛋白……1个（30克）
细砂糖（制作蛋白霜用）……10克

比斯吉海绵蛋糕的材料

蛋黄……2个（40克）
细砂糖……30克
蛋白……2个（60克）
细砂糖……30克
低筋面粉……60克
糖粉……适量

咖啡糖浆的材料

意式浓缩咖啡……50毫升
马沙拉酒……15毫升
咖啡利口酒……15毫升
鲜奶油（装饰用）的材料
鲜奶油……100毫升
意式浓缩咖啡的粉末……1大勺
可可粉……适量

要点

奶油切勿过度搅拌

烹调时间
90分钟

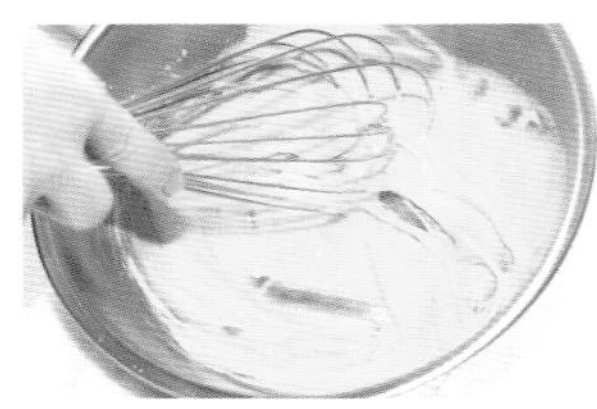

01 制作比斯吉海绵蛋糕。盆中放入蛋黄和细砂糖，用打蛋器打发。㊟打发至颜色发白为止。

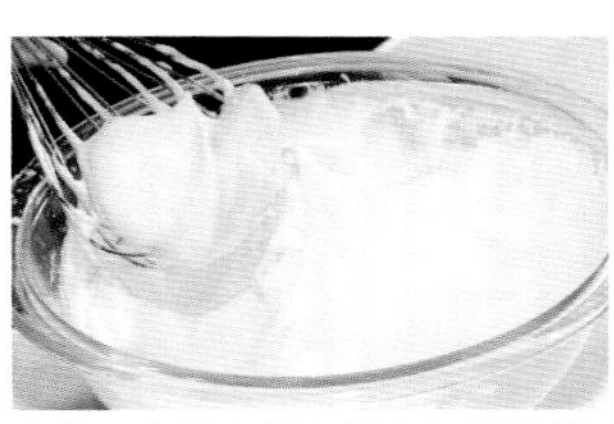

02 在另一个盆中倒入蛋白加以打发，当打发出棱角时，分2～3次撒入细砂糖，继续搅拌至完全打发。

03 用打蛋器将步骤02做好的蛋白霜捞出些许，放入步骤01的盆中，大力搅拌混合。

04 当二者充分融合之后，加入剩余的蛋白霜，用刮勺大力混合搅拌。㊟请勿过度搅拌，否则会打破蛋白霜的气泡。

05 将低筋面粉过筛，撒入步骤04的盆中，用刮勺大力搅拌。

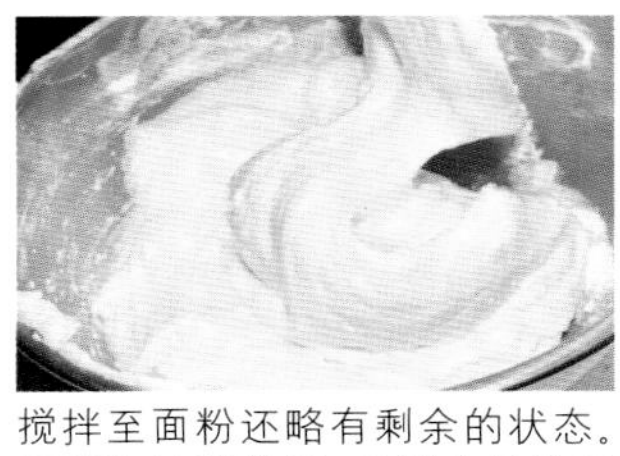

06 搅拌至面粉还略有剩余的状态。㊟请勿过度搅拌，否则会导致气泡消失，面团塌陷。

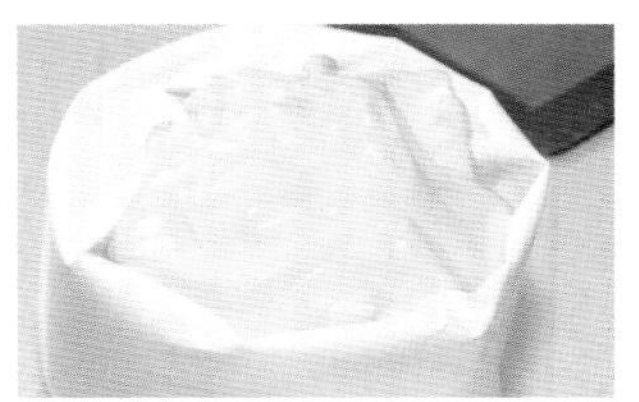

07 裱花袋装上直径1厘米的裱花嘴，将步骤06的面团装入其中。㊟将裱花嘴朝下立在杯中，展开裱花袋口。

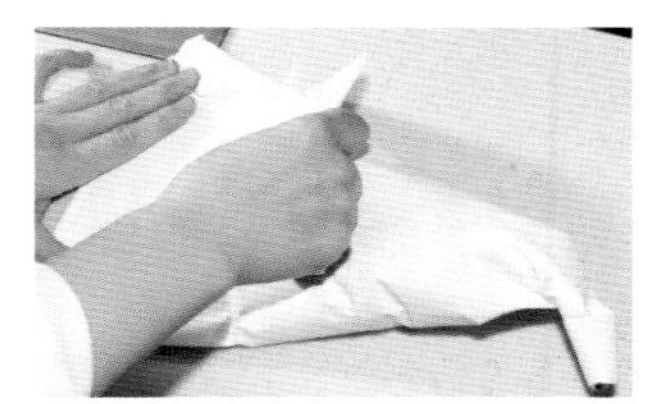

08 面团全部放入之后，用刮片将袋中的面团向裱花嘴挤压。

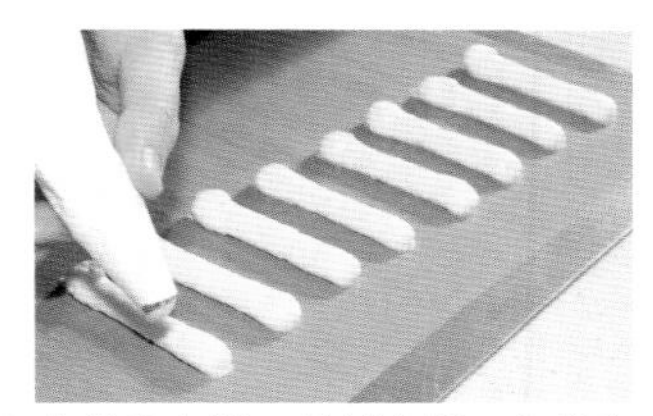

09 在烤盘上铺一层烤盘纸，在烤盘上每隔一段距离，从裱花嘴中挤出约8厘米的面棒。最后大约可以挤出13根面棒，以及8片直径5厘米的圆形面饼。

10 全部挤出之后，在整个烤盘上方撒上糖粉。送入预热190℃的烤箱，烤制约10分钟后取出放凉。

11 制作马斯卡彭奶酪奶油。盆中放入蛋黄、细砂糖及马沙拉酒加以混合搅拌。

12 将步骤11的盆放在装有80℃热水的容器上，搅拌其中的材料。㊟蛋黄不可加热超过70℃。

13 蛋黄熟透，盆中材料产生黏性后，可以让盆离开热水，放凉。㊟需不时地用刮勺刮下盆壁上的材料。

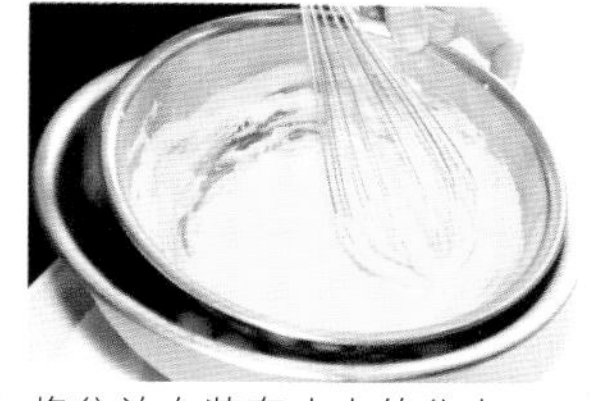

14 将盆放在装有冰水的盆中，用打蛋器搅拌盆中的材料。㊟冷却后会变得较重。

15 另取一个盆，放入马斯卡彭奶酪，用打蛋器将其搅拌至变得柔软。㊟在另一个盆中将鲜奶油打发至7分。

16 将步骤14的材料倒入装马斯卡彭奶酪的盆中，用刮勺搅拌均匀。再将步骤15打发好的鲜奶油倒入其中，大力搅拌。

17 另取一个盆，放入蛋白打发，其间撒入细砂糖制成蛋白霜。再将蛋白霜加入步骤16的盆中，大力搅拌。

18 制作鲜奶油以做装饰。将盆中的鲜奶油打发至8分，加入意式浓缩咖啡粉，搅拌均匀。

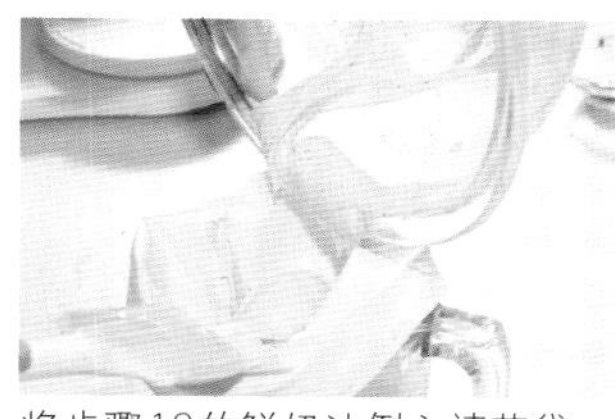

19 将步骤18的鲜奶油倒入裱花袋。

20 制作咖啡糖浆。在盆中倒入意式浓缩咖啡、马沙拉酒、咖啡利口酒。

21 从8片圆形的海绵蛋糕中挑选4块，用刷子将足量的咖啡糖浆刷于其上，使糖浆渗入蛋糕中。

22 将材料盛放于玻璃杯中。将步骤21的海绵蛋糕放在玻璃杯的底部，再浇上马斯卡彭奶酪奶油。

23 再在其上摆放步骤21的海绵蛋糕，再浇上马斯卡彭奶酪奶油。

24 放上剩余的海绵蛋糕，将裱花袋中的鲜奶油呈螺旋状挤在表面。

25 插上一根棒状海绵蛋糕，撒上可可粉。㊟按照这个食谱做出的海绵蛋糕会有剩余，可以直接食用。

烹制意大利料理的诀窍与要点㊷

黑色液体甜品——意式浓缩咖啡

意大利人对品质的执着，令意式浓缩咖啡熠熠发光

意式浓缩咖啡与咖啡粉的区别

意式浓缩咖啡

深度烘焙的咖啡豆最适合磨成细细的咖啡粉。如果用于冲泡普通咖啡，则口味较淡。

咖啡

滴漏式咖啡使用轻度烘焙的粗咖啡粉。如用于意式浓缩咖啡，则口味较重。

如何在家中自制意式浓缩咖啡

准备一个直火式摩卡壶

在摩卡壶下部的腔室内注满水，再将浓缩咖啡粉加入正中部位的滤器，加热至发出“咕噜咕噜”声时关火。如此，萃取而出的意式浓缩咖啡就会充满上部的腔室。

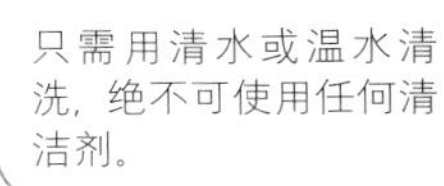

只需用清水或温水清洗，绝不可使用任何清洁剂。

意式浓缩咖啡的种类

意式浓缩咖啡

从意式浓缩咖啡机中萃取出1杯25～30毫升的咖啡。

意式浓缩咖啡 25～30毫升

卡布奇诺

萃取1份25～30毫升的意式浓缩咖啡，加入70～90毫升蒸汽牛奶，以及40～60毫升蒸汽奶泡而成。

蒸汽奶泡 40～60毫升

蒸汽牛奶 70～90毫升

意式浓缩咖啡 25～30毫升

拿铁咖啡

萃取1份25～30毫升的意式浓缩咖啡，加满120毫升蒸汽牛奶。欧蕾咖啡则是牛奶和咖啡以1:1混合而成。

蒸汽牛奶 120毫升

意式浓缩咖啡 25～30毫升

意式浓缩咖啡的魅力在于醇厚的咖啡香

滴漏式咖啡只需要准备滤杯和滤纸，而意式浓缩咖啡则需要专用的咖啡机，通过高压、高温蒸汽，在短时间内萃取出咖啡。因此深度烘焙，研磨成细粉的咖啡粉更适合用来制作意式浓缩咖啡。

在25～30毫升的意式浓缩咖啡中加入足以沉淀在杯底的砂糖，这是基本的做法。大量的砂糖可以让咖啡豆的香味在口中弥漫，留下悠长的余韵。

正如每个家庭泡茶的方法各不相同，冲泡意式浓缩咖啡的方式也并无定规。比如有些人喜欢在冲入热水之后，用牙签在咖啡粉上挖出小洞。

对于意大利人来说，饭后喝上一杯意式浓缩咖啡，才是一餐完美的收束。而且意式浓缩咖啡可以代替甜品，是意大利人生活中非常重要的饮品。

Zuccotto

意式圆顶蛋糕

这是一种造型别出心裁的蛋糕，形似神职人员的帽子

意式圆顶蛋糕

材料（1个直径16厘米圆盆的分量）

底部面团的材料

鸡蛋……2个（120克）
细砂糖、低筋面粉……各60克
黄油……10克

可可面团的材料

鸡蛋……2个（120克）
细砂糖……60克
低筋面粉……50克
可可粉……10克
黄油……10克

坚果奶油的材料

鲜奶油……75毫升
细砂糖……10克
君度橙酒……10毫升
混合坚果（烤过后切碎）……30克

巧克力奶油的材料

鲜奶油……75毫升
细砂糖……10克
可可粉……10克
牛奶……1大勺
半甜巧克力（切碎）……40克

糖浆的材料

白朗姆酒……20毫升
水……15毫升
细砂糖……5克
杏梅酱（完成时用）……30克

要点

鲜奶油必须充分打发

烹调时间
90分钟

01 将底部面团所需的低筋面粉，可可面团的低筋面粉和可可粉分别过筛备用。

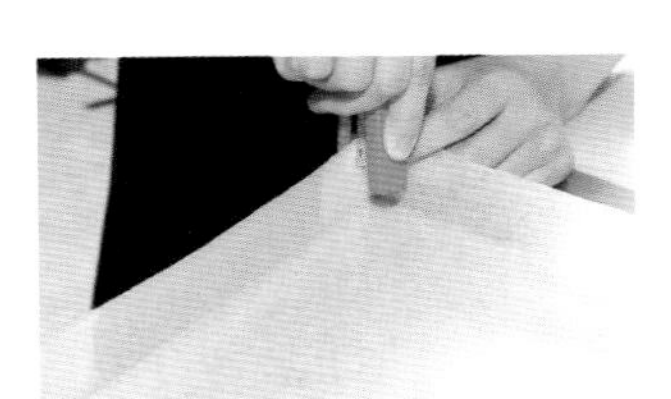

02 将烤盘纸裁成宽35厘米、长45厘米。在纸张的四角分别折起5厘米，用订书机钉好。最后形成25×35厘米的纸膜。这样的纸膜做出2个。

03 制作底部面团。盆中放入细砂糖、鸡蛋，将盆放在热水上加热，同时用打蛋器打发。

04 待步骤03盆中的材料变成白色之后，停止加热，倒入过筛的低筋面粉，大力混合搅拌。

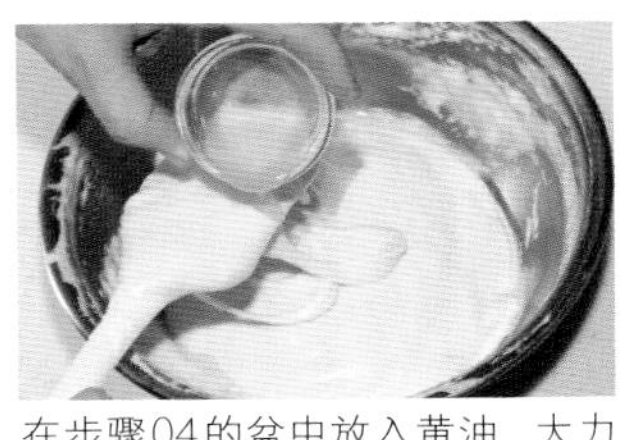

05 在步骤04的盆中放入黄油，大力混合搅拌，注意不可使盆中的气泡消失。

06 将做好的纸膜放在烤盘上，倒上面团。用刮片将面团均匀抹平。放入预热190℃的烤箱烤制约10分钟。

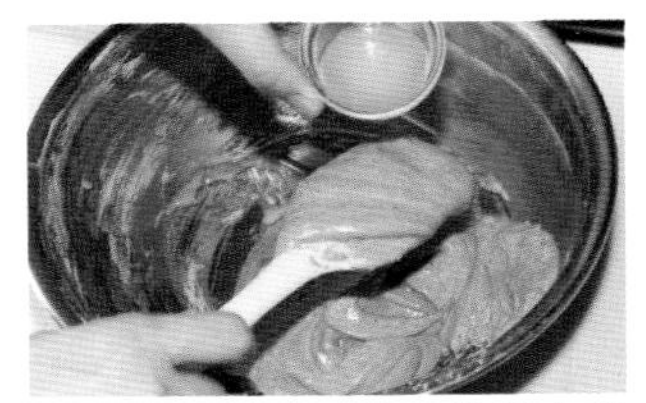

07 制作可可海绵蛋糕。按照步骤03～04的要点，将材料放入盆中混合搅拌，再放入黄油大力搅拌。

08 按照步骤06的要点，倒入面团，在预热190℃的烤箱中烤制约10分钟。烤好后，将毛巾覆盖其上，以防干燥。

09 制作巧克力奶油。将可可粉和温牛奶放入盆中，用打蛋器打发。

10 将盆放在冰水之上，将细砂糖、鲜奶油倒入盆中，用打蛋器打发。将步骤09的材料和碎巧克力倒入，用打蛋器混合搅拌。

11 制作坚果奶油。将盆放在冰水之上，盆中放入细砂糖、鲜奶油并打发。接着放入坚果和君度橙酒，充分混合搅拌。

12 在盆的内侧紧紧敷上一层保鲜膜（最好使用帽型模具）。

13 将步骤06烤好的海绵蛋糕的边缘切下，以切下的边缘来测量盆的半径。

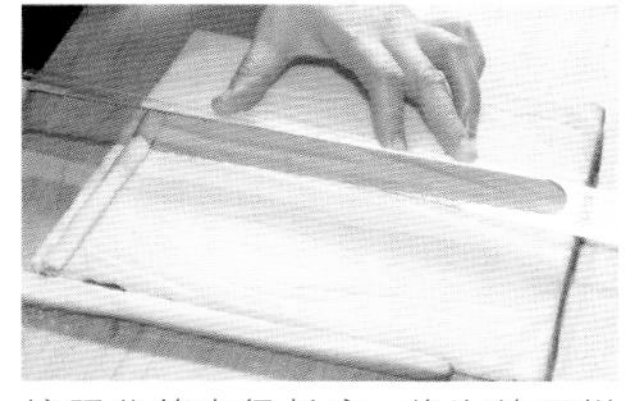

14 按照盆的半径长度，将海绵蛋糕切成2等份。

15 再将切成2等份的蛋糕片切成底边长4～5厘米的等腰三角形。㊡三角形的高度基本与盆的半径相等。

16 按照步骤14～15的要点，将可可海绵蛋糕也切成等腰三角形。

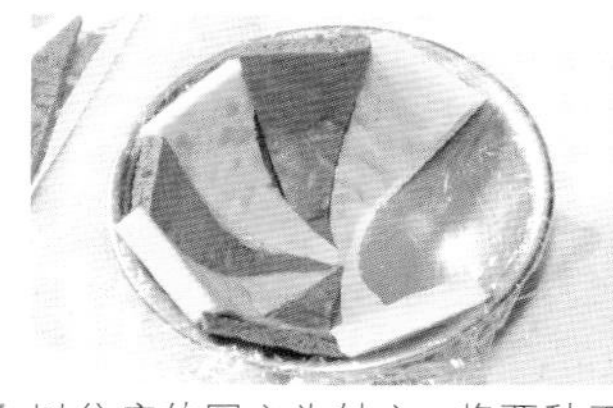

17 以盆底的圆心为轴心，将两种蛋糕片的三角形顶点朝下，呈放射状相间排列在盆壁上，注意烘烤的一面朝外。

18 将所有的糖浆材料混合搅拌。用刷子将糖浆刷在步骤17的蛋糕片上，并渗入其中。㊡因要刷底部，需留下1/4。

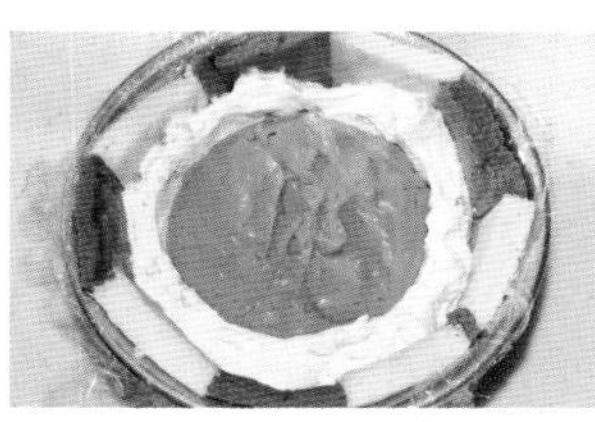

19 在步骤18的盆中，沿着海绵蛋糕将坚果奶油涂抹在蛋糕片上，并在中央留出凹陷，将巧克力奶油填入凹陷中。

20 用剩余的蛋糕切成比盆小一圈的圆形，盖在盆上。将多余的蛋糕塞在周围空隙处。

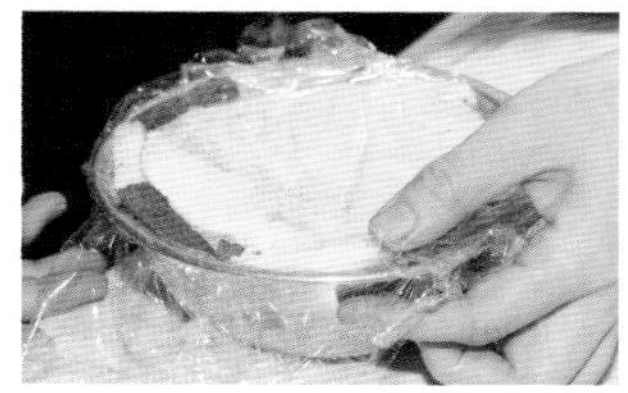

21 在步骤20的蛋糕片上涂满糖浆并使之渗入其中，用保鲜膜将其紧紧罩住。放入冰柜冷却1个小时。

22 将杏梅酱和少量的水放入锅中，加热至溶化。

23 从冰柜中取出步骤21的蛋糕，倒扣在砧板上。用刷子将步骤22的杏梅酱刷在其上，完成。

要点

将三角形蛋糕摆满在盆中

如果海绵蛋糕之间产生了空隙，可以切下空隙大小的蛋糕来将这些空隙填满。

也可以切下两种颜色的蛋糕，摆成美观的形状。

Bone e Amaretti

可可布丁＆意式杏仁饼

享受杏仁碎在可可布丁中的美好口感。

烹调时间
100分钟

材料（1个直径15厘米的磨具的分量）

可可布丁的材料

意式杏仁饼（材料见右边栏）……70克

鸡蛋……2个（100克）

蛋黄……2个（40克）

杏仁粉……20克

杏仁酒（或朗姆酒）……15毫升

半甜巧克力（切碎备用）……40克

牛奶……220毫升

焦糖的材料

细砂糖……90克

水……30毫升

鲜奶油（装饰用）……50毫升

薄荷叶（装饰用）……适量

意式杏仁饼的材料

低筋面粉……16克

细砂糖……240克

杏仁粉……120克

蛋白……$1\frac{2}{3}$（50克）

杏仁霜……12克

泡打粉……1小勺

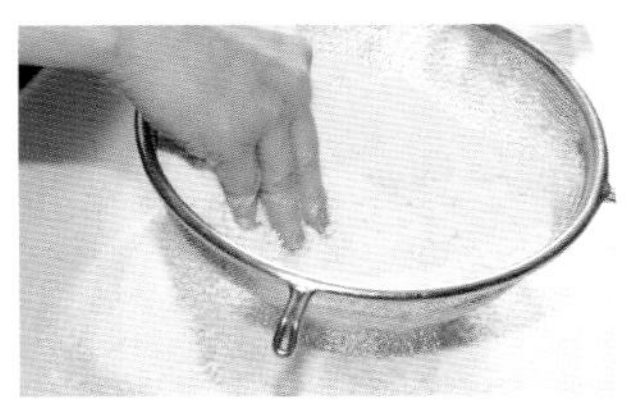

01 制作意式杏仁饼。在操作台上将除蛋白外的材料过筛。

02 将过筛的粉围出一个堤坝形状的凹槽。将蛋白倒入凹槽。

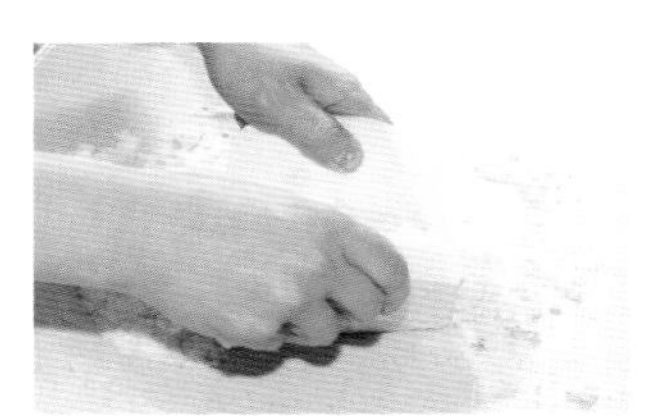

03 用两块刮片将周围的粉与凹槽中的蛋白混合搅拌在一起。

04 搅拌到一定程度后，用手在操作台上揉搓面团。

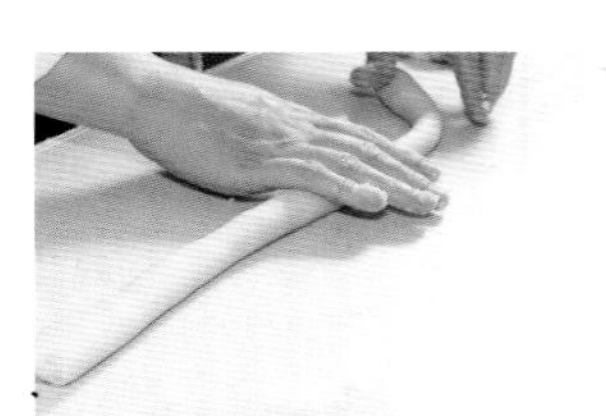

05 待面团表面揉得润滑之后，将其揉搓成约30厘米的条状。㊟黏手并非因水分太多，如果介意，可以洗手后再操作。

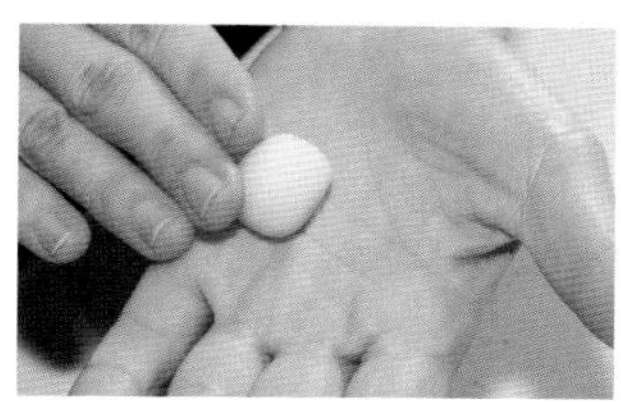

06 将条状的面团用刮片切成8克大小的面块，用手揉成圆形，从上往下轻轻压下。

07 烤盘上铺一张烤盘纸，将圆面块摆放其上，放入预热160℃烤制约20分钟。

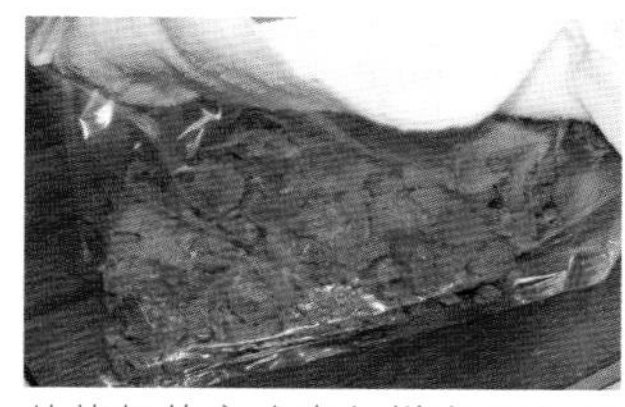

08 从烤好的意式杏仁饼中取出70克，装入袋中，用肉锤或锅底将其敲成粗碎粒。

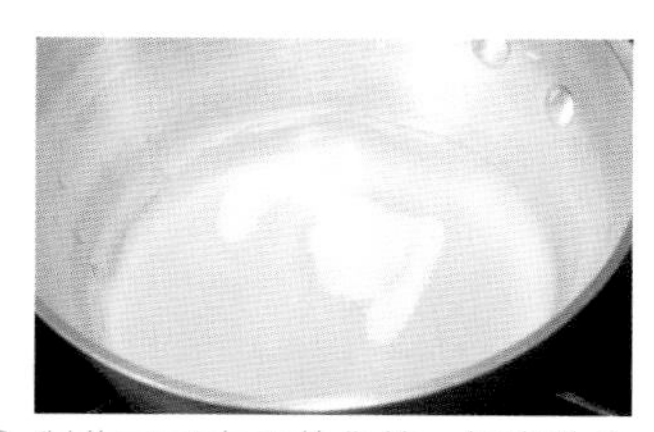

09 制作可可布丁的焦糖。锅中放入水、细砂糖并加热。

10 如上图所示，待材料加热出焦糖色之后关火，将材料倒入直径15厘米的圆形模具或布丁模具中。

11 将焦糖均匀地倒入模具中，将模具放在装满冰水的托盘中冷却。㊣如果焦糖没有凝固，会混入其他的材料中。

12 制作布丁的材料。在盆中放入鸡蛋、蛋黄、杏仁粉、杏仁酒，用打蛋器混合搅拌。

13 锅中倒入牛奶并加温。牛奶温热之后，放入巧克力碎，将锅离开火加以搅拌。

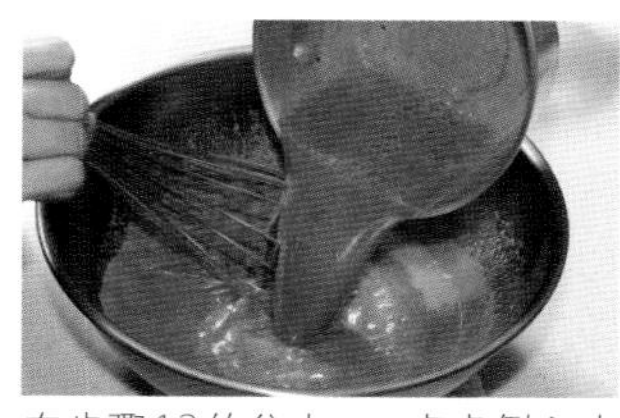

14 在步骤12的盆中，一点点倒入步骤13做好的巧克力液，用打蛋器混合搅拌。

15 接着放入步骤08中敲碎的杏仁饼，轻轻混合搅拌。

16 轻轻地倒入步骤11的模具中。如果出现浮沫，可用汤匙舀去。㊣使用喷枪可以更快地消除泡沫。

17 在托盘上铺一张烤盘纸，将模具置于其上，从边缘处注入热水。在预热160℃的烤箱中隔水加热约35分钟。

18 完成后，移到装有冰水的托盘上冷却。直到模具的中央冰透即可。

19 将刀尖划入模具的周围，然后将盘子盖在模具上，倒扣模具令布丁脱模。将用来装饰的鲜奶油打发至7分。

20 在模具中残留的焦糖中加入40毫升水，用小火加热溶化。冷却、过滤后淋在盛在盘中的布丁上，再以鲜奶油和薄荷叶装饰。

Zuppainglese

意式蛋奶盅

从这款别名“英式甜羹”的家常蛋糕中，
可以尝到满满的糖浆。

材料（1个26×16×6厘米容器的分量）

面糊材料

鸡蛋……2个（120克）

细砂糖……60克

低筋面粉……60克

黄油……10克

卡士达酱的材料

鸡蛋……2个（40克）

细砂糖……60克

低筋面粉……20克

牛奶……200毫升

香草枝……1/4根

里科塔奶酪奶油的材料

里科塔奶酪、鲜奶油……各80克

细砂糖……20克

蛋白霜的材料

蛋白……2个（60克）

细砂糖……20克

糖浆的材料

胭脂利口酒……30毫升

樱桃酒……30毫升

水……40毫升

格雷伯爵茶包……1包

01 准备2张A4纸，将其四条边向内折1厘米。将四个角剪去，用订书机固定，如上图所示，制作2个模具。

02 制作卡士达酱。盆中放入蛋黄、细砂糖，搅拌至颜色变白后，放入低筋面粉加以搅拌。

03 锅中放入牛奶、香草枝进行加温。在步骤02的盆中一点点倒入牛奶拌匀。

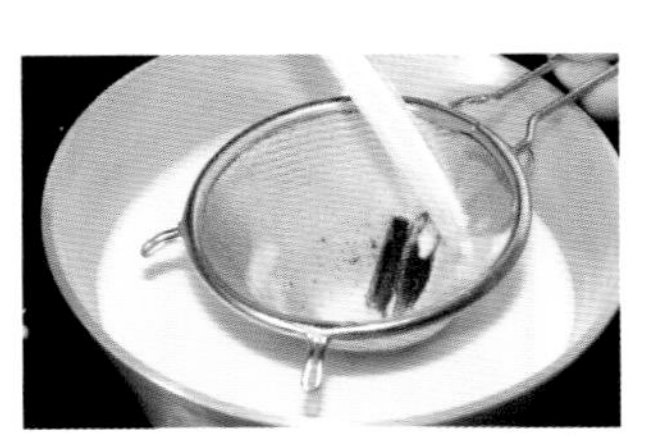

04 在锅上方放置一个滤勺，将步骤03的材料倒入过滤，用刮勺将香草枝刮去。

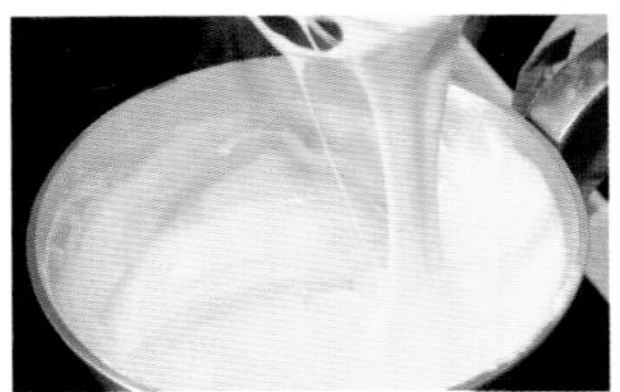

05 加热步骤04的锅，同时用打蛋器加以打发。沸腾后搅拌1～2分钟，直至粉状消失，且材料表面产生光泽为止。

06 将卡士达酱移到盆中，隔着冰水冷却。在卡士达酱上紧紧覆一层保鲜膜，在其上放一个装着冰水的盆加以冰镇。

07 制作面糊。盆中放入鸡蛋、细砂糖，加热至36～37℃。将其打发至颜色变白，用刮勺将低筋面粉大力拌入其中。

08 放入步骤07中融化的黄油，进一步搅拌。(要)一定要放入温热的黄油，否则无法均匀地融入面糊。

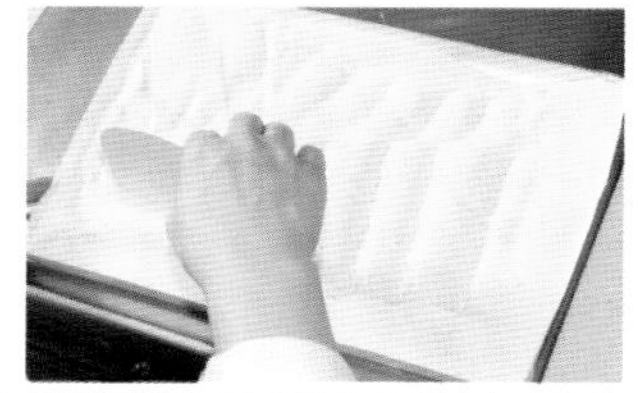

09 将步骤08的面糊均匀地倒入步骤01的2片模具中，用刮片将面糊摊平，分别在预热190℃的烤箱中烤制约9分钟。

10 制作糖浆。加热40毫升的水，放入格雷伯爵茶包，做成红茶后放凉，加入其他材料。

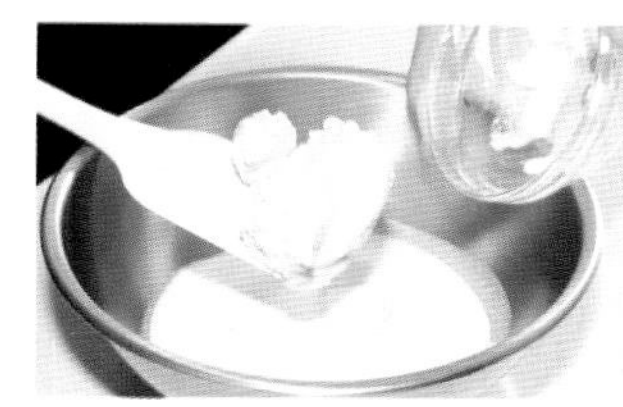

11 制作里科塔奶酪奶油。盆中放入里科塔奶酪、鲜奶油、细砂糖，隔着冰水搅拌至8分起泡。

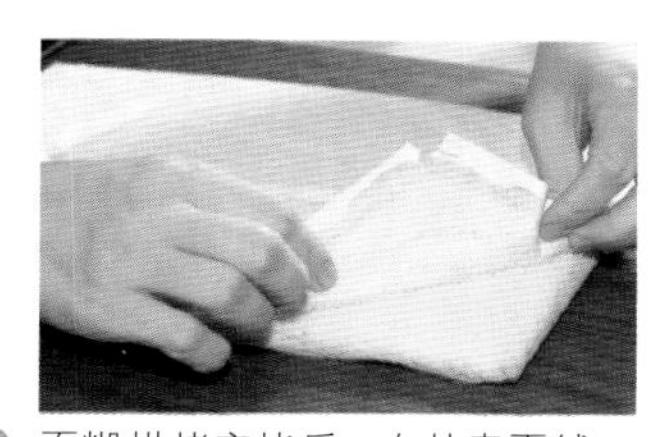

12 面糊烘烤完毕后，在其表面铺一块毛巾，放凉。将面糊倒扣在砧板上，撕下纸模。

13 将蛋糕切成耐热容器的底部大小，烘烤面朝下，将蛋糕放在容器上做底。

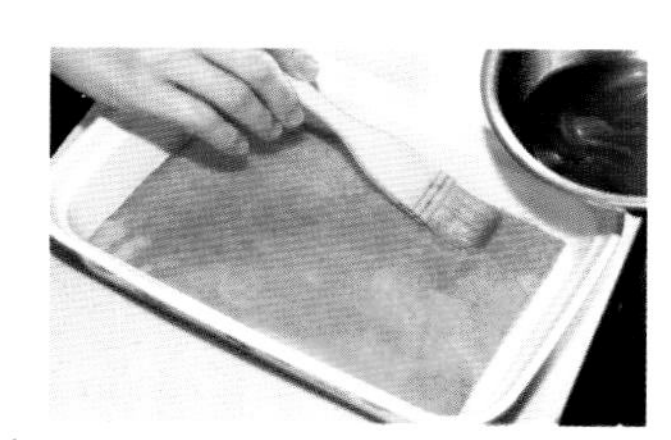

14 用刷子将步骤10的糖浆刷在蛋糕表面，令其渗入其中。(要)此款蛋糕的精髓就在于大量糖浆渗入蛋糕内部。

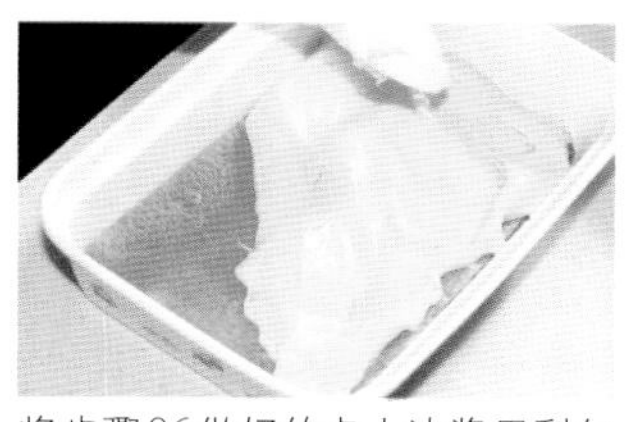

15 将步骤06做好的卡士达酱用刮勺搅拌至柔软，将一半的卡士达酱涂抹在步骤14的蛋糕上。

16 将步骤11的里科塔奶酪奶油涂抹在步骤15的卡士达酱上。

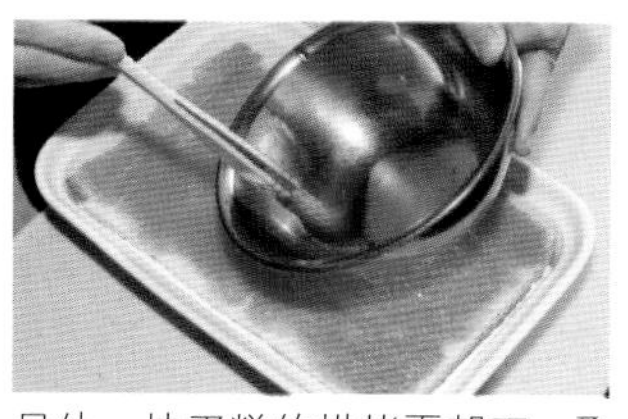

17 另外一块蛋糕的烘烤面朝下，叠放在奶油上，涂抹上糖浆。

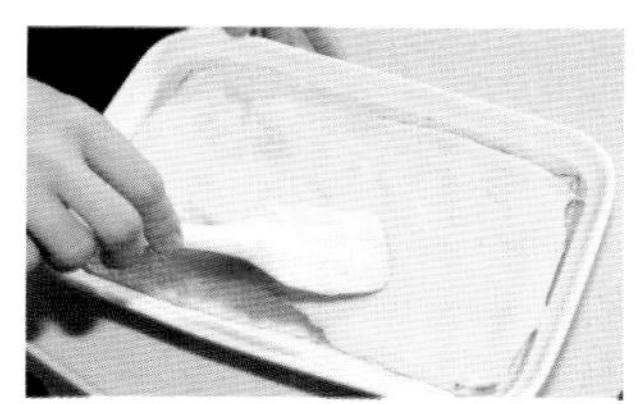

18 再在其上涂抹卡士达酱，放入冰柜冷藏约20分钟。

19 打发蛋白霜的材料，然后放入细砂糖继续打发至完全发泡。涂抹在冷却后的蛋糕上。

20 用刮勺在表面刮出波浪花纹，用烤箱的最高温来烤制，待表面烤出金黄色即可。

Cannnoli alla siciliana

西西里奶酪卷

此款发源于西西里的香炸点心，深受东方及阿拉伯文化的影响。

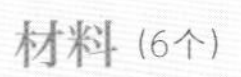

烹调时间
80分钟

材料（6个）

面团的材料

低筋面粉……140克
细砂糖……45克
白葡萄酒……30克
蛋液……1/2个（30克）
盐……1小撮

可可奶酪馅的材料

里科塔奶酪……200克
细砂糖……25克
可可粉……1大勺
巧克力碎（切粗粒）……15克
意式浓缩咖啡粉……适量

柳橙奶酪馅的材料

里科塔奶酪……200克
细砂糖……25克
肉桂粉……1/2小勺
糖渍柳橙皮（5毫米块状）……15克
迷迭香（切碎）……1根
糖粉……适量

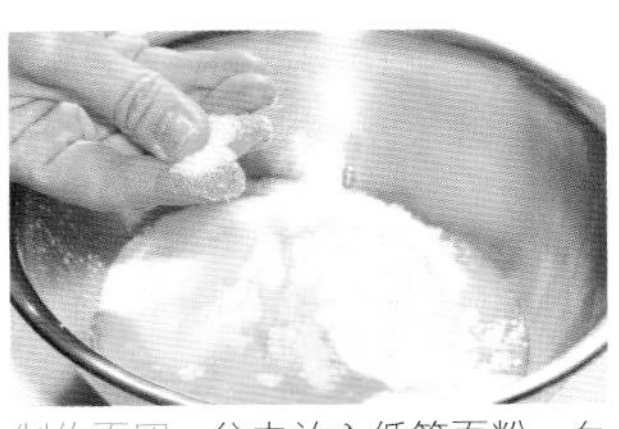

01 制作面团。盆中放入低筋面粉、白葡萄酒、细砂糖、鸡蛋、盐。

02 用叉子混合搅拌步骤01的材料。

03 搅拌到一定程度后，用刮片将材料刮下放到操作台。

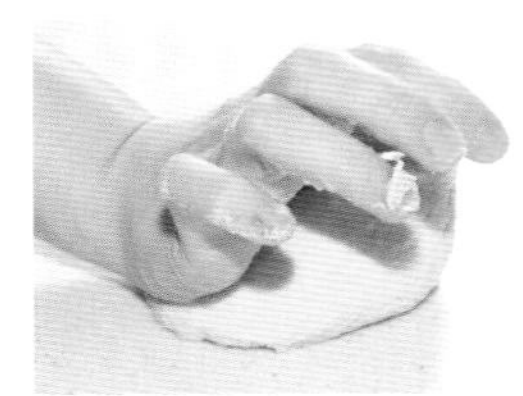

04 用手掌将面团推压、揉搓。㊣如果揉搓良久仍觉得太黏，可以再加少量的低筋面粉。

05 将面团的表面揉搓到产生光泽后，用保鲜膜将面团包住，在常温下静置约30分钟。

06 制作可可奶酪馅。盆中放入里科塔奶酪、细砂糖、可可粉并混合搅拌。

07 搅拌到一定程度后，放入巧克力碎，继续搅拌，放入冰柜。

08 制作柳橙奶酪馅。盆中放入里科塔奶酪、细砂糖并混合搅拌。

09 在步骤08的盆中放入糖渍柳橙皮、肉桂粉、迷迭香，混合搅拌均匀后放入冰柜。

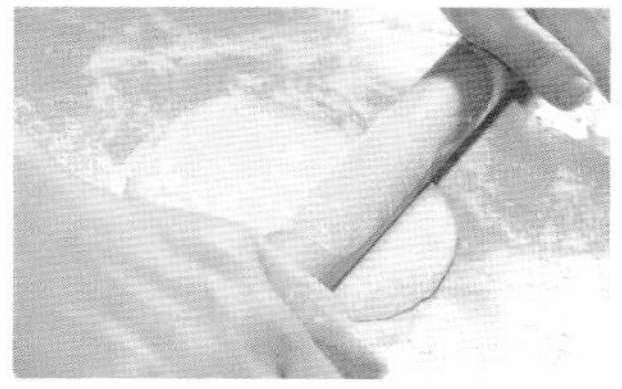

10 将面粉撒在操作台上，取出步骤05中的面团，用擀面杖将其擀平。㊫面粉应使用高筋面粉。

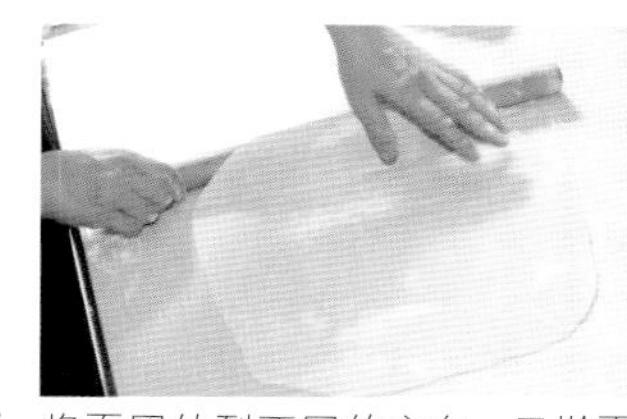

11 将面团转到不同的方向，用擀面杖将其擀出均匀的厚度，最后擀成长18厘米、宽27厘米以上的面皮。

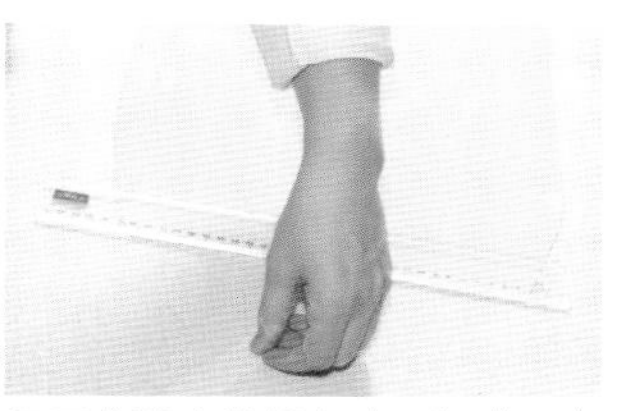

12 用刀将面皮边缘切去，切成一个长方形的面皮。

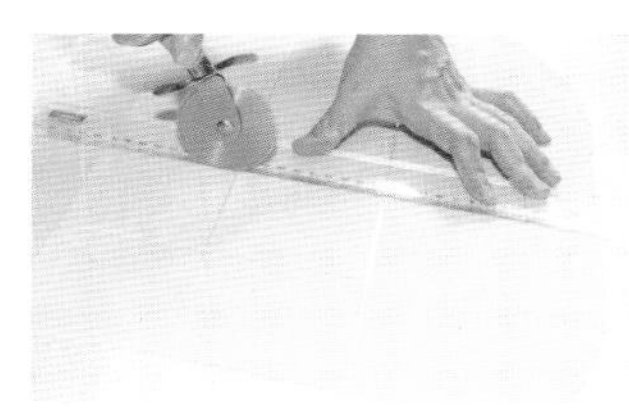

13 用馅饼棍或菜刀将面皮分切成6张边长9厘米的正方形面皮。

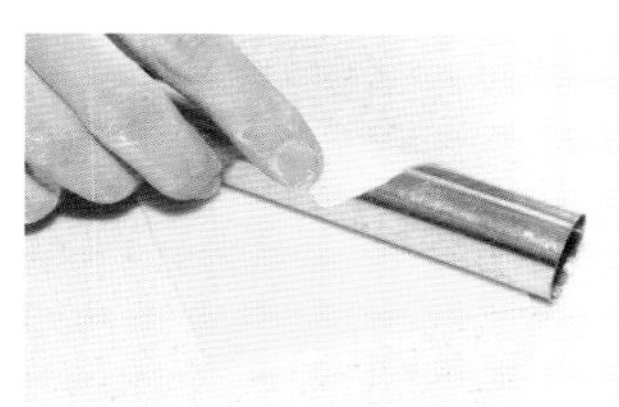

14 如上图所示，切好的面皮用奶酪酥卷筒（参考第60页）或直径2.5厘米的圆棒将其卷起。

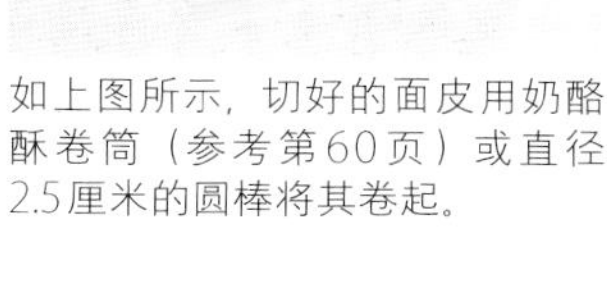

15 卷好面皮之后，用手指蘸水将面皮粘连在一起，使之不致散开。

16 锅中油加热至180℃，面皮连同卷筒一起入锅炸出金黄色。㊫如果没有卷筒，也可以将铝箔纸卷起来使用。

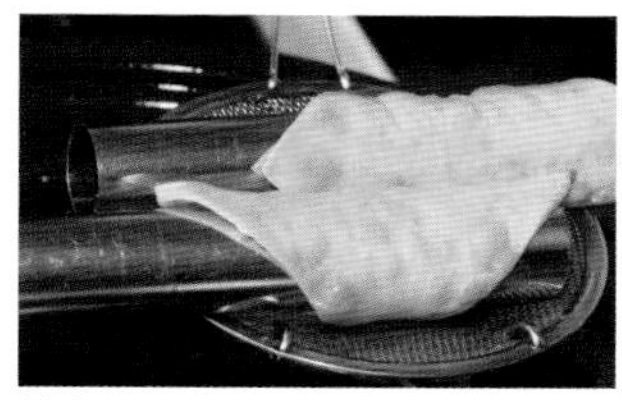

17 炸好之后将其放置在滤网上沥干油分，将面皮从卷筒上取下冷却。

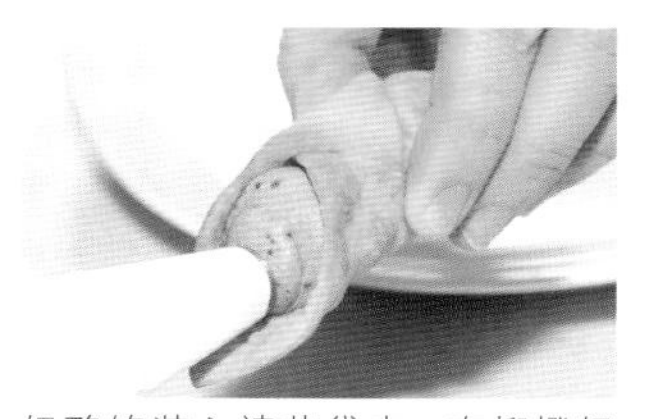

18 奶酪馅装入裱花袋中，在柳橙奶酪馅上撒糖粉，可可奶酪馅上撒咖啡粉。

错误！

裹在卷筒上的面皮炸焦了！

裹在卷筒上的面皮在油锅中炸的时候，如果没有不时转动，就会因为受热不均而炸焦。而且油温太高也容易将面皮炸焦，务请注意避免这两点。

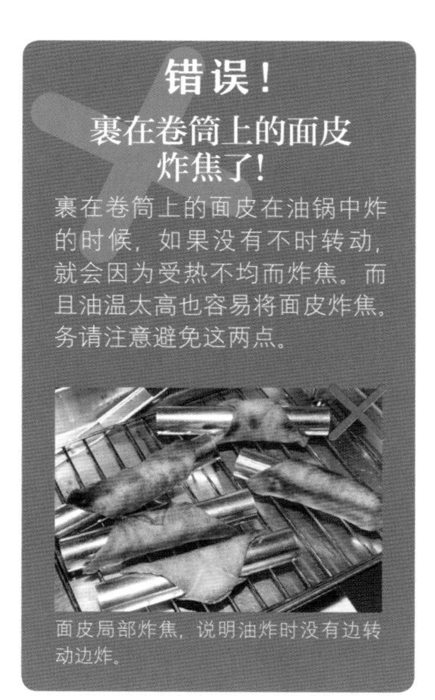

面皮局部炸焦，说明油炸时没有边转动边炸。

Semifreddo

冰激凌蛋糕

这是一款蓬松、柔软如鲜奶油般的冷冻甜品。

材料（1个长11厘米、宽17厘米的磨具的分量）

Ⓐ
- 蛋黄……2个（40克）
- 细砂糖……30克
- 咖啡利口酒……15毫升
- 意式浓缩咖啡……40毫升
- 鲜奶油……100毫升

蛋白霜的材料

蛋白……1个（30克）
细砂糖……30克

烹调时间
120分钟

01 将材料Ⓐ放入盆中，在装有热水的锅上，隔着80℃的热水将材料打发。

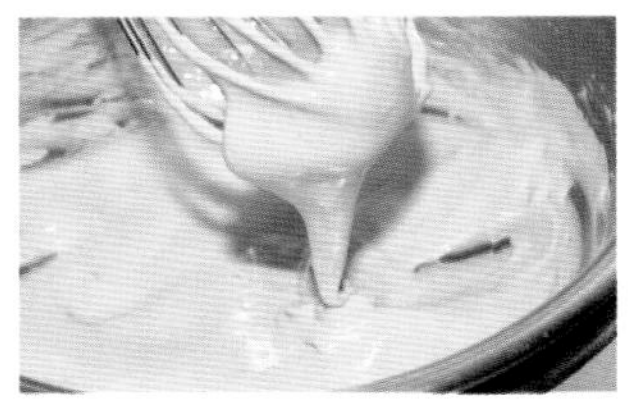

02 将蛋黄加热至黏稠状之后，将盆拿起，隔着冰水边冷却边搅拌。

03 打发鲜奶油，加入1勺步骤02的材料，混合搅拌至完全融合，接着加入所有材料，用刮勺大力搅拌。

04 制作蛋白霜。蛋白稍做打发，分两次加入细砂糖，完全打发，再搅拌入步骤03的盆中。

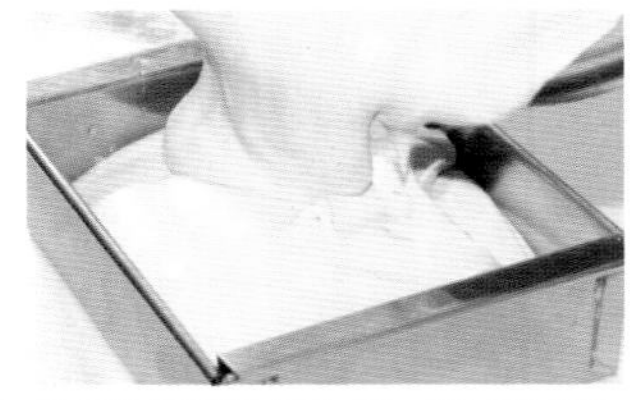

05 用水沾湿模具的内侧，将材料倒入其中，放入冷柜使其冷却、凝固。

06 因非常容易融化，请在食用前再脱模，然后分切成易于入口的大小。

Biscotti 2

2种意大利脆饼

口感爽脆，一吃上瘾的意式脆饼。

烹调时间
60分钟

材料（2人份）

可可面团的材料

Ⓐ
- 鸡蛋……1/2个（30克）
- 蛋黄……1个（20克）
- 细砂糖……100克
- 盐……少许

Ⓑ
- 低筋面粉……130克
- 可可粉……10克
- 泡打粉……1/2小勺

杏仁……80克

加入全麦面粉的面团材料

Ⓒ
- 蛋液……50克
- 细砂糖……100克

盐……少许

Ⓓ
- 全麦面粉……100克
- 玉米糁……40克
- 泡打粉……1小勺

无花果干……50克

核桃、榛果……各25克

01 制作可可面团。盆中放入材料Ⓐ并搅拌。再将材料Ⓑ过筛后放入Ⓒ中搅拌。

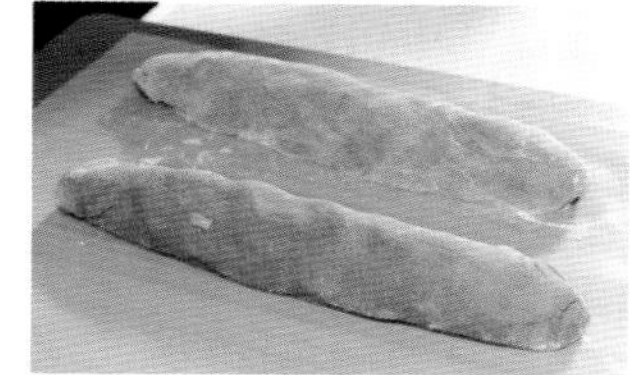

02 将步骤01的材料搅拌之后放到操作台上，加入杏仁，揉进面团。将面团切分成宽3厘米的条状。

03 制作全麦面粉的面团。在盆中放入材料Ⓒ，混合搅拌后加入材料Ⓓ，搅拌为一体。

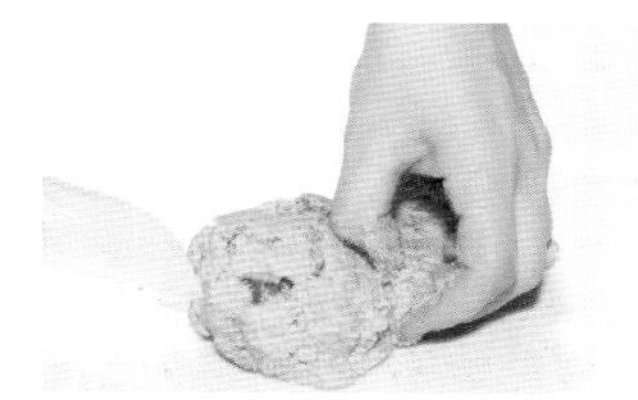

04 取出面团放在操作台上，加入各种坚果，以及切成1厘米小块的无花果，揉进面团，再将面团分切成宽3厘米的条状。

05 烤盘上铺一张烤盘纸，将步骤02和04的条状面团，在预热170℃的烤箱中烤制约25分钟。

06 切成1厘米宽，切口朝上，摆放在烤盘上，重新放入预热170℃的烤箱中烤制约20分钟。

Pannacotta

意式奶油布丁

“Panna”意为“鲜奶油”，“Cotta”则是“煮”的意思。

烹调时间
90分钟

材料（3个直径7厘米、高5厘米的模具的量）

Ⓑ
- 鲜奶油……350毫升
- 香草枝……1/6根
- 细砂糖……60克

板状明胶（泡水备用）……3克

君度橙酒……15毫升

巴萨米克醋（煮至约25毫升）……80毫升

糖浆的材料

Ⓐ
- 水……100毫升
- 细砂糖……50克
- 柠檬酒……30毫升
- 白葡萄酒……50毫升

草莓（小）……10粒

柳橙……1/2个（100克）

猕猴桃……1个

蓝莓……10粒

薄荷叶（装饰用）……适量

01 制作糖浆。将材料Ⓐ放入锅中，加热至沸腾，使砂糖融化后冷却。

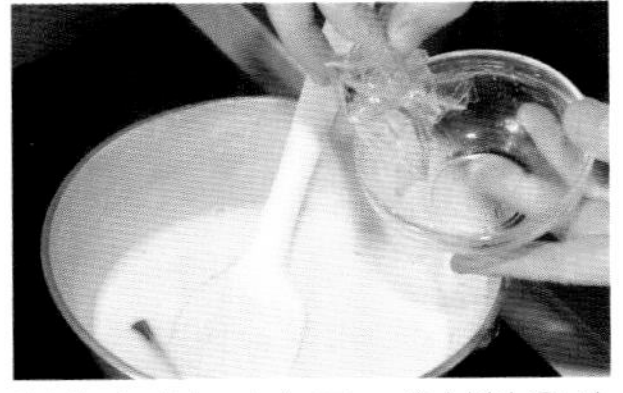

02 制作意式奶油布丁。将材料Ⓑ放入锅中，煮至剩余300毫升，用手将板状明胶撕开后放入锅中。

03 香草枝也一起放入过滤器中过滤。然后隔着冰水，边冷却边加入君度橙酒混合搅拌。

04 将步骤03的材料倒入直径7厘米、高5厘米的布丁模具中，隔着冰水放入冰柜中，使其凝固。

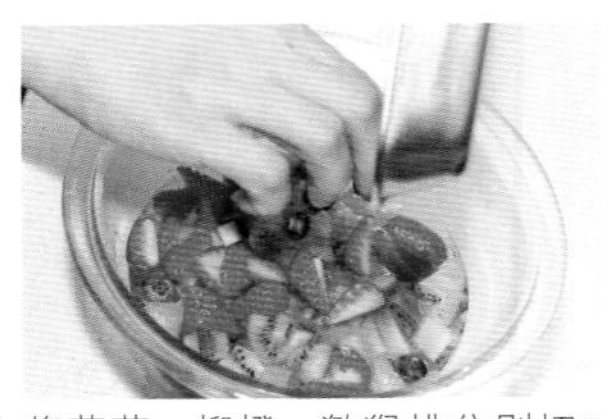

05 将草莓、柳橙、猕猴桃分别切成方便入口的大小，与蓝莓一起放入步骤01的材料中加以混合。

06 将步骤04的材料脱模盛盘，将加了水果粒的糖浆淋在四周。浇上巴萨米克醋，用薄荷叶加以装饰。

Affogato

阿芙佳朵

口味浓郁的冰激凌浸没在意式浓缩咖啡中。

烹调时间
150分钟

材料（2人份）

蛋黄……3个（60克）
细砂糖……45克
牛奶……250毫升
鲜奶油……75毫升

杏仁粒的材料

Ⓐ
- 水……30毫升
- 柠檬汁……少许
- 细砂糖……80克
- 杏仁粒……45克

意式浓缩咖啡……适量

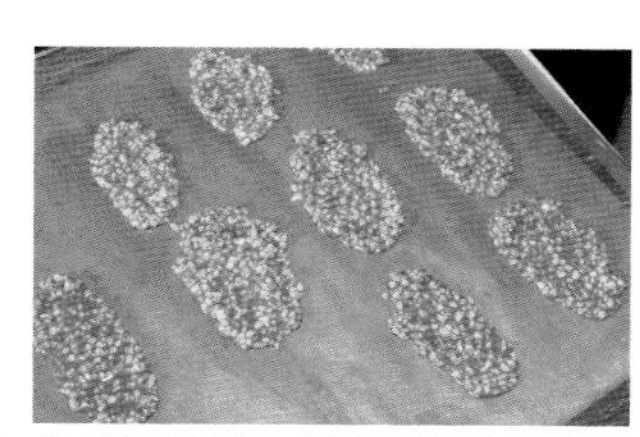

01 将材料Ⓐ放入锅中，加热至出现焦糖色。用手迅速将其推平，做出椭圆形，静置冷却。

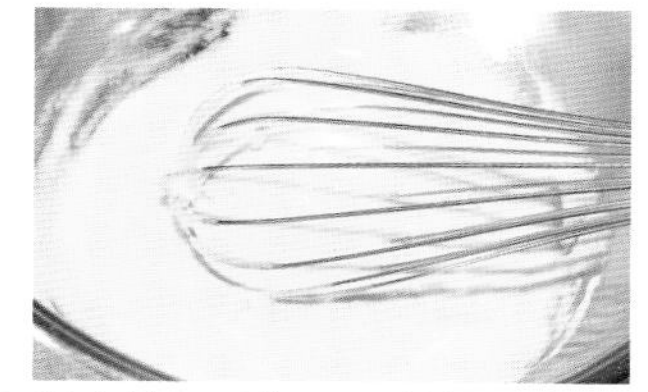

02 锅中放入蛋黄、细砂糖，用打蛋器加以搅拌。另锅中放入牛奶和鲜奶油加温。

03 将加温过的牛奶倒入锅中搅拌均匀，将材料倒回锅中，用刮勺搅拌，加温至83℃。

04 将步骤03的材料加热至黏稠状，从火上移开。用滤网加以过滤，隔着冰水将其冷却。

05 将步骤04中一半的材料倒入冰格中，放入冰柜使其凝固。凝固之后再将步骤04中剩余的材料一起放入食物料理机中搅拌。

06 将步骤05的材料放进冰柜，将其凝固后，用大汤勺舀出盛起，浇上刚泡好的意式浓缩咖啡，撒上杏仁粒，尽快食用。

图书在版编目（CIP）数据

意式经典料理轻松做：厨房里的美味“煮意”／（日）川上文代著；方宓译．—武汉：华中科技大学出版社，2019.6

ISBN 978-7-5680-5124-8

Ⅰ.①意… Ⅱ.①川… ②方… Ⅲ.①菜谱－意大利 Ⅳ.①TS972.185.46

中国版本图书馆CIP数据核字（2019）第065556号

意式经典料理轻松做：厨房里的美味“煮意”　　［日］川上文代　著
Yishi Jingdian Liaoli Qingsong Zuo Chufang Li de Meiwei Zhu Yi　　方宓　译

出版发行：华中科技大学出版社（中国·武汉）　　电话：（027）81321913
　　　　　北京有书至美文化传媒有限公司　　　　（010）67326910-6023
出 版 人：阮海洪

责任编辑：莽　昱　康　晨
责任监印：徐　露　郑红红　封面设计：秋　鸿

制　　作：北京博逸文化传播有限公司
印　　刷：联城印刷（北京）有限公司
开　　本：787mm×1092mm　1/16
印　　张：14
字　　数：107千字
版　　次：2019年6月第1版第1次印刷
定　　价：98.00元

華中出版
本书若有印装质量问题，请向出版社营销中心调换
全国免费服务热线：400-6679-118　竭诚为您服务